东北春玉米主要农业气象灾害及减灾保产调控关键技术

孙 磊　编著

中国农业科学技术出版社

图书在版编目（CIP）数据

东北春玉米主要农业气象灾害及减灾保产调控关键技术／孙磊编著．—北京：中国农业科学技术出版社，2021.1

ISBN 978-7-5116-5088-7

Ⅰ.①东…　Ⅱ.①孙…　Ⅲ.①春玉米-农业气象灾害-灾害防治-东北地区　Ⅳ.①S42

中国版本图书馆 CIP 数据核字（2020）第 247777 号

责任编辑　徐　毅
责任校对　贾海霞

出 版 者　中国农业科学技术出版社
北京市中关村南大街 12 号　邮编：100081
电　　话　(010)82106631(编辑室)　(010)82109702(发行部)
(010)82109709(读者服务部)
传　　真　(010)82106650
网　　址　http://www.castp.cn
经 销 者　各地新华书店
印 刷 者　北京建宏印刷有限公司
开　　本　710mm×1 000mm　1/16
印　　张　19.625
字　　数　350 千字
版　　次　2021 年 1 月第 1 版　2021 年 1 月第 1 次印刷
定　　价　90.00 元

《柠条研究与利用》

著者名单

主　　著　温学飞

副 主 著　田　英　王东清

参著人员　李浩霞　左　忠　俞立民

杨国峰　王建红　曲继松

前　言

柠条是豆科锦鸡儿属植物栽培种的通称，锦鸡儿属隶属于豆科山羊豆族，落叶灌木，广泛分布于欧亚大陆温带及亚热带高寒山区，是温带荒漠、半荒漠及亚热带高寒山区的重要组成物种。柠条锦鸡儿株丛高大，枝叶稠密，根系发达，具根瘤菌，不但防风固沙、保持水土的作用好，而且枝干、种实的利用价值也较高。是我国荒漠、半荒漠及干草原地带营造防风固沙林、水土保持林的重要树种。截至2018年，宁夏回族自治区（全书简称宁夏）全区柠条资源面积已达43.95万hm^2，柠条在宁夏生态建设中，发挥了重要的作用。

本人对柠条的研究已多年，手头积累了大量的研究成果，也收集了大量国内知名专家研究成果。撰写关于柠条研究成果的书籍，是我多年来的心愿。主要目的是让更多的人了解柠条，认识柠条，更好地利用柠条和管理柠条，传播柠条文化。撰写过程中所涉及领域和知识，远远超出了我所接触的领域，也因自己知识欠缺，困难重重，给我带来巨大的压力。

2019年初拟提纲，写了部分内容，2020年2月接着写，6月初终于成书，力求尽述无缺。人过中年，身体上各种疾病尽显。几次，力不从心，心力衰竭，有放弃的念头，但仍然坚持下来。终成书稿的时候，心里一块石头总算落地。人生总有些路要走，走的路不一定就平坦。2020年，一个对于很多人来说都是不平凡的一年，疫情泛滥，许多人向死而生、逆流而上，值得我们学习。人只要活着，就有希望。人只要活着就是一种胜利。没有比活着更好的事，也没有比活着更难的事！但活着的人，还有很多事情需要去做。“人是为活着本身而活着，而不是为活着之外的任何事物活着。”余华如此说道。人活着，若被赋予沉重的意义，那总有一日会被生命不可承受之重摧残得形如枯槁。人简单地活着，做着自己该做的事，不为他人而活，因为命运能够轻易地从我们身边剥夺一切。我们亦可能在某一天变得一无所有，唯有活着的精神是属于自己的。一个人命再大，要是自己想死，那就怎么也活不了。生不可选，死不改选，那么唯有硬着头皮活着。

本书的撰写，得到了项目组成员的支持，更重要的是得到家人的支持和理解。是他们为我承担了一些任务和工作，使我有了写下去的信心，在此表示感谢。感谢宁夏大学李小伟教授对第一章的审阅修改，感谢宁夏大学王昱潭教授的支持，感谢宁夏林业局项目管理中心李志刚主任的支持，感谢杨静茹、岳琦协助修改整理参考文献。书中引用到部分作者的观点和认识，未能参考标识的敬请谅解。

著　者

2020 年 11 月

目　　录

第一章　宁夏柠条资源及分布

第一节　柠条种质资源

柠条是锦鸡儿属植物栽培种的通称。锦鸡儿属（*Caragana* Fabr.）隶属于豆目蝶形花科山羊豆族［Galegeae（Br.）Torrey et Gray］，落叶灌木，广泛分布于欧亚大陆温带及亚热带高寒山区，是温带荒漠、半荒漠及亚热带高寒山区的重要组成物种。

一、锦鸡儿属植物地理分布

锦鸡儿属植物为落叶灌木。叶在长枝上互生，在短枝上簇生，偶数羽状复叶或假掌状复叶，叶轴脱落或宿存并硬化成针刺，小叶 2~10 对，全缘；托叶小，脱落或宿存硬化成针刺。花单生或簇生，花梗具关节；萼筒形或钟形，基部偏斜，稍成浅囊状凸起，萼齿 5，不等大；花冠黄色，稀白色或浅红色，旗瓣直立，向外反卷，基部具爪，翼瓣与龙骨瓣具爪和耳；雄蕊 10，2 体；子房近无柄，胚珠多数，花柱细长，柱头小。荚果圆筒形或扁平，2 瓣开裂。

据《中国植物志》英文修订版记载：亚欧温带地区大约有 100 种；中国有 66 种，其中 32 种为特有种（刘媖心，2010）。

锦鸡儿属集中分布于亚洲大陆温带地区与青藏高原，所以锦鸡儿属是温带亚洲分布型，但有少数种类扩展到欧洲（4 种）、亚洲亚热带（1 种）和北极寒带地区（1 种）（周道玮，1996）。其种类分布大体上是随降水量的增加和温度的升高而减少，随降水量的减少和海拔的升高而增加（赵一之，1991a）。1974 年 Sanchir 对当时已知的分布于欧亚大陆的 86 种锦鸡儿属植物进行区系成分的研究，他将本属划分为 3 个分布区类型，其下又分设了若干亚型，亚型下设区系组，最终将本属分为 23 个区系组（贾丽，2001）。1990 年我国学者杨昌友等在此基础上对全世界分布的本属已知 105 种植物进行了分布区类型的划分，共划分了 20 个分布区类型，其中属青藏高原分布的种类 18 种，喜马拉雅山分布 12 种，中国华北和天山山地分布各 10 种；中国分布 80 种，约占全属总数的 76.32%，中国特有种 43 种。

中国锦鸡儿属植物的分布中心有 3 个地区，一是西北地区 31 种，二是西南地区 18 种，三是华北地区 13 种（赵一之，1991a）。1992 年刘仲龄对分布于我国境内的 80 余种锦鸡儿属植物做了分布区图，讨论了各个系内各种的分布规律及各组内各系的分布规律，并讨论了全属的分布特点，1999 年牛西午也研究了中国锦鸡儿属植物的资源分布，并对该属 66 种植物的特性、习性及分布进行了详细描述。柠条的分布很广，东起西伯利亚，西至我国新疆维吾尔自治区（以下简称新疆，全书同）均有生长。在黄河流域以北的干旱半干旱地区，即我国吉林、辽宁、河北、山东、山西、内蒙古自治区（以下简称内蒙古，全书同）、陕西、宁夏回族自治区（以下简称宁夏，全书同）、甘肃、青海、新疆等省（区）均有分布，其中以内蒙古西部和陕北地区比较集中。柠条垂直分布于海拔1 000~2 500m的沙漠绿洲或黄土丘陵区，海拔3 800m的祁连山也有生长，并有大面积的人工林。在甘肃、宁夏的腾格里沙漠和巴丹吉林沙漠东南部，内蒙古鄂尔多斯市、陕西的毛乌素沙漠以及宁夏河东沙地等地区分布较多，通常呈块状分布在固定、半固定沙地和剥蚀丘陵低山上，并常与沙蒿、沙冬青等混生。少数种类分布在长江下游及长江以南。本属植物在饲用、药用、防风固沙、水土保持方面具有重要作用。

二、宁夏锦鸡儿属植物种质资源

（一）宁夏锦鸡儿属植物种类及分布

依据《宁夏植物志》（马德滋，2007）和《中国植物志（英文版）》（刘媖心等，2010）对宁夏锦鸡儿属植物进行了修订，共有 13 种 2 变种（表 1-1），分别是细叶锦鸡儿、白毛锦鸡儿、甘肃锦鸡儿、甘蒙锦鸡儿、鬼箭锦鸡儿、两耳鬼箭、弯耳鬼箭、荒漠锦鸡儿、小叶锦鸡儿、柠条锦鸡儿、中间锦鸡儿、短脚锦鸡儿、甘青锦鸡儿、甘宁锦鸡儿、藏青锦鸡儿（图 1-1）。

图 1-1　柠条主要形态

表 1-1　宁夏锦鸡儿属种资源分布

名称	学名	分布地点	生长环境
细叶锦鸡儿	*C. stenophylla*	贺兰山、同心、海原、中卫	向阳干旱山坡
白毛锦鸡儿	*C. licentiana*	盐池、同心	向阳的干旱山坡或沟谷
甘肃锦鸡儿	*C. kansuensis*	吴忠、灵武、海原	草原地区的沟谷坡地
甘蒙锦鸡儿	*C. opulens*	贺兰山、中卫、海原	散生于山地、丘陵及山地的沟谷
鬼箭锦鸡儿	*C. jubata*	六盘山、贺兰山	山坡灌丛或高山林缘
两耳鬼箭	*C. jubata* var. *biaurita*	贺兰山	山坡或高山林缘茎、叶药用
弯耳鬼箭	C. *jubata* var. *recurva*	贺兰山	生于山坡
荒漠锦鸡儿	*C. robovskyi*	贺兰山、灵武、盐池、中卫等	山坡、石砾滩地、山谷间干河床
小叶锦鸡儿	*C. microphylla*	盐池麻黄山	山坡，饲用植物
柠条锦鸡儿	*C. korshinskii*	盐池、灵武、中卫、海原	固定、半固定，沙地、戈壁等
中间锦鸡儿	*C. liouana*	盐池	固定、半固定沙丘

（续表）

名称	学名	分布地点	生长环境
短脚锦鸡儿	*C. brachypoda*	盐池、灵武、中宁、中卫等	多生于向阳山坡及山麓路边
甘青锦鸡儿	*C. tangutica*	六盘山	生于海拔 2 200m 左右的山坡林缘
甘宁锦鸡儿	*C. erinacea*	贺兰山、西吉、隆德等县	多生于干旱山坡及石质滩地
藏青锦鸡儿	*C. tibetica*	贺兰山及盐池、中卫、海原等	生于向阳干旱山坡或山麓石质沙地

（二）宁夏锦鸡儿属植物分种检索

1. 小叶 4，假掌状着生 ………………………………………………………… 2

1. 小叶 4 至多数，羽状着生 ……………………………………………… 6

2. 叶在短枝上者具明显叶柄 ……………………………………………… 3

2. 叶在短枝上者无叶柄，因而小叶呈簇生状 ………………………… 5

3. 叶、萼、子房、荚果密被柔毛，至少幼时被灰白色柔毛 ………………
……………………………………… 1. 白毛锦鸡儿 *C. licentiana* Hand. -Mazz.

3. 叶、萼、子房、荚果无毛，有时子房被柔毛 ………………………… 4

4. 小叶现状倒披针形；旗瓣卵形 ……… 2. 甘肃锦鸡儿 *C. kansuensis* Pojark.

4. 小叶倒卵形或倒卵状披针形；旗瓣宽倒卵形或近圆形 ………………
……………………………………………………… 3. 甘蒙锦鸡儿 *C. opulens* Kom.

5. 小叶倒卵状披针形至倒披针形；花梗长 3~5mm；萼筒基部囊状 ………
………………………………………………… 4. 短脚锦鸡儿 *C. brachypoda* Pojark.

5. 小叶线状倒披针形至线形；花梗长 5~18mm；萼筒基部不为囊状 ………
………………………………………………… 5. 细叶锦鸡儿 *C. stenophylla* Pojark.

6. 叶轴全部宿存并硬化成针刺 ………………………………………… 7

6. 叶轴全部脱落不硬成针刺 ………………………………………………… 12

7. 翼瓣的耳长，线性，与爪等长或为爪长的一半 ……………………… 8

7. 翼瓣的耳短 ……………………………………………………………… 9

8. 小叶 4~6 对；花冠粉红色或近白色；翼瓣的爪与耳近等长 ……………
……………………………………………… 6. 鬼箭锦鸡儿 *C. jubata*（pall.） Poir.

8. 小叶常3对；花冠黄色；翼瓣的耳长为爪的一半 ……………………………………………………………… 7. 甘青锦鸡儿 *C. tangutica* Maxim.

9. 小叶2~3对，椭圆状披针形；翼瓣狭，无耳 ……………………………………………………………… 8. 甘宁锦鸡儿 *C. erinacea* Kom.

9. 小叶3~6对 …………………………………………………… 11

11. 荚果里面密被柔毛；翼瓣的耳短 ……… 9. 藏青锦鸡儿 *C. tibetica* Kom.

11. 荚果里面无毛；翼瓣的耳长，线性 ……………………………………………………………… 10. 荒漠锦鸡儿 *C. roborovskii* Kom.

12. 子房无毛或疏被短毛 …………………………………………… 13

12. 子房密被短柔毛…………………… 11. 柠条锦鸡儿 *C. korshinskii* Kom.

13. 小叶宽三角状倒卵形或倒卵形，先端截形或凹，具小尖头；子房无毛；花梗无毛 ……………………………… 12. 小叶锦鸡儿 *C. microphylla* Lam.

13. 小叶狭倒卵形或倒卵状披针形，子房无毛或疏被短柔毛；花梗被毛 ……………………………… 13. 中间锦鸡 *C. liouana* Zhao Y. Chang & Yakovlev

（三）宁夏锦鸡儿属植物分种描述

1. 白毛锦鸡儿（*C. licentiana* Hand. -Mazz.）

灌木，高40~60cm。老枝绿褐色或红褐色，稍有光泽，嫩枝密被白色柔毛。托叶披针形，长2~7mm，硬化成针刺，密被灰白色柔毛；叶柄长2~3mm，宿存，硬化成刺；小叶4片，假掌状着生，楔状倒卵形或倒披针形，长5~12mm，宽2~4mm，先端圆，有时凹，具刺尖，基部楔形，两面密被短柔毛。花单生或并生，花梗长6~20mm，近顶端具关节，被白色短绒毛；萼筒管状，长7~10mm，基部偏斜，被短柔毛；花冠黄色，长20~22mm，旗瓣宽倒卵形至近圆形，先端微凹，基部渐狭成爪，翼瓣的爪与瓣片近等长，耳齿牙状，长约2mm，龙骨瓣的爪稍长于瓣片，耳齿状；子房密被白色柔毛。荚果圆筒形，密被白色柔毛。花期5—6月，果期7月。

产宁夏盐池、同心等县。生于干旱山坡。分布于甘肃省和青海省。

2. 甘肃锦鸡儿（*C. kansuensis* Pojark.）

小灌木，高30~60cm，由基部多分枝，开展。枝细长，灰褐色，疏被白色伏柔毛。托叶短，长 1~3mm，长枝上者硬化成针刺，宿存；叶柄在长枝上的长 4~10mm，宿存，硬化；短枝上的长 1~2mm，脱落；小叶 4，假掌状着生，线状倒披针形，长 5~12mm，宽 1~2mm，先端锐尖，具短刺尖，基部渐狭，无毛或疏被短柔毛。花梗长 5~12mm，中部以上具关节，无毛或疏被柔毛；萼筒管状，基部具囊，长 6~9mm，萼齿三角形，具缘毛；花冠黄色，旗瓣卵形，先端凹，长 20~25mm，宽 11~14mm，基部渐狭成爪，长为花瓣的 1/3，翼瓣与旗瓣近等长，耳长约 2mm，龙骨瓣先端钝，耳长约 1mm；子房无毛。荚果圆筒形，先端尖，长 2.5~3.5cm。花期 4—6 月，果期 6—7 月。

产宁夏吴忠、灵武、海原等市（县），生于山坡、沙地。分布于内蒙古、山西、陕西、甘肃等省（区）。

3. 甘蒙锦鸡儿（*C. opulens* Kom.）

矮灌木。老枝灰褐色，小枝灰白色，具白色纵条棱，无毛。托叶硬化成针刺，长 3~5mm；小叶 4，假掌状着生，具叶轴，长 3~4mm，先端成针刺；小叶卵状倒披针形，长 5~8mm，宽 1.0~1.5mm，先端急尖，具硬刺尖，无毛。花单生叶腋；花梗长 7~10mm，中部以上具关节；花萼筒状钟形，长约 1cm，宽约 5mm，无毛，萼齿三角形，边缘具短柔毛，基部偏斜；花冠黄色，旗瓣倒卵形或菱状倒卵形，长 2.0~2.5cm，宽 1.0~1.5cm，顶端圆而微凹，基部渐狭成短爪，翼瓣较旗瓣稍短，长 1.8~2.2cm，爪长 1.0~1.3cm，耳弯曲，较短，龙骨瓣与翼瓣等长，耳极短，圆形，爪细长，与瓣片近等长；子房线形，无毛。荚果线性，膨胀，无毛。花期 5—6 月，果期 7—8 月。

产于宁夏贺兰山及南华山，多生于干旱山坡。分布于我国山西、内蒙古、陕西、甘肃及四川等省（区）。

4. 短脚锦鸡儿（*C. brachypoda* Pojark.）

灌木。老枝黄褐色，有光泽，幼枝褐色或黄褐色，密被短柔毛。长枝上的托叶硬化成针刺，短枝上的托叶脱落；长枝上的叶轴硬化成针刺，长 3~4mm，短枝上者常脱落；小叶 4，假掌状着生，狭倒卵形，长 3~8mm，宽 1~3mm，先端急尖或圆钝，具小刺尖，基部楔形，两面被柔毛，上面稍密。花单生；花梗短，长 2~3mm，基部具关节，稀中部具关节，被柔毛；花萼管状钟形，长 6~8mm，宽5~6mm，基部偏斜，成浅囊状，带紫红色，无毛，萼齿三角形，长2.0~2.5mm，边缘被柔毛；花冠黄色，旗瓣宽倒卵形，长约2cm，宽15~17mm，先端凹，基部渐狭成短爪，翼瓣与旗瓣等长，先端圆钝，爪稍短于瓣片，龙骨瓣与翼瓣等长，爪稍短于瓣片，耳极短；子房被柔毛。未见果，花期5月。

产宁夏贺兰山及盐池、灵武、中宁、中卫等市（县），多生于向阳山坡及山麓路边。分布于内蒙古和甘肃等省（区）。

5. 细叶锦鸡儿（*C. stenophylla* Pojark.）

灌木。老枝灰绿色或灰黄色，幼枝淡灰褐色，有时带红色，被短柔毛，后渐无毛。长枝上的托叶硬化成针刺，长2~4mm；长枝上的叶轴宿存并硬化成针刺，长5~7mm，短枝上的叶无叶轴；小叶4，假掌状着生，线状到披针形，长8~17mm，宽1.0~1.5mm，先端急尖，具小尖头，基部渐狭，两面无毛或疏被柔毛。花单生；花梗长约1cm，无毛，近中部具关节；花萼钟形，长约6mm，宽约4mm，基部偏斜，无毛，萼齿宽三角形，先端具尖头，边缘具短柔毛；花冠黄色，旗瓣倒卵形，长约2cm，宽约12mm，先端凹，基部具短爪，翼瓣长约1.9cm，先端圆钝，爪长为瓣片的1/2，耳长为爪的1/3~1/2，龙骨瓣长约1.5cm，耳短而钝，爪长为瓣片的1/2以下；子房无毛。荚果线性，膨胀，长3~4cm，径约5mm，无毛，成熟时红褐色。花期6—7月，果期7—8月。

产宁夏贺兰山及同心、海原等县，生于向阳干旱山坡。分布于我国东北、华北及甘肃等地。

6. 鬼箭锦鸡儿（*C. jubata*（pall.）Poir.）

灌木，直立或伏卧地面成垫状，高50~100cm，多分枝。树皮灰黑色。叶密生，叶轴宿存并硬化成针刺，长5~7cm，灰白色；托叶锥形，先端成刺状，被白色长柔毛；小叶4~6对，无柄，羽状着生，长椭圆形或倒卵状长椭圆形，长6~12mm，宽2~5mm，先端急尖或圆，具小刺尖，基部圆形，上面近无毛，边缘密被白色长柔毛，背面疏被柔毛。花单生，近无梗；花萼筒状，长1.5~1.7cm，径0.8~1.0cm萼齿卵形，先端尖，边缘狭膜质，长约6mm，被柔毛；花冠淡红色或白色，旗瓣宽卵形，长3.0~3.2cm，宽1.8~2.0cm，先端圆或微凹，基部具爪，翼瓣长椭圆形，先端圆，长约3cm，龙骨瓣与翼瓣近等长，爪与瓣片等长，耳三角形；子房椭圆形，长 1.0～1.2cm，密生白色长毛，花柱线性，长约 2.5cm，被柔毛。荚果长椭圆形，长约 3cm，密生长柔毛。花期 5—6 月，果期 6—7 月。

产宁夏贺兰山和六盘山，多生于山坡灌丛或高山林缘。分布于我国华北、西北及四川等地。

两耳鬼箭（*C. jubata*（pall.）Poir. var. *biaurita* Liou. f.）：本变种与正种的主要区别在于翼瓣具有 2 耳，上耳线性，长 2～6mm。产宁夏贺兰山，生于干旱山坡。分布于我国河北、新疆等省（区）。

弯耳鬼箭（C. *jubata*（pall.）Poir. var. *recurva* Liou. f.）：本变种与正种的区别主要在于花冠紫红色，长约 2.5cm，翼瓣的耳生瓣柄上。产宁夏贺兰山，生于山坡。分布于我国甘肃、四川等省。

7. 甘青锦鸡儿（*C. tangutica* Maxim.）

灌木，高达 3m。枝条绿褐色，无毛。全部叶轴宿存并硬化成刺，长 2～5cm，幼时疏被长柔毛；托叶卵形，膜质，边缘具白色短柔毛；小叶 3 对，羽状着生，顶端小叶较大，基部一对小叶较小，长椭圆形或倒卵状椭圆形，长 1.5～2.0cm，宽 5～10mm，先端圆，具小尖头，基部楔形或近圆形，上面无毛，边缘具白色细柔毛，背面疏被柔毛。花单生，花梗长 1～2cm，疏被长柔毛，基部具关节；花萼钟形，长约 1cm，宽 5～6mm，萼齿三角状披针形，先端长渐尖，长约 3mm，疏被柔毛；花冠黄色，旗瓣宽倒卵形，翼瓣的爪稍短于瓣片，耳线性，长为爪的 1/2，龙骨瓣的爪与瓣片等长，耳短；子房被毛。荚果线性，密被柔毛，具宿存的花柱。花期 5 月，果期 6 月。

产宁夏六盘山，生于海拔 2 200m 左右的山坡林缘。分布于我国甘肃、青海、四川等省。

8. 甘宁锦鸡儿（*C. erinacea* Kom.）

灌木。老枝黑褐色，具纵棱，多条裂，幼枝灰褐色，被短柔毛。托叶三角状披针形，不硬化成针刺，长枝上的叶轴宿存并硬化成针刺，长 1.0～1.5cm；小叶 2～3 对，羽状着生，倒披针形，长 0.5～1.0cm，宽 1.0～2.5mm，先端尖，具小刺尖，上面无毛，背面被短柔毛；短枝上的叶假掌状着生，具短叶轴。花单生，几无梗；花萼钟形，长 8～10mm，宽 4～5mm，萼齿三角状卵形，长不及萼筒的 1/4，被短柔毛；花冠黄色，旗瓣狭倒卵形，长 2.0～2.5cm，宽约 1.5cm，基部具长爪，爪长可达瓣片的 1/2，翼瓣椭圆形，长约 1.8cm，耳极短，爪与瓣片几等长或长于瓣片，龙骨瓣长圆形，与翼瓣近等长，先端圆形，耳短，圆形，爪稍长于瓣片。荚果长约 2cm，外面疏被柔毛，里面密被绒毛。花期 5—6 月，果期 6—7 月。

产宁夏贺兰山山麓冲积扇及西吉、隆德等县，多生于干旱山坡及石质滩地。分布于甘肃、西藏等省（区）。

9. 藏青锦鸡儿（*C. tibetica* Kom.）

灌木，高 30～50cm。树皮灰黄色，条裂，分枝多，密集。叶轴长约 2cm，密被柔毛，具 3～4 对小叶，小叶线状长椭圆形，长 6～15mm，宽 0.5～1.0mm，先端尖，具小刺尖，两面密被长柔毛。叶轴宿存并硬化成针刺，无毛；托叶卵形，膜质，先端渐尖，褐色，密被长柔毛。花单生，几无梗；花萼筒形，长 10～15mm，宽约 5mm，密生长柔毛，萼齿卵状披针形，长为萼筒的 1/4；花冠黄色，旗瓣倒卵形，先端凹，基部具爪，爪长为瓣片的 1/2，翼瓣与旗瓣近等长，先端钝，爪与瓣片等长或稍长，耳短，圆形，龙骨瓣椭圆形，先端圆，爪等长于瓣片，耳短；子房密生柔毛。荚果短，椭圆形，外面密被长柔毛，里面被绒毛。花期 5—7 月。

产宁夏贺兰山及盐池、中卫、海原等市县，生于向阳干旱山坡或山麓石质沙地。分布于我国内蒙古、甘肃、青海、四川等省（区）。

10. 荒漠锦鸡儿（*C. roborovskii* Kom.）

矮灌木，高 30～50cm。树皮黄色，条状剥落，小枝淡灰褐色，密被灰白色柔毛。托叶膜质，三角状披针形，中脉明显，先端具硬刺尖；叶轴全部宿存并硬化成刺，长 1.5～2.5cm，灰黄色或浅棕色，幼时密被长柔毛；小叶 4～6 对，羽状着生，倒卵形或倒卵状披针形，长 4～8mm，宽 2～5mm，先端圆形，具小刺尖，基部楔形，两面密被长柔毛。花单生，花梗短，长 2～3mm，被长柔毛；萼筒形，长约 1.2cm，宽 5～7mm，萼齿三角状披针形，长约 4mm，密被柔毛，先端尖，具小尖头；花冠黄色，旗瓣倒卵形，长 2.8～3.0cm，先端微凹，基部具长爪，翼瓣长椭圆形，长 2. 5 ~ 2. 7cm，先端钝，爪长约 1cm，耳线形，长 7 ~ 8mm，龙骨瓣长 2. 3 ~ 2. 5cm，先端成向内弯的嘴，爪与瓣片近等长，耳圆形，长约 1mm；子房密被长柔毛。荚果圆筒形，长 2. 0 ~ 2. 5cm，径 5 ~ 6mm，密被柔毛。花期 4—5 月，果期 6—7 月。

产宁夏贺兰山和南华山，生于干旱山坡或山麓石砾滩地、山谷间干河床。分布于甘肃、青海等省（区）。

11. 柠条锦鸡儿（*C. korshinskii* Kom.）

灌木，高可达 1. 5m。枝条淡黄色，无毛。长枝上的托叶宿存硬化成针刺，长 3 ~ 5mm；叶轴长 3. 0 ~ 5. 5cm，幼时被短毛，后无毛，脱落；小叶 5 ~ 10 对，羽状排列，无小叶柄，倒卵状长椭圆形或长椭圆形，长 6 ~ 10mm，宽 3 ~ 4mm，先端圆或急尖，具刺尖，基部近圆形或宽楔形，两面被短伏毛。花单生，花梗长 1 ~ 2cm，疏被短柔毛，中部以上具关节；花萼钟形，长 10 ~ 12mm，宽 5 ~ 7mm，被短柔毛，萼齿三角形，长 1 ~ 2mm；花冠黄色，旗瓣卵形，长 23 ~ 25mm，先端微凹，基部具短爪，翼瓣的爪长为瓣片的一半，耳短圆齿状，龙骨瓣的爪与瓣片近等长，先端圆钝，耳不明显；子房密被短柔毛。荚果扁，长 2 ~ 3cm，宽 5 ~ 7mm，红褐色，先端尖，无毛。花期 5—6 月，果期 6—7 月。

产宁夏海原、中卫、灵武、盐池等市（县）。分布于内蒙古、甘肃等省（自治区）。可作水土保持植物及固沙造林植物。枝叶沤作绿肥。

12. 小叶锦鸡儿（*C. microphylla* Lam.）

灌木，高 50 ~ 70cm。老枝黑灰色，幼枝灰黄色或黄白色，疏生短柔毛；长枝上的托叶宿存并硬化成针刺，刺长 7 ~ 10mm，较粗壮，直伸或稍弯曲；叶轴长 3 ~ 5cm，上面具浅沟槽，被短毛，脱落；小叶 6 ~ 10 对，羽状排列，宽倒卵形或三角状宽倒卵形，长 4 ~ 8mm，宽 3 ~ 7mm，先端截形或凹，具小刺尖，基部宽楔形，两面疏被短伏毛。花单生；花梗长 1. 5 ~ 1. 8cm，无毛或疏被短柔毛，中部以上具关节。荚果圆筒形，长约 4cm，径约 5mm，先端尖，无毛，棕褐色。果期 7—8 月。

产宁夏盐池县麻黄山，多生于干旱山坡。分布于我国东北、华北及陕西等地。

13. 中间锦鸡儿（*Caragana liouana* Zhao Y. Chang & Yakovlev）

灌木，高0.7~2m。老枝黄灰色或灰绿色，幼枝被柔毛。羽状复叶有3~8对小叶；托叶在长枝者硬化成针刺，长4~7mm，宿存；叶轴长1~5cm，密被白色长柔毛，脱落；小叶椭圆形成倒卵状椭圆形，长3~10mm，宽4~6mm，先端圆或锐尖，很少截形，有短刺尖，基部宽楔形，两面密被长柔毛。花梗长10~16mm，关节在中部以上，很少在中下部；花萼管状钟形，长7~12mm，宽5~6mm，密被短柔毛，萼齿三角状；花冠黄色，长20~25mm，旗瓣宽卵形或近圆形，瓣柄为瓣片的1/4~1/3，翼瓣长圆形，先端稍尖瓣柄与瓣片近等长，耳不明显；子房无毛。荚果披针形或长圆状披针形，扁，长2.5~3.5cm，宽5~6mm，先端短渐尖。花期5月，果期6月。

产宁夏中卫、灵武、盐池等市（县），生于固定及半固定沙丘上。分布于内蒙古及陕西北部。

第二节　宁夏柠条资源及分布

一、宁夏林业概况

宁夏土地总面积664.0万 hm^2，其中（图1-2）：林地面积占宁夏土地面积的25.72%，为170.78万 hm^2，宁夏全区林地面积中，乔木林面积占12.65%，共有21.61万 hm^2，疏林地面积占1.14%，共有1.94万 hm^2，灌木林地（含未成林）面积占64.13%，共有109.53万 hm^2，苗圃等其他占22.08%，共39.64万 hm^2。

灌木林（含未成林）中柠条林地面积为43.95万 hm^2，占灌木林地的40.13%，占全区林地面积的25.73%。灌木林地中，特殊灌木林地面积占灌木林地总面积的94.87%，共有57.16万 hm^2，一般灌木林地面积3.10万 hm^2，占灌木林地总面积的5.13%。按起源划分，天然灌木林地面积15.89万 hm^2，占灌木林地总面积的26.36%，人工特殊灌木林地面积44.38万 hm^2，占灌木林地总面积的73.64%。按林种划分，灌木防护林面积占比最大，共有面积为48.23万 hm^2，占灌木林地总面积的79.81%，灌木特用林面积6.97万 hm^2，占灌木林地总面积的11.58%，

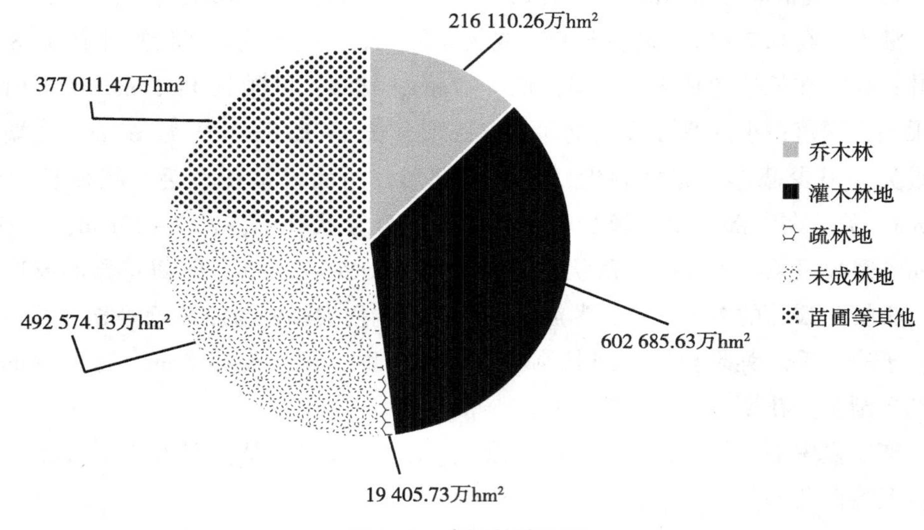

图 1-2　宁夏林地面积

灌木经济林面积 5.19 万 hm^2，占灌木林地总面积的 8.61%。防护林和特用林中灌木树种以柠条为主，柠条面积 43.95 万 hm^2。

乔木林分为针叶林、阔叶林和针阔混，其面积分别为乔木林面积的 25.25%、73.59%和 1.16%。宁夏针叶林主要有：落叶松、云杉、油松、柏木、华山松、樟子松和针叶混。面积较大的是落叶松和云杉，分别占乔木总面积的 12.54%和 6.01%。阔叶树种类繁多，分硬阔类和软阔类，硬质阔叶树种称为硬阔，硬阔类树种组包括榆类、刺槐、栎类、楮类、榆树、朴树等。软质阔叶树种称为软阔，软阔类树种包括杨树、柳树、枫杨、桦类、桤木等。宁夏阔叶林主要有杨树、山杏、栎类、柳树、刺槐、桦木等。其中软阔面积最大的为杨树，占乔木林总面积的 14.10%，硬阔面积最大的为栎类，占乔木林总面积的 6.47%。宜地林中，规划造林面积 76.57 万 hm^2，造林失败地面积 6.13 万 hm^2，其他宜地林面积 0.09 万 hm^2，分别占总宜地林面积的 92.49%、7.40%、0.11%。全区乔木林蓄积为 48.25m^3/hm^2，其中：天然乔木林为 62.41m^3/hm^2，人工乔木林为 40.43 m^3/hm^2。各林种单位面积蓄积分别为：防护林 37.39m^3/hm^2；特用林 61.80 m^3/hm^2；用材林 58.42m^3/hm^2；经济林 11.75m^3/hm^2。

二、3S 技术在柠条资源调查中的应用

在过去的年代中，森林资源的调查和规划方案都存在一定程度的限制范围，首先人们需要对森林资源进行块的划分处理，随后再对森林的块逐个实行森林资源调查工作。这种方式的森林资源调查模式需要特别大的人力资源，而且工作量也特别巨大，这很容易让人们产生工作疲劳，从而降低工作效率。由于技术不断进步，3S 技术运用到了森林资源的调查中，不仅节约了大量的人力资源，也降低了工作人员的工作量，从而提高了工作效率。3S 技术的运用使我国的森林资源更加规范有条理，管理方式也更加系统专业，完善森林资源的管理系统是调查人员的主要工作内容，加强森林资源的管理，得出更完美的森林资源图像。

（一）3S 技术在林业调查中的发展和进步

“3S”是地理信息系统 GIS（Geographical Information System）、遥感 RS（Remote Sensing）和全球定位系统 GPS（Global Positioning System）的统称，是空间技术、传感器技术、卫星定位与导航技术和计算机技术、通信技术相结合，多学科高度集成地对空间信息进行采集、处理、管理、分析、表达、传播和应用的现代信息技术。

结合实际发现，全球定位系统已经成为当前世界应用最为广泛的导航定位系统。在这其中，地理信息系统主要作用就是处理与空间相关的计算机信息系统。在林业资源调查工作中，GPS 技术能够帮助相关工作人员对林业资源进行定位，使其能更好地掌握林业资源情况。而对于 RS，能够直接应用在对各种数据信息源、生态调查和动态监测中。关于 GIS 技术在林业资源调查工作中所具有的优势，能够深入分析各种不同空间尺度中的数据；可探索出植物群落的变化规律。由此可见，3S 技术在我国林业资源的调查工作中越来越重要。在该技术的不断发展下，不仅能够帮助相关单位更加全面地调查林业资源情况，还能够掌握和了解现代我国在林业资源上的具体分布和各个种类。

2018 年宁夏柠条资源调查工作根据遥感影像以及内业比对提取的变化信息，叠加已有资料包括：林业土地调查、林业退耕还林还草调查等，以 2018 年的数据成果为工作底图，叠加其他资料进行分析对比。作业中通过影像判读、矢量数

据叠加、GPS 外业实测、基础数据匹配、连接、关联、提取等技术手段，进行作业。在此基础上，开展柠条林地资源现状汇总与统计分析，并按照相关标准要求开展标准时点统一变更和调查成果评价、应用等工作。

随着我国数字化科技信息技术的不断成熟与完善，柠条资源调查在科技的带领下变得更加便捷、快速和安全，在工作中 3S 技术的广泛应用，使柠条资源的数据采集、利用、管理和经营都变得精确化和数量化，并且 3S 技术可以在柠条工作管理中同时运用，实现 3S 技术一体化，保证柠条资源可持续利用，增加林业工作的经济效益，促进宁夏生态发展和经济增长。

（二）2018 年 3S 技术在柠条资源中的应用

柠条资源调查，通过遥感图像或图像处理技术，提取线状地物、图斑、不一致图斑，进行工作底图、专题图件的制作。利用最新的 RS 正射影像图可以对土地利用现状进行大范围的核查和更新，以 RS 正射影像图为工作底图进行内业信息提取时，用 RS 正射影像图与土地利用现状数据库及国家下发图斑进行套合，通过逐地块分析 DOM 纹理、色调、区位，按照“三调”工作分类标准判读图斑地类，依据影像特征提取土地利用图斑，提取变化信息，实地核实调查疑似图斑和不一致图斑地类。利用 GPS 技术进行有变化的权属界线、地类图斑、新增地物补测，达到快速定位，获取更新数据的空间坐标。GIS 技术主要用于土地利用数据和图件的制作和管理，能够准确、快速地储存、查询、分析和处理数据。利用 GIS 软件能够较为便捷地进行图形编辑，构建数据库，进行原始数据的录入、删除、编辑、查询，在土地利用现状数据库的基础上，借助 GIS 的相关功能，进行数据的查询、提取、统计和计算。通过对土地利用规模、结构、各类用地布局方面分析，更为客观、科学地分析和评价区域的土地利用现状。另外，以 GIS 为基础建立空间数据库，有助于实现土地成果的信息化管理、自动化与共享。RS 为 GIS 提供可靠的数据源，GPS 为 GIS 在外业调查中获取更新数据，GIS 对 RS 和 GPS 提供的数据和源进行详细的信息分析与应用，保持调查成果的现实性。将遥感、全球定位卫星系统和地理信息系统紧密结合在一起的 3S 一体化技术应用于柠条资源调查内外业工作中，可以更加高效、精确、方便、经济。

（三）柠条资源调查技术流程

对收集的数据和图纸进行坐标转换、地类代码转换、用途范围划定、线状地物图斑化处理、地类图斑、权属界线转绘进行调查底图制作。外业调查底图内容主要包括：经过内业转绘的国家不一致图斑界线及地类、经内业重新判读解译与原年度变更库数据不一致的图斑界线及地类、最新遥感影像、权属界线等数据。基于 GIS 技术的内业数据库的建立，按照建库软件及数据库标准要求，导入处理后的基础地理数据、地类图斑数据、土地权属数据。基于外业补充调查后形成的不一致图斑相关信息，对地类图斑层进行地类修改，包括图斑分割、图斑合并、图斑边线调整、地类修改和细化标注等。叠加地类图斑数据与权属数据，根据空间关系更新地类图斑层的权属信息。数据处理包括图形数据处理和属性数据处理。图形数据处理包括地类图斑处理、行政区处理等图形拓扑检查及拓扑错误修改、碎小图斑处理等，属性数据处理包括属性关联赋值、空间关系赋值、自动编号等，通过计算图幅的理论面积。把经过处理、符合数据库设计要求的数据进行正式入库，形成正式的数据库成果。

三、宁夏柠条资源状况

通过 3S 技术对宁夏 2018 年柠条林资源调查分析，3S 技术该技术不仅有效推动宁夏柠条资源工作的有序开展，还有助于相关工作人员更加全面地了解和掌握柠条林业资源情况，进而做出针对性的管理决策。

（一）柠条资源面积及生物量

截至 2018 年（表 1-2），全区柠条资源面积已达 43.95 万 hm^2，生物量为 177.20 万 t。根据林分、林龄、资源量的区域分布来看，具有开发利用面积大、生物贮量多和可持续利用的优势和特点。

天然柠条存林面积为 2.60 万 hm^2，占全区柠条资源面积的 5.92%；人工种植的柠条面积累计达到 41.35 万 hm^2，占全区柠条总面积的 94.08%。柠条成林面积 72.67%，未成林地占 27.33%。柠条成林生物量为 153.63 万 t，占所有生物量的 86.71%。若以 3 年为一个平茬复壮更新周期，未成林不可利用，柠条成林可利用面积为 10.60 万 hm^2，生产柠条饲料 51.21 万 t。加工利用率为 80%和每只羊补饲量以 500kg/a 计算，可补饲羊只 81.94 万只。到 2025 年全区可利用面积达到 14.65 万 hm^2，年生产柠条饲料约 70.78 万 t，可满足 113 万只羊的补饲利用。

因此，开发柠条资源，发展柠条饲料产业，使其成为推动我区特别是中部干旱带农牧业、农村经济建设的重要产业，已具备良好的物质条件。

表 1-2 宁夏 2018 年柠条林地面积及分布情况统计

地区	面积（hm^2）			地上生物量（t）		
	柠条林地	未成林地	总计	柠条林地	未成林地	总计
兴庆区	12.95	224.92	237.87	62.29	440.84	503.13
永宁县	36.02	25.30	61.32	173.26	49.59	222.85
贺兰县	13.68	349.43	363.11	65.80	684.88	750.68
灵武市	27 306.93	24 870.55	52 177.48	131 346.33	48 746.28	180 092.61
大武口区	11.68	14.30	25.98	56.18	28.03	84.21
惠农区	36.63	96.36	132.98	176.19	188.87	365.06
平罗县	2.91	1.11	4.02	14.00	2.18	16.18
利通区	1 136.60	4720.10	5 856.70	5 467.05	9 251.40	14 718.45
红寺堡区	23 571.47	6 020.87	29 592.34	113 378.77	11 800.91	125 179.68
盐池县	129 274.28	32 811.28	162 085.56	621 809.29	64310.11	686 119.40
同心县	33 175.84	23 790.35	56 966.19	159 575.79	46 629.09	206 204.88
青铜峡市	31.74	0.00	31.74	152.67	0.00	152.67
原州区	28 280.67	827.85	29 108.52	136 030.02	1 622.59	137 652.61
西吉县	8 198.48	1 069.87	9 268.34	39 434.69	2 096.95	41 531.64
隆德县	22.74	1.76	24.50	109.38	3.45	112.83
泾源县	0.49	0.00	0.49	2.36	0.00	2.36
彭阳县	13 144.78	739.59	13 884.37	63 226.39	1 449.60	64 675.99
沙坡头区	21 458.60	13 927.25	35 385.85	103 215.87	27 297.41	130 513.28
中宁县	4 099.00	966.59	5 065.60	19 716.19	1 894.52	21 610.71
海原县	29 574.68	9 618.72	39 193.41	142 254.21	18 852.69	161 106.90
合计	319 390.17	120 076.20	439 466.37	1 536 266.72	235 349.35	1 771 616.07

（二）柠条资源区域分布情况

柠条林主要集中在盐池县、同心县、灵武市，存林面积分别为 16.21 万 hm^2、5.70 万 hm^2、5.22 万 hm^2，分别占全区天然柠条的 36.88%、12.97%、11.88%，3

个县市柠条林面积占宁夏总面积的 61.73%；其他县市柠条林面积占全区的 38.27%。由此看出，全区柠条资源主要分布在中、东部干旱风沙区，其次是南部黄土丘陵沟壑区。

中部干旱带是宁夏农牧交错带，草畜业较为发达，同时又是宁夏生态最为脆弱的地区之一，主要包括 10 县（市、区）的干旱荒漠地区，土地面积 3.035 万 km^2，占全区总面积的 58.6%，草原面积 205.1 万 hm^2，占全区总面积的 63%，沙漠化土地面积达 110.08 万 hm^2，占全区土地总面积的 24.3%左右。柠条作为中部干旱带防风固沙林、水土保持林、薪炭林、荒漠草原植被恢复和立体复合草场建设的先锋树种，对于稳定本地区生态环境、保护农田和确保畜牧业的可持续发展起到了积极作用，并且全区 60%的羊只集中在中部干旱带，因此开发柠条饲料和发展舍饲养殖业，对促进中部干旱带区域经济的发展和农民增收意义重大。

四、盐池县柠条资源调查

盐池县位于宁夏东部，地处陕、甘、宁、内蒙古四省（区）交界带，东邻陕西省定边县，南与甘肃省环县接壤，北邻内蒙古鄂托克前旗，地理坐标为北纬 37°04′~38°10′，东经 106°30′~ 107°41′，全县南北长约 110km，东西宽约 66km，总面积8 377.29km^2。全县共有 4 乡 4 镇 101 个行政村，人口 17 万余人。盐池县北与毛乌素沙地相连，南靠黄土高原，在地理位置上是一个典型的过渡地带，自南向北在地形上是从黄土高原向鄂尔多斯台地（沙地）过渡，在气候上是从半干旱区向干旱区过渡，在植被类型上是从干草原向荒漠草原过渡，在资源利用上是从农区向牧区过渡。这种地理上的过渡性造成了盐池县自然条件资源的多样性和脆弱性特点。

（一）盐池林业资源

截至 2016 年，盐池县林业用地面积 224 271.64hm^2，占土地总面积的 39.3%，森林覆盖率 19.08%。活立木蓄积量 188 034.7万 m^3。在林业用地面积中：有林地面积 6 756.04 hm^2，占林业用地总面积的 3.01%；疏林地面积 1 115.47hm^2，占林业用地总面积的 0.5%；灌木林地面积 102 108.61 hm^2，占

45.53%；未成林造林地面积31 719.34hm^2，占14.14%；宜林地面积80 974.16 hm^2，占36.11%；无立木林地面积1 476.2hm^2，占0.66%、苗地121.82hm^2，占0.05%。有林地面积中全部为乔木林，灌木林地面积中全部为国家特别规定灌木林。盐池县有疏灌林地总面积为119 980.12hm^2，树种可分为乔木树种、灌木树种两大类。乔木树种总面积为7 871.51hm^2，占纳入树种统计总面积的7.16%，其中乔木经济林面积为1 450.76hm^2，乔木生态林6 420.75hm^2，以柳树、杨树为主，在林分结构上以阔叶林为主，占到乔木面积的81.24%；经济树种以苹果为主；灌木树种面积102 108.61hm^2，占纳入统计总面积的92.84%，其中以柠条、花棒、白茨为主。

（二）盐池县柠条遥感资源状况

盐池县2018年柠条林地面积占宁夏的36.88%，为宁夏柠条林面积最大的县。盐池县从2002年开始实施退耕还林还草工程以来，荒山荒地大面积造林，柠条林的面积从2004年基期的10.37万hm^{2}增加到2018年的16.21万hm^2（表1-3），14年增长了5.84万hm^2，年增长4 171.43hm^2。盐池县的高程范围在1 279~1 954m，相对其他几个柠条林面积大的县市便于平茬利用。结合林业厅项目管理中心世界银行贷款项目，项目组从2016年开始一直在盐县开展相关技术研究。

表1-3 盐池县柠条林面积

地区	2004年		2018年	
	面积（hm^2）	比例（%）	面积（hm^2）	比例（%）
花马池镇	26 299.90	25.36	38 868.12	23.98
高沙窝镇	15 234.44	14.69	21 087.33	13.01
王乐井乡	12 403.26	11.96	18 429.13	11.37
冯记沟乡	12 392.89	11.95	18 218.42	11.24
青山乡	9 209.11	8.88	15 495.38	9.56
惠安堡镇	10 681.74	10.30	17 456.61	10.77
大水坑镇	15 058.14	14.52	27 813.88	17.16
麻黄山乡	2 437.10	2.35	4 732.90	2.92
盐池县	103 706.22	100.00	162 085.56	100.00

盐池县柠条林的景观特征与各乡镇地形地貌及柠条林营造类型有关，地形平缓、高程较低的中北部花马池镇、高沙窝镇、王乐井乡以营造集中连片营造防风固沙林为主，而沟壑丘陵较多、高程较高的麻黄山南部则以破碎化退耕还林为主，这是导致盐池县柠条林景观南北差异较大的原因。2001 年与 2018 年相比，盐池县各乡镇的柠条林面积比例基本一致，变化不大。面积最大的是花马池镇为 38 868.12hm²，占全县的 23.98%；最小的是麻黄山乡为 4 732.90hm²，占全县的 2.92%。

为了更好地了解和掌握盐池县现有柠条资源的分布、长势和利用等情况，2018 年 8 月我们先后对大水坑镇、高沙窝、青山、王乐井、花马池镇等乡镇进行了调查。共调查了 7 个乡镇 23 个自然村 30 个小地块，现将调查结果总结如下（表 1-4）。

表 1-4　盐池县成林柠条生长现状调查

林龄	密度（株/亩）	鲜重（kg/株）	折合亩产（kg/亩）	立地类型	林龄	密度（株/亩）	鲜重（kg/株）	折合亩产（kg/亩）	立地类型
5	37	3.4	495.8	低洼覆沙地	15	35	2.58	90.3	低洼覆沙地
5	48	1.14	54.72	硬梁地	15	71	2.13	151.23	硬梁地
8	54	1.14	61.56	硬梁地	17	38	4.80	182.40	覆沙地
10	94	0.77	72.38	硬梁地	20	34	23.30	792.20	低洼覆沙地
12	41	1.50	61.50	硬梁地	21	38	1.67	63.46	低洼覆沙地
14	65	3.30	214.5	覆沙地	23	102	3.33	339.66	梁滩地
16	160	4.29	686.4	沙地	24	260	2.19	569.40	梁地
20	120	3.45	424.4	梁地	34	64	3.60	230.4	沙地
30	140	0.96	134.4	梁地	40	130	1.87	243.1	梁地

1. 利用率极低，老化程度严重

被抽查的成林柠条中约有 50%以上的从未平过茬，而且约有 30%~40%都已存在不同程度的老化，如立地条件较好的青山乡猫头梁行政村、柳杨堡的冒寨子和日元项目区、高沙窝的大疙瘩等村，成林柠条地径粗度在 1.5cm 以上的占全村总成林柠条面积的一半以上，部分地径甚至达到 4.0cm。王记沟村、苏步井村一些梁地柠条矮化严重。由于地径过粗和木质化程度严重，给今后的平茬工作带来了很大的难度，明显降低了柠条原料质量。

2. 成林柠条单位面积产量相差悬殊

调查密度及产量采用了造林规格加30m带长存林数折合后所得，单株鲜重采用选择抽查的方式，即每种类型，通过目测的方式选择代表性的植株5株，测其相关生长性状后再称其鲜重，地点选择随机抽取。被调查的成林即林龄在5年以上的柠条，中单株鲜重在0.06～25.5kg区间变化，折合亩产54.72～792.2kg不等。调查中得知，立地条件是决定柠条产量的决定性因素，其次是密度和林龄，上次平茬时间也较明显地影响着柠条的产量。

3. 新老柠条林保存率差异大、林带质量不一

从调查数据来看，在20世纪80年代及以前种植的老柠条退化程度较严重，密度在34～160株/亩间变化，单位面积产量也差异较大。1999年及以后种植的柠条，由于这一时期种植的大多都为退耕还林和“三北”四期的，无论是整地质量、保苗率，还是实测面积与验收面积数据的符合上，都达到了前所未有的高质量、高标准程度。

4. 冷季平茬造成柠条的饲喂利用率低

经传统冷季平茬后得到的枝条大部分是纤维含量较高的枯枝，营养成分含量相对较低。这不仅使得宝贵的柠条资源得不到充分的利用而造成浪费，也使得当地的农牧民守着优良的饲用灌木资源却无法进行利用，造成禁牧舍饲后当地饲草料的严重短缺。

柠条在我区主要有3种用途：第一，作为饲料。柠条多在干旱的山区、丘陵区和风沙地带，这些地区多是一些交通不便的地区，多饲养有牛、羊等草食动物，在未实行退耕还林以前，牛、羊的饲养主要依靠放牧，所以，柠条的利用方式主要是放牧利用。但是近年来，由于部分地区实施封山禁牧政策，使得柠条的利用率更低，造成大部分柠条资源的浪费。第二，作为燃料。大部分柠条均以燃料的形式利用。在生产落后的山区，农牧民主要依靠燃烧农作物秸秆、柠条，甚至大量砍伐其他天然林木来解决生活能源问题，这种利用方式较为粗放，同样也没有发挥出柠条灌木资源较高的经济价值。第三，在部分地区将柠条加工成栽培基质以及肥料，但在数量上所占比例很小，对柠条的利用起不到实质性作用。

第二章　柠条生物生态学特征

第一节　柠条生物学特性

柠条具有抗严寒、耐干旱、耐酷暑、耐瘠薄，育苗和造林容易等优良特性，是我国西北、华北和东北地区水土保持和固沙造林的重要灌木树种。柠条在天然林和人工营造林中发挥了水土保持、涵养水源、护沟护坡、防风固沙的巨大作用。生物学特性是指生物体产生、发展、结构、功能及生长发育过程所具有的特性。对宁夏柠条生物学特性进行系统描述，对认识柠条、了解柠条十分重要。

一、柠条植株枝条的形态特性

柠条为多年生灌木型旱生植物，株高1.5~3m，也有高达5m。根系发达，入土深5~6m，最深达9m，水平伸展可达20m。树皮金黄色，有光泽，小枝灰黄色，具条棱，密被绢状柔毛。羽状复叶，小叶12~16个，倒披针形或矩圆状倒披针形，两面密生绢毛。花单生，黄色，萼钟状。荚果披针形或短圆状披针形，稍扁，革质，深红褐色。种子呈不规则肾形或椭圆状球形，褐色或黄褐色，千粒重55g。柠条的植株特点和发达的根系决定了其特有的优良抗逆特性，近年来已成为我国西北、华北、东北西部水土保持和固沙造林的重要树种之一，具有较强的水分调节能力，在土壤水分含量较低时，可通过调节蒸腾速率度过干旱时期。

牛西午（1999）对中国锦鸡儿属植物区系分布进行了详细的研究。记录了锦鸡儿属植物的资源分布，详细介绍了中国66种锦鸡儿植物的分布情况，给出了全国资源分布图，随后又总结出每一个省分布的种类。并对我国分布的66种该属植物的特征、习性及分布进行了详细描述。全面列举介绍了每一种的生理生态特征，每种的区分特点，每种的分布情况。锦鸡儿属植物主要生长于草原区，有的生长于荒漠区和森林草原区，还有的生长于高寒干旱的高山、亚高山地带。由于长期恶劣的生态环境综合影响，使锦鸡儿属各个种形成了明显的旱生结构和不同的生态型，即枝条上生有硬刺，包括枝刺、托叶刺、皮刺及叶柄转化成的刺，另外各个种枝条表面具白毛或蜡质层，以防夏日暴晒和冬春严寒环境，是典型的在干旱、严寒条件下自然选择形成的落叶旱生灌木。按照锦鸡儿属各个种的形态特征，大致可以分为4种不同的类型（表2-1）。

表2-1　锦鸡儿属植物的不同生态型

特征类型	灌丛高	主要分布地带	植物形态	代表种
高大灌木或小乔木	200cm	森林或森林草原带、干旱草原带	枝条直立高大	柠条锦鸡儿 树锦鸡儿
一般灌木	100~200cm	干旱草原及典型草原亚带	枝多而伸直	小叶锦鸡儿
小灌木	50~100cm	荒漠草原亚带	枝多丛生直立	矮锦鸡儿
矮灌木	50cm以下	高山、亚高山灌丛带、半荒漠带、草原荒漠亚带	枝条垫状丛生或横卧	鬼箭锦鸡儿 毛刺锦鸡儿

资料来源：（牛西午，1999）

宁夏造林主要以小叶锦鸡儿、柠条锦鸡儿和中间锦鸡儿3种为主。小叶锦鸡儿是典型的草原旱生灌木，在蒙古和西伯利亚以及东北、华北、甘肃等地也有分布。柠条锦鸡儿是荒漠旱生灌木，主要分布于内蒙古鄂尔多斯、巴彦淖尔、阿拉善，甘肃等地。中间锦鸡儿是干草原和荒漠草原的沙生、旱生灌木，在内蒙古鄂尔多斯、昭乌达、乌兰察布、阿拉善和宁夏、陕西都有分布。小叶锦鸡儿、中间锦鸡儿和柠条锦鸡儿的分布在地理上东起东北和华北沿海，陆续向西直到甘肃的河西走廊；景观上从森林、森林草原、草原、荒漠草原到荒漠。正如张新时（1994）从大气环流、气候、植被和自然地貌、水文、土壤、生物区系甚至产业多方面所论证的，这个地区代表了中国由东到西生态地理变化的过程。而毛乌素沙地正处于整个变化的一个转折点，一个多层次的生态过渡带。它的特征之一是高度的景观异质性，为物种特别是灌木物种提供了复杂多样的生境（陈仲新，谢海生，1994）。

二、柠条的根系

根系是植物从土壤中吸收水分和养分的主要器官，又是合成某些有机化合物如氨基酸、酰胺的场所，同时对叶绿素的形成、植物的光周期反应都有很大的影响。柠条获取和利用土壤中的物质和能量均是通过根系得以实现的。一方面根系不断地从土壤中获得养分和水分，满足植物生长发育。另一方面根系又直接参与土壤中物质循环和能量流动两大生态过程，对土壤的结构改善、肥力的发展和土壤生产力的发挥起着重要作用。柠条根系分布特征及对干旱的抗御能力是林分生长和稳定性的主要决定因素，尤其在干旱半干旱地区。

（一）根系的形态特征

柠条主根表面光滑，呈乳白色至浅淡黄色。柠条苗期根系从形态上看属于圆锥直根系，由1根主根和在主根上着生的多条、各级侧根组成，主根明显，侧根发达，属于主侧根均衡发育型。主根在根系中占主导地位，侧根的发展随着主根的生长而不断递增，侧根从上到下依次排列，长度依次变短。主根较通直，从上到下渐细，其皮层下有质地柔韧的维管束，侧根外观纤细、质地绵软、易于断损、分布较均匀。地表附近茎与根连接的部分为根茎过渡区，即子叶脱落痕与地表之间的根，实质是柠条种子胚根向上伸长露出地面形成的特化根，其上偶尔可见有侧根着生。

根系是柠条生物量的重要组成部分。柠条根系庞大发达，交织如网，盘结土壤，具有防治水土流失的重要作用。吴钦孝等（2003）观测认为，柠条根系属轴根型分蘖类型，自然根系为直根系，生有多数侧根。调查结果表明，柠条根系干重及根长分布为倒塔形，主要分布在0~60cm深土层内，其干重占总根量的88.48%，根长占总根长度的87.9%。根深和根幅分别大于枝高和冠幅。根幅与冠幅之比较大。苗期根系生长特快，远比地上部生长迅速。根重与地上部枝重大体平衡。水平根随树龄增加而超过主根的长度。

表 2-2　柠条根系分布特征

距离树基（cm）	水平（%）	垂直（%）
0~20	32.31	21.21
20~40	20.21	17.42
40~60	26.06	14.39
60~80	10.37	15.91
80~100	4.35	12.15
100~120	2.80	6.56
120~140	2.31	5.30
140~160	1.59	3.79
>160	—	3.27
合计	100.00	100.00

资料来源：（张莉，2010 年）

张莉（2010）在盐池县研究表明：柠条有庞大的根系（表 2-2），分别向水平和垂直方向发展。柠条根系水平分布在距树基 60cm 范围内的土层中，占总根量的 78.58%。垂直分布在 30~60cm 深度土层范围内，占总根量的 58.79%。柠条根系重量在各土层中随着土层厚度的增加呈现先增加后减少的趋势，即根量在垂直方向上呈两头小、中间大的梭形分布。柠条根系的数量、组成及其分布对林木地上部分生产力的影响很大，同时又受到外界环境条件的影响，尤其是土壤环境条件的强烈影响。根系最先感受到土壤中发生的变化，并对此做出反应。在一定程度上根系反映了土壤—植物间物质和能量的交换能力。植物的根系分布主要体现在根系垂直、水平分布的差异性，即根系分布在空间分布上是不均匀的。刘龙（2017）在内蒙古对柠条锦鸡儿根系的垂直、水平分布特征进行了观测分析，在 0~100cm 土层中，认为柠条锦鸡儿在垂直、水平方向（距离标准株基部中心的距离）上 70%的根系生物量分布于 0~60cm 土层，而在土层 100~200cm 中的根系生物量仅占空间总根系生物量 32.70%，这说明柠条锦鸡儿根系呈浅层化分布。

（二）各级侧根的特征

柠条根系的可塑性较强，在不同立地条件下，其生长发育情况差异明显。据调查，植物的粗根占总根系的比重较大，主要起支撑作用，细根比重虽小，但分布范围更为广泛，可塑性更强，对植物的生长发育起决定性作用。柠条细根根长密度能够很好地反映植物的生长发育状况。根径级不同对根系干重及根长的贡献也不同。1~2 级根对干重的贡献最大，占总根量的 79.3%。4~5 级根对根长度的贡献最大，占总根长的 88.2%，这有利于根毛区对养分的吸收。随着土层深度的增加，细根生物量均呈现逐渐减小的趋势，而粗根生物量则呈现逐渐增加的趋势，粗根生物量在 20~30cm 层达到最大，在 30~40cm 层又减小。马红燕（2013）对柠条根系数量特征研究：柠条Ⅱ级侧根根数（37.59）>Ⅰ级侧根根数（29.79）>Ⅳ级侧根根数（17.73）>Ⅲ级侧根根数（14.89），且Ⅰ级和Ⅱ级侧根根数所占百分比和为 67.38%，明显大于Ⅲ级和Ⅳ级侧根根数所占百分比和为 32.62%。粗根（Ⅰ级和Ⅱ 级侧根）在土壤中主要起到固定作用来稳定个体，同时粗根和细根（Ⅲ级和Ⅳ级侧根）共同从周围土壤吸收养分和水分，供植物地上部分的生长。柠条庞大的根系以及在表层集中分布的结构特征使其具有较强的持沙固土作用。温健（2017）研究表明，随着土壤深度的增加柠条细根根长密度整体呈递减趋势，在 0~20cm 层达到最大，约为 0.27cm/cm^3，占柠条细根总根长密度的 26%；在 180~200cm 层达到最小，细根根长密度约为 0.03cm/cm^3，仅占柠条细根总根长密度的 3%。柠条细根的粗根占总根系的比重较大，主要起支撑作用，细根比重虽小，但分布范围更为广泛，可塑性更强，对植物的生长发育起决定性作用。柠条细根根长和密度能够很好地反映植物的生长发育状况。柠条细根主要集中于 0~80cm 土层，以上分析表明，在 0~30cm 土层内，d≤3mm 的根系是植物—土壤—水分系统中最关键的枢纽，其不仅起疏松土壤、固持土壤的作用，而且也是水分在植物、土壤之间进行频繁交互的重要通道。有学者提出，土壤表层的细根主要功能是吸收养分，深层的细根往往起吸收水分的作用。因此，柠条锦鸡儿表层细根起主要的吸收水分和养分的功能，而下层粗根则起主要的固定支撑作用。

虽然细根在树木根系总生物量中的比例小于 30%，但它具有巨大的吸收表面积，且生理活性强，是树木水分和养分吸收的主要器官。多数树种细根被菌根菌侵染，增加了其吸收表面积。同时树木细根生长和周转迅速，对树木碳分配和养分循环具有重要作用。大量研究表明，森林生态系统中3%～84%的净初级生产用于细根生产，主要与树木种类和气候、土壤等环境因子有关。细根的生产、周转和分解归还都直接影响林分或整个生态系统的碳平衡和养分循环。

（三）根系生长条件

植物根系的空间分布受到诸多因素控制，如植被自身性质、栽植密度、栽植年限、立地条件、整地方式、种植方式、土壤性质等。在各种不良生境条件下，却能适应环境，主要在于其根系具有极强的吸收水分的生态学特性。

表2-3　不同苗龄柠条生长情况

苗龄（年）	树高（cm）	根径粗（cm）	冠幅（cm）	主根长（cm）	最长侧根（cm）	主要侧根数（条）	平均根幅（cm^2）
1	26.75	0.30	6.50	39.80	28.30	6	37.5×30.5
2	81.33	0.62	27.00	96.30	57.00	12	74.3×73.3
3	146.50	1.45	100.00	172.00	277.50	9	444.0×240.0
4	251.00	2.10	173.00	120.00	398.00	20	766.0×695.0

资料来源：（王北，1994）

柠条根系为直根系，主根明显，侧根发达，主根上着生有多条侧根。王北（1994）在盐池县沙地观测（表2-3）：主根长由2年生的96.30cm，增加到4年生时的120cm深；根幅由2年生的37.5cm×30.5cm增加到766～695cm。根系主要分布在0～50cm的土层内。1～3年苗的侧根在主根上的发生部位随苗龄的增大而不断向下拓展，其上限极值基本稳定在3～4cm，下限极值则随主根的向下延伸而下延。柠条侧根在主根上的密集着生区间也存在类似变化规律。1～3年苗侧根的发生部位集中在主根的5～15cm，表明这个区间的土壤湿度、地温、土壤空气等立地条件最适宜幼龄柠条侧根发育生长。随着株龄的增大，根量也相应地增长，其根系的特点是根量大于地上生物量，根深大于株高，根幅大于冠幅。

立地条件主要包括海拔高度、坡位、坡向、坡度和土壤类型等。刘占德（1994）认为：坡位、坡向和土壤类型是影响柠条根系生长的主要立地因子。在坡位因子中，其有利影响顺序为：下部>中部>顶部、上部；坡向为：阴>半阴>阳、半阳；土壤类型为：褐色土>黄壤土>黄绵土>绵沙土。同年播种的柠条，因所处坡位、坡向不同，根系的生长也表现出明显的变化。柠条的根系在土壤中的分布与其所处的立地条件有密切关系。除立地条件外，不同整地方式、种植方式对柠条根系分布也会产生较大影响。造林整地方式主要有水平阶整地、反坡梯田整地和鱼鳞坑整地。水平阶整地和反坡梯田整地强度大，蓄水保墒效果好，所以柠条生长明显优于鱼鳞坑整地造林。播种方式一般包括穴播和撒播，穴播效果优于撒播。

有学者研究表明，柠条根系在沙地比黄土丘陵地区水平方向分布较远，而垂直向下伸展较浅。在黄土高原地区，柠条的根系主要密集于10~100cm深的土层中，最长侧根长达6.82cm。在干旱沙地，柠条为了吸收水分和养分，主根向下延伸可达10m以上。在风沙区侧根可长达8m。15年生柠条每平方公里鲜根量在红土地上为4 096.5kg，在黄土地上为16 102.5kg。柠条主根发达，深入土层，为垂直根系。在水平0~20cm，垂直0~30cm范围内有大量的毛根、侧根向四周延伸。根系的这种分布特点有利于柠条在干旱的生境中最大限度地吸收水分和养分。

柠条根系在土壤中的生长发育与地上部分的生长发育必须维持一定的平衡，这是因为柠条的地上部分必须依赖根系从土壤中吸收水分和养分，并借助根系固着于土壤；而根系在植株进入真叶期后，子叶中储藏的营养基本消耗殆尽，必须依赖地上部分的光合作用提供养分。

三、物候期

物候期调查主要记录生育期各阶段平均气温及相应发育特点及不同地区生育期。研究表明，柠条的物候期随着分布地区存在一定差异。

萌动期：盐池县柠条均在3月下旬至4月初开始萌动，变动幅度一般在5~10d，中卫市一般比盐池县早3~5d。

展叶期：4月下旬至5月上旬，柠条、毛条分别为5d、8d。

开花期：柠条、毛条花期在4月下旬至5月下旬，持续27~30d。中卫市一般比盐池县早3~5d。

果熟期：中卫市柠条、毛条的果熟在6月中旬，盐池县一般在6月上旬至7

月初。

落叶期：均在10月初至11月中旬落叶。

四、柠条根瘤菌研究

（一）锦鸡儿属根瘤菌的研究概况

关于锦鸡儿属植物根瘤菌的报道最早出现在1888年，一位荷兰的生物学家Beijerinck从树锦鸡儿所结根瘤中成功分离到了根瘤菌。随后在1953年，研究者对采自树锦鸡儿根部的根瘤菌进行了生理学特征的描述，发现这些根瘤菌的培养特征与生理指标都有所不同，也即所谓的表型多样性，这些菌株除了在树锦鸡儿上能结瘤固氮外，还能在莱豆、胡枝子、三叶草等豆科植物上结瘤。之后有较长一段时间，关于锦鸡儿属根瘤菌的研究未见报道。直到1995年，陈文新等人对我国新疆地区锦鸡儿植物调查时，采集到了几株根瘤菌，并经过分类学研究将其确定为天山中慢生根瘤菌，这是第一个被定义为中慢生根瘤菌的锦鸡儿属植物根瘤菌。随着全球土壤沙化进程的加速，人们越来越认识到锦鸡儿在防风固沙、保持水土中的重要作用。然而沙地营养贫瘠而又无法施加氮肥，根瘤菌在锦鸡儿属植物根部形成根瘤，可为宿主源源不断地提供氮素。因此，关于锦鸡儿属根瘤菌的报道出现了一个递增的趋势。

（二）锦鸡儿属植物根瘤菌的地理分布

锦鸡儿植物主要分布于干旱、半干旱的沙漠、高山等地区，根瘤菌在锦鸡儿植物根部发挥的共生固氮作用为植物的生长提供了重要的氮素营养保障。目前，与锦鸡儿植物能够结瘤固氮的根瘤菌主要为中慢生根瘤菌属，其次为根瘤菌属。其他属中的个别根瘤菌与锦鸡儿虽然可以结瘤，但不能很好地固氮。研究锦鸡儿属根瘤菌分子进化、分化、物种形成的机理及结瘤固氮过程，对于根瘤菌菌剂在贫瘠的荒漠地区的应用具有重要的现实意义。

谭志远等（1995）对黄土高原根瘤菌进行了数值分类和DNA同源性分析，结果显示其供试菌株可能为根瘤菌属的一个新的根瘤菌种。闫爱民等（1998）对分离自新疆、内蒙古锦鸡儿属植物的13株根瘤菌进行了数值分类和SDS-PAGE全细胞蛋白分析，认为绝大多数菌株可能为根瘤菌属（*Rhizobium*）内一独立的种。闫爱民等（2000）又对数值分类产生的新群进行了 DNA-DNA 杂交分析和 DNA 的 G+Cmol%测定。从新疆分离的 6 株锦鸡儿根瘤菌和分离自内蒙古干旱地区的 NM019 的 DNA 同源性较低（<70%），归不到一个 DNA 同源群。这说明从同一属寄主植物锦鸡儿分离的根瘤菌可能因生态条件的差异而表现出多样性。高丽锋等（2002）对毛乌素沙地中间锦鸡儿根部的根瘤菌遗传多样性及抗逆特性做了深入地研究，以 16S rDNA-RFLP 将 33 株根瘤菌分为了 12 个基因型，这些基因型的分群与地理位置没有直接的关系，主要类群的 16S rDNA 序列与一些根瘤菌属的相似性较为接近，认为毛乌素沙地锦鸡儿属植物根瘤菌的遗传多样性非常高，便于在适应贫瘠土壤环境中占据绝对优势，同时，锦鸡儿在逆境中生存时需要与更为广泛的根瘤菌来共生。由于其菌株数量较少，而且 16S rDNA 序列在根瘤菌不同属之间没有严格的区分界限，因此该研究具有一定的局限性。陶林（2005）采用生理生化测定和 16S rDNA PCR-RFLP 分析了分离自柠条锦鸡儿的根瘤菌。16S rDNA PCR-RFLP 聚类结果与表型分析的结果在 85%以上是相同或相似的。69%的菌株与中慢生根瘤菌属（*Mesorhizobium*）亲缘关系很近，16%初步判断属于根瘤菌属，只有 1 株菌在 87%的相似性水平上与大豆根瘤菌属（*Bradyrhizobium*）聚群。严雪瑞等（2007）在科尔沁沙地以南的辽宁地区 8 个采样点共采集了锦鸡儿属植物根瘤菌 112 株，采用 ARDRA、全细胞可溶性蛋白电泳（SDS-PAGE）、反向重复序列 BOX-PCR 指纹图谱等对其遗传多样性进行了分析，发现大部分归为中慢生根瘤菌属（共 11 个种），其中 *M. temperatum* 和 *M. mediterraneum* 为优势菌群，只有 3 株为根瘤菌属和伯克霍尔德氏菌属。卢杨利等（2009 年）借助 16S rDNA、16S-23S rDNA 转录间隔区 IGS 序列的 PCR-RFLP、BOX-PCR 指纹图谱、SDS-PAGE 等手段将采自内蒙古浑善达克沙地东南地区、山西北部库布齐沙漠东部和云南西北部高山地区 17 个采样点的 174 株锦鸡儿属植物根瘤菌进行分析，同时对 *nodC* 基因序列进行了系统发育地位分析，结果发现，大部分菌株为中慢生根瘤菌属，极少数为根瘤菌属和慢生根瘤菌属，这些菌株呈现明显的生物地理分布规律，但所有菌株都具有相似的 *nodC* 基因，这表明锦鸡儿对根瘤菌的共生基因具有严格的选择性，而对菌株本身的基因组背景没有限制，共生基因在中慢生根瘤菌属和慢生根瘤菌属之间以及中慢生根瘤菌

属内部的不同种之间发生了横向转移现象，还发现这些中慢生根瘤菌还能够与甘草、黄芪等植物结瘤。代金霞等（2011）借助16SrDNA PCR-RFLP和16S rDNA全序列分析了宁夏白芨滩国家级自然保护区的62株根瘤菌分别归属于慢生根瘤菌属（*Bradyrhizobium*）、中华根瘤菌属（*Sinorhizobium*）、根瘤菌属（*Rhizobium*）、土壤杆菌属（*Agrobacterium*）及叶杆菌属（*Phyllobacterium*），遗传多样性较为丰富。李茂等（2012）对中国北方干旱、半干旱碱性沙漠地区的宁夏腾格里沙漠东南部、内蒙古毛乌素沙地南部、浑善达克沙地东南部地区的多个采样点进行锦鸡儿属植物根瘤菌的调查工作，共采集得到88株根瘤菌菌株，采用16S rDNA-RFLP、16S-23S IGS-RFLP的同时，还对持家基因*atpD*、*glnII*、*recA*，共生基因*nodC*，固氮基因*nifH*进行了扩增分析，结果69株为中慢生根瘤菌属，16株为根瘤菌属，3株为慢生根瘤菌属，其中4个种（*M. amorphae*、*M. septentrionale*、*M. temperatum*和*R. yanglingense*）为优势菌群，而*nodC*、*nifH*基因系统发育分析发现，所有菌株基因型均为中慢生根瘤菌属和根瘤菌属。结合当地土壤理化指标中以磷、钾为主要因子的特性，并通过软件分析发现，中慢生根瘤菌属与高磷、低钾含量呈正相关，根瘤菌属与低磷、高钾呈正相关关系。还有学者对加拿大西部树锦鸡儿属的根瘤菌进行了采样分析并得到了高效的中慢生根瘤菌。这些研究都表明中慢生根瘤菌属是锦鸡儿属植物的优势菌，其次是根瘤菌属。但也有研究人员对我国西藏地区锦鸡儿属根瘤菌调查并通过16S rDNA及IGS序列、*nodC*基因序列等发现，该地区与锦鸡儿植物结瘤固氮的优势菌为根瘤菌属，但*nodC*序列的系统发育地位却分别属于根瘤菌属和中慢生根瘤菌属，说明根瘤菌属和中慢生根瘤菌属可以包含相同或相似的共生质粒，只是由于土壤环境的影响，在不同地区出现了不同的优势菌群，无论如何，共生基因都具有较高的相似性。至此，与锦鸡儿属植物共生的根瘤菌资源及地理分布已得到了广泛研究。

（三）锦鸡儿属植物根瘤菌遗传多样性研究

在研究锦鸡儿属植物根瘤菌生物地理分布规律的基础上，冀照君等（2015），对分离自宁夏、山西、内蒙古、辽宁等贫瘠的北方沙漠带上的锦鸡儿属植物根瘤菌进行了整理，并对鄂尔多斯地区分布的与锦鸡儿属植物共生的根瘤菌再次进行采样，得到了360多株菌。以云南高山地区锦鸡儿属植物根瘤菌作为对照，对采自北方流动性沙漠带（主要分布在内蒙古地区）上所有 700 多株中慢生根瘤菌系统发育关系进行持家基因建树，随后对其代表菌株的遗传分化及基因交流进行了研究，结果发现，这些根瘤菌对环境应激蛋白因子相关基因（*clpA*，*clpB*，*grpE*，*dnaK*，*dnaJ*，*hslU*）与核心基因的进化历史比较相似，只是重组时间远远高于其他基因，而共生基因（*nodA*，*nodC*，*nodD*，*nodG*，*nodP*）的进化历史却独树一帜。有研究者对 6 株根瘤菌基因组进行了深入研究，发现锦鸡儿属植物根瘤菌基因组上三型分泌系统（T3SS）的进化过程无明显规律，然而，基因 *nodE*、*nodO* 和一型分泌系统（T1SS）、氢化酶系统相关编码基因在遗传进化过程中保守性非常高。综合以上对锦鸡儿属根瘤菌的多样性研究发现，这些菌株的多样性较高，它们主要归属于中慢生根瘤菌属、根瘤菌属及慢生根瘤菌属，上述研究均证实了中慢生根瘤菌属为锦鸡儿属植物共生的主要菌群。到目前为止，已报道与锦鸡儿属能够共生的根瘤菌有：天山中慢生根瘤菌（*M. tianshanense*）、北方中慢生根瘤菌（*M. septentrionale*）、温带中慢生根瘤菌（*M. temperatum*）、华癸中慢生根瘤菌（*M. huakui*）、紫穗槐中慢生根瘤菌（*M. amorphae*）、香格里拉中慢生根瘤菌（*M. shangrilense*）、锦鸡儿中慢生根瘤菌（*M. caraganae*）、耐金属中慢生根瘤菌（*M. metallidurans*）、地中海中慢生根瘤菌（*M. mediteraneum*）、戈壁中慢生根瘤菌（*M. gobiense*）、百脉根中慢生根瘤菌（*M. loti*）、黄河中慢生根瘤菌（*M. silamurunense*）、杨凌根瘤菌（*R. yanglingense*）以及少数的中华根瘤菌属（*Sinorhizobium*）、土壤杆菌属（*Agrobacterium*）及叶杆菌属（*Phyllobacterium*）。

（四）研究根瘤菌多样性的方法

细菌多样性的研究可以从表型特征和遗传特征两个角度开展，但目前更趋向于各种信息的综合考查，以求在各个水平协同一致。表型信息源于形态、生理生化特征，遗传信息源于细胞中核酸序列。由于蛋白质为基因编码产物，执行各种代谢功能，所以细胞蛋白质及多位点酶是介于表型和遗传特征之间的信息资源。基于遗传信息的分析方法很多，如 DNA（rRNA）序列分析，氨基酸序列分析，DNA：DNA 杂交，DNA：rRNA 杂交，随机扩增多态 DNA（RAPD）指纹，限制性片段长度多态性（RFLP），基因组重复序列指纹（REP，ERIC），以及（C+G）mol%等。可以通过分析 16S rDNA 序列来确定菌株间的遗传关系。分析根瘤菌科（Rhizobiaceae）的菌株的16S rDNA全序列（Williems，1993；Yanagi，1993）或部分序列（Young et al.，1991）可以清楚地反映其多样性及系统发育关系。基于RAPD和REP/ERIC-PCR的遗传特征的研究发展迅速，大有取代RFLP的势头，或者作为RFLP的补充信息。RAPD和REP/ERIC-PCR也用于大豆根瘤菌研究（Dooley et al.，1993；Judd et al.，1993）。基于内源抗体和血清型技术的表型分析已被广泛用于生态学研究（Judd et al.，1993），而底物利用检测技术通常是数值分类的有力工具（Gao et al.，1994），而且更能反映一定的生态环境中所检测底物的生态学意义。

（五）锦鸡儿根瘤菌资源的菌种理化特性

1. 生态分布

锦鸡儿根瘤菌是一类可侵染豆科锦鸡儿属树种并能在其根部形成根瘤的共生固氮细菌。锦鸡儿根瘤菌不仅在锦鸡儿属植物生长的淡栗褐土、栗钙土、苏打盐化土等土壤分布广泛，而且在从未种植过锦鸡儿属植物的土壤里也生存有一定数量的锦鸡儿根瘤菌，说明锦鸡儿根瘤菌分布广，侵染力强，适应性强，有提高土壤肥力和改善微生态环境的重要作用（牛西午，2003）。有研究表明，在不同采样地点，分离到的柠条锦鸡儿根瘤菌有的归属于不同的属或种，说明共生环境能够影响根瘤菌的表型，使得与宿主共生的根瘤菌表型性状产生特异性变异。为了适应环境，在长期的自然选择中，其遗传型也必然发生了变化，从而导致种群的多样性。也可能因宿主种类不同而带来差异。不同的宿主共生存在不同的根瘤菌群，相同的根瘤菌又会与特定几种宿主共生。

2. 菌株的培养特征

锦鸡儿根瘤菌的菌株为革兰氏阴性、无芽孢、有荚膜、具鞭毛、菌体单个或成对、小杆状、大小为（0.5～0.8）μm×（1.5～3.0）μm，细胞内常含有折光性强得多聚β-羟基丁酸（PHB）颗粒。在YMA平板上培养3～5d菌落达2～4mm，多为快生型菌株，菌落呈圆形、乳白色或半透明、边缘整齐、表面凸起、菌体产黏液。纯培养时，刚果红不吸色，BTB反应，绝大多数菌株微黄产酸，属快生型菌株。最适生长温度为25～30℃，最适pH值6.8～7.2。都能利用肌醇、苏氨酸、谷氨酸等作为唯一碳氮源，不能利用甲酸钠。

3. 菌株抗逆性

刘默涵（2003）研究表明，锦鸡儿根锦鸡儿根瘤菌菌株能在含 3.0% NaCl 的 YMA 培养基上、pH 值 9.0 的 YMA 培养基上、40℃的高温下及 10℃的低温下生长，绝大多数都能在 NaCl 浓度 5%以上及 60℃条件下生长。对较低浓度 50μg/mL的抗生素和染料具有抗性，多数菌都能在抗生素浓度达到 300mg/L 继续生长。表明锦鸡儿根瘤菌具有很强的抗逆性与生态适应能力。

4. 根瘤菌类群与环境水分梯度的关系

锦鸡儿根瘤菌在生态分布上与其生境的土壤水分含量密切相关，来自不同土壤水分含量地区的根瘤菌在聚类分析中聚在不同的类群。在不同属的菌中，随着采集地点土壤水分含量的减少，采自同一地点的不同菌多分布在同一群。说明环境影响表型，进而导致种群的多样性，这进一步证实了环境条件对根瘤菌分类地位的影响大于寄主专一性的影响（刘默涵，2003）。

5. 土壤经营方式对根瘤菌多样性的影响

土壤经营方式多样性高低与高氮高磷水平或酸性有关。Breedveld 和 Miller（1994）发现在低渗环境中，*Rhizobium*、*Agrabacterium* 和 *Bradyrhizobium* 中的一些菌株在壁膜间隙积累高浓度的葡聚糖，为细菌提供了调节细胞质体积、渗透压和壁膜间隙离子强度的机制。中华苜蓿（*S. meliloti*）染色体上有 2 个基因 *ndv A* 和 *ndv B*，它们与 β-葡聚糖的合成和运输有关。有些根瘤菌在高渗环境中积累甘氨酸甜菜碱来平衡细胞内外的渗透压。此外，根瘤菌胞外多糖的合成与渗透调节也密切相关。在酸性环境中，根瘤菌不仅要对付逐渐增加的浓度，而且要处理金属离子的毒害。为了解决这些问题，根瘤菌细胞可以改变外界环境，分泌出在膜间穿梭的质子，排斥 H^+，忍耐细胞间 pH 值梯度变化，或者忍耐金属离子毒害。生长于适度酸性环境中的根瘤菌较生长于中性环境中的根瘤菌更能忍耐严重的酸冲击，这是一种适应性的酸耐性反应。试验中分离得到的锦鸡儿根瘤菌较强抗逆性的分子机理有待进一步研究。

（六）菌株结瘤固氮性能

柠条锦鸡儿根瘤能固定空气中的游离态氮，增加土壤含氮量，有改善土壤质量的作用。牛西午（2003）认为，改善根瘤菌生长发育的环境条件，可有效增加根瘤的数量和活跃程度，提高根瘤的固氮能力。柠条锦鸡儿通过接种相应的人工培育的优良根瘤菌种，能显著提高植株幼苗的结瘤率，增加单株根瘤数量及根瘤重量，使幼苗能更早地共生固氮，从而促进植物生长，使产草量显著增加。接种根瘤菌是提高柠条锦鸡儿经济效益的有效技术措施，值得推广应用。刘增文等（2010）发现柠条锦鸡儿生长对N素的需要量最大，对林地N素的吸收系数（即利用率）最高，而通过生物循环对N素归还率最低（即循环速度最慢）；但与其他地类比较，柠条锦鸡儿林地的N素含量较高。分析N素这种不因大量消耗而匮乏的原因，认为应归功于柠条锦鸡儿根瘤的固氮作用（据调查，15龄柠条锦鸡儿根系上根瘤着生数量可达398个/丛）。

刁治民（1996）研究表明，豆科树种的根瘤形状主要与植物有关，特别是同豆科植物的属有关，而与根瘤菌种类关系不大。锦鸡儿属植物的根系十分发达，主根深扎形成一个庞大的根系网以适应干旱贫瘠的环境，根瘤着生在当年新发的支根毛上，不受树龄和根系延伸距离的影响，多为单生，形状异样。一年生小叶锦鸡儿植株结瘤早，出苗40d左右根系就可形成根瘤（一般结瘤3~15个，主要着生在支毛根上），最初为白色透明的球状，逐渐发育成不规则的短棒状，随植株休眠越冬，次年继续发育，顶端分生组织强烈活动，根瘤伸长并发生分歧，形成棒状和Y状根瘤，三年生或四年生根瘤除棒状、Y状瘤外，还继续发育成为掌状、多分枝及珊瑚状。此外，锦鸡儿根瘤菌抗逆性强，耐盐碱，在pH值为9的盐碱地上种植，结瘤都很好（结瘤率达72.7%），同时锦鸡儿根瘤的固氮周期长，在早春二月就具有一定的固氮酶活性（牛西午，2003）。在山西境内除特殊干旱年份外，不同生态条件下的锦鸡儿属植物均可结瘤固氮。其中结瘤数最多的是五台山的鬼箭锦鸡儿（刘默涵，2003），而结瘤最大的则是五寨丘陵黄土坡地的多年生小叶锦鸡儿，长达2.5cm，宽0.5cm，并具有多种形态。锦鸡儿作为干旱区特有的豆科固氮植物资源之一，在新疆也表现了较高的根瘤固氮活性（王静，1999）。可见在特殊的自然干旱生态系统中，生存着与其环境相适应的生物固氮资源，并具有独特的抗逆品系。陶林（2005）研究了锦鸡儿属固氮能力及规律。结果表明，在一个生育期中，固氮酶活性最高的时期是开花期，此时土壤含氮量和植株含氮量最高，且明显高于其他时期（除植株含氮量）。新瘤多发生于果后营养期。对于不同树龄的小叶锦鸡儿，二年生和五年生植株的根瘤固氮能力强于三四年生植株，根瘤固氮能力与新旧瘤比例有关，二年生和五年生植株的新瘤多，固氮酶活性强，旧瘤固氮能力很少甚至没有。随生长年限的延长，植株生物量逐渐增大，含氮量呈小幅度下降趋势。Wills（1982）从北美威斯康星州某生态型的树锦鸡儿分离出根瘤菌，并成功接种于新西兰的树锦鸡儿（Wills，1982）。回接结果表明，供试菌株均能在相应原寄主上结瘤，瘤子为椭圆形，长8mm，颜色为白色。在无菌条件下，接种高效根瘤菌可增加锦鸡儿植株干重28.9%~79.5%，增效十分显著。锦鸡儿根瘤菌可分为三种类型，即高效、中效和低效菌株，高效根瘤菌株所结根瘤，颜色褐红，豆血红蛋白含量多，菌种活力强，固氮活性高。低效根瘤菌株所结根瘤较小，瘪瘦，切片观察暗绿色，类菌体组织发育差。为了获得高效根瘤菌，往往通过无菌蛭石回接试验来筛选亲和性好、结瘤多、固氮高的特异性强的菌株。

王宏等（1995）等在科尔沁草地沙壤土上，选用中国农业科学院土壤肥料所全国菌种保藏中心选育的锦鸡儿根瘤菌菌种进行丸衣接种，能明显提高锦鸡儿幼苗结瘤率，增加单株根瘤数量的重量，使其幼苗更早地从共生固氮中获得较多氮素，促进植株生长，枝叶深绿繁茂，干草产量明显增加。近年来，根瘤菌剂应用于农业生产已经受到人们的重视。豆科植物接种过与之相匹配的根瘤菌剂，可以获得显著的增重效果。但是豆科植物与根瘤菌共生有较强的专一性，并且在一个地区，如果从未种植过或 5 年以上没有种过豆科植物，则土壤中很难有与该豆科植物结瘤的根瘤菌，没有根瘤菌的豆科植物不能固氮。因此，新区种豆必须接种与之相匹配的根瘤菌，才会显出豆科植物固氮生长的优势。这些具有多样性和特殊性的根瘤菌资源的调查和分类研究对开发利用抗逆性菌株，生产与豆科植物匹配的根瘤菌剂具有重要意义。

五、柠条茎干

柠条的枝干也有明显的旱生结构，即枝条上生有硬刺，包括枝刺、托叶刺、皮刺及叶柄转化的刺，另外枝条表面具有白毛或蜡质层，以防夏日暴晒和冬春严寒环境。枝条萌蘖力和再生能力很强，柠条均系丛生灌木，一般从 3 年生开始大量萌枝，特别是经过平茬以后，能从根颈部萌生出大量枝条，形成稠密的灌丛，而且枝条被沙埋以后，能从枝上产生不定根。安守芹（1996）对柠条茎的解剖结构研究发现，柠条茎的初生结构由表皮、皮层和中柱组成。表皮由一层细胞组成，外壁角质化而具明显的角质层，皮层由多层薄壁细胞组成，细胞中含有叶绿体。维管形成层在初生生长结束后开始活动，产生次生木质部和次生韧皮部，两者之间为形成层，次生维管束是一完全闭合的完整环状，木栓层形成后表皮、皮层细胞团养分缺乏而逐渐死亡破裂，次生结构中均有实的髓心，髓细胞大且排列疏松。

（一）柠条幼茎解剖

横切面观具棱状突起，由表皮、皮层、周皮、维管组织及髓部组成。表皮细胞 1 层，排列致密。皮层细胞较大，圆形或不规则多角形，一般靠近表皮的 2~3 层细胞排列整齐，靠内的细胞排列不规则，有 5 束皮层纤维散布其中（皮层纤维在分枝处可成为 7 束），因而使皮层向外突起，形成明显的条棱。周皮发达，由木栓层、木栓形成层及栓内层组成。木栓层细胞弦切向狭长，形状不规则，一般 3~5 层，具淡黄色内容物，木栓形成层细胞径向扁平，栓内层细胞向心增大，近圆形，常富含晶体。维管组织分割成束，具束间纤维 8~12 束，木质部质地紧密，导管单列或 2 列切向成束包埋于薄壁的基本组织中，射线单列，狭窄。有些种类在木质部及髓部之间尚有 1 至数层木质加厚的厚壁细胞。维管组织外围具分离的纤维束，排成 1 轮或 2 轮，若 2 轮时则外轮成分离的 5 束，与木质部束间纤维相对，内轮呈连续的环状。髓由薄壁细胞构成，后含物以菱晶为主。

（二）外观构造

柠条外皮光滑，黄褐色，有光泽，髓心较明显，直径为 470~1 720μm，约为端向直径的 1/20，髓心部松软。柠条树皮含量高，约占柠条材体积的 18%，其树皮由外皮和内皮组成，其中内皮占 60%左右，内皮中韧皮纤维含量较高。柠条心边材区分明显，边材淡黄色，心材黄色至褐色。木材有光泽，纹理直或斜，结构颇均匀，硬度较大，强度中等，韧性高，可压缩性大。柠条年轮明显，为半环孔材，管孔小，肉眼不可见，放大镜下略明显。轴向薄壁组织在放大镜下可见，环管状。木射线较发达。

（三）显微构造

导管在横切面上，早材管孔为卵圆形和圆形，略具多角形轮廓，多为2~6个复管孔，呈径列，少数为单管孔，管孔团偶见，部分含有褐色树胶。早材导管壁厚度为2.8μm，最大弦径93μm，多数在52~80μm，长50~170μm，平均104μm。晚材带管孔多为圆形和椭圆形，通常呈管孔链（2~4个），导管壁厚为2.75μm，弦径多为46~72μm，长48~180μm，平均108μm，具有螺纹加厚。导管上多具单穿孔，椭圆形及圆形，底壁水平或略倾斜。管间纹孔呈互列，多为椭圆形，其长径为3μm，纹孔口内含椭圆形横列。轴向薄壁组织环管状，未见叠生构造。木纤维长度略短而脆壁较厚，直径多为5~13μm，长度一般在379~649μm，平均540μm。木射线同型，单列或多列，横切面上每毫米2~6条，多列射线宽至3~5个细胞，射线高4~36个细胞，多数为10~21个细胞。射线细胞中树验发达，晶体未见，端壁直行。

（四）柠条次生木质部解剖特征

曹宛虹（1991）对我国西北沙漠地区的6种锦鸡儿属植物的次生木质部结构进行了比较观察（表2-4）。6种沙生的锦鸡儿在次生木质部结构上有很多相同之处，如：复孔率很高，导管平均直径小，存在两种直径的导管（包括维管管胞），导管分子很短，单穿孔；管间纹孔为互列的具缘纹孔，有附物纹孔；导管次生壁上常见螺纹加厚；韧型纤维具单纹孔等。此外，它们之间还有一些不同之处，如生长轮的明显程度，横切面上导管的分布形式，轴向薄壁细胞的数量及其分布，射线的分布频率，晶体的有无及晶体的分布等。

表2-4 锦鸡儿属6种植物导管、纤维及射线的数量特征

项目	柠条锦鸡儿	中间锦鸡儿	小叶锦鸡儿	矮锦鸡儿	窄叶锦鸡儿	甘蒙锦鸡儿
导管分布频率	58.0±17.3	78.0±13.8	201±57.1	255±43.8	255±61.4	287.0±121.1
单孔率（%）	2.0±1.5	1.0±0.8	18.0±5.1	21.0±6.6	5.0±4.0	14.0±3.4
导管直径	73.0±23.6	57.0±21.3	39.0±12.2	36.0±11.7	41.0±8.6	37.0±9.9
导管分子长度	112.0±11.2	107.0±11.4	114.0±14.7	103.0±19.8	95.0±11.8	146±17.5
纤维长度	543.0±101.7	534.0±97.9	521.0±81.0	477.0±90.7	533.0±103.5	597±135.3
射线分布频率	5.0±0.8	4.0±0.7	16.0±3.4	11.0±3.7	12.0±3.7	12.0±3.2

（续表）

项目	柠条锦鸡儿	中间锦鸡儿	小叶锦鸡儿	矮锦鸡儿	窄叶锦鸡儿	甘蒙锦鸡儿
射线高度	314. 0±179. 3	296. 0±191. 6	268. 0±183. 4	140. 0±85. 6	359. 0±156. 8	163. 0±86. 0

资料来源：（曹宛虹，1991）

六、柠条叶特征

锦鸡儿属植物绝大多数种为落叶旱生灌木，叶面小，大部分种的叶退化为条形、狭条形或线形。仅有极个别分布于我国西南部气候温暖湿润地区的种为常绿革质叶灌木，叶子常年不落。从解剖学特征看，柠条叶子具有典型的旱生结构，其蒸腾面积极度缩小，保护组织高度发达。柠条锦鸡儿一般高约 3m，最高达 4~5m；丛径 1~2m，枝干直径达 7m 左右；老枝金黄色，有光泽，嫩枝灰黄色，具条棱，被白色柔毛。干旱的环境使柠条在形态上，内部结构上产生了适应性的变化。使锦鸡儿属各个种形成了明显的旱生结构和不同的生态型，即枝条上生有硬刺，包括枝刺、托叶刺、皮刺及叶柄转化成的刺，另外各个种枝条表面具白毛或蜡质层，以防夏日曝晒和冬春严寒环境，是典型的在干旱、严寒条件下自然选择形成的落叶旱生灌木（牛西午，2003）。刘家琼（1982）对柠条锦鸡儿（*C. korshinskii* Kom.）进行解剖，生境固定半固定沙地。

（一）表皮

柠条表皮都是由一层大小不等的、长圆或类圆形细胞组成，具有角质层。有些种类在表皮细胞中含有晶体；有些种在下表皮内方有连续或不连续的下皮层，其细胞内含有鞣质。旱生及强旱生种的气孔都陷于表皮细胞之下，特别是半荒漠地带的藏锦鸡儿和荒漠锦鸡儿的气孔深陷于表皮细胞下。此特征有利于滞留 CO_2 和 H_2O，在旱生条件下可为光合作用提供充足的原料，同时还可以阻止水分散失。这可能是植物自然产生的抗御蒸腾的机制。鞣质、树脂或其他一些胶体物质可以阻碍水分的流动，起到很好的保水作用。甘蒙锦鸡儿和狭叶锦鸡儿下表皮内方都有连续或不连续的下皮层，且细胞内含有鞣质，这是其在干旱环境中形成的适应特征。

柠条锦鸡儿表皮其明显特征是上、下表皮皆具浓密的表皮毛，白色、基部内卷呈半圆筒状，并向上延伸。表皮毛可反射阳光的强烈照射，降低体温，起着遮光板的作用，为旱生结构特征之一。上下表皮的角质层厚度分别为 2.9μm 和 2.7μm。上表皮气孔面积为 418.1μm^2，气孔密度为 234.4 个/mm^2，下表皮气孔面积为 406.5μm^2，气孔密度为 224.4 个/mm^2。上、下表皮细胞和气孔均为表皮毛所覆盖，只有在徒手制片时去掉表皮毛后，方可看到表皮细胞和气孔的形态结构，上、下表皮均十分相似。

（二）叶肉

柠条的叶肉栅栏细胞面积较小，为 95.4μm^2，排列较紧密，单位长度内的细胞数为 39.5 个。海绵组织完全退化，因而栅栏组织与海绵组织比值极大。根据叶肉组织的分化情况，可划分为 3 种类型，具体如下。

1. 两面叶

即叶肉组织在近轴面分化为栅栏组织，在远轴面分化为海绵组织。如中旱生的秦晋锦鸡儿。

2. 等面叶

叶背腹两面均发育为栅栏组织，共 4～6 层，厚度 106μm，为等面叶。即叶肉组织在近轴面和远轴面都分化为栅栏组织。如旱生及强旱生的中间锦鸡儿、柠条锦鸡儿、狭叶锦鸡儿、荒漠锦鸡儿、藏锦鸡儿和短脚锦鸡儿。中间锦鸡儿、柠条锦鸡儿、狭叶锦鸡儿（典型草原带）、荒漠锦鸡儿、藏锦鸡儿为环栅型；荒漠草原和草原化荒漠带的狭叶锦鸡儿及短脚锦鸡儿为全栅型。

3. 过渡型

中旱生的甘蒙锦鸡儿，其海绵组织细胞形状趋于栅栏细胞状，且有些部位呈栅栏状，可视为过渡类型。

（三）栅栏组织

在等面叶类型中，近轴面栅栏组织比远轴面较为发达，表现为细胞层数略多，细胞较长、排列较紧密。而藏锦鸡儿例外，其远轴面的栅栏组织比近轴面的发达，细胞较大、排列较紧密，且大部分细胞中含有鞣质等内含物，这可能与其叶面内折下表面曝光面大有关。在甘蒙锦鸡儿近轴面的栅栏组织中，一些细胞变大，含鞣质，成为异细胞。在中间锦鸡儿中，典型草原带的叶中脉上方只有薄壁组织，而荒漠化草原带的中脉上方分化为栅栏组织，可见栅栏组织分化程度较高。不同种锦鸡儿栅栏组织细胞排列紧密程度不同；在同种锦鸡儿中，随干旱程度的增加，近轴面第一层栅栏组织密度增加。

（四）海绵组织

秦晋锦鸡儿为两面叶，具有典型的海绵组织；甘蒙锦鸡儿为过渡类型，海绵组织中有栅栏状细胞。等面叶类型中，海绵组织可划分为：①细胞较大、类圆形、排列紧密。如中间锦鸡儿、柠条锦鸡儿。②细胞较小、类圆形或不规则形、排列较疏松。如狭叶锦鸡儿、荒漠锦鸡儿、藏锦鸡儿。在藏锦鸡儿中，有些细胞含有鞣质等内含物。在同种锦鸡儿中，随干旱程度的增加，栅栏组织与海绵组织比增加、近轴面第一层栅栏组织密度增加。栅栏组织的增加，不仅增强了光合作用，而且在水分供应适宜时，也会增加旱生植物的蒸腾速率。

（五）叶脉

维管束为外韧型，叶脉机械组织发达。中脉及较大的侧脉维管组织韧皮部外围均有数层纤维围绕。小脉包埋于叶肉组织中，其维管束由一层薄壁细胞组成的维管束鞘包围。叶脉周围的薄壁细胞中含有方晶。在柠条叶横切面上，叶脉数为19.7个，主脉维管束直径100～1 176μm（纵—横），导管腔直径12.3～3.3μm（最大—最小），管壁厚2.8μm，主脉导管49.3个。主脉维管束的显著特征是具有厚壁细胞组成的维管束帽，该帽的直径甚至略大于维管束，有支持作用。支脉维管束发达，也具有明显的维管束帽。这是旱生结构特征。秦晋锦鸡儿、甘蒙锦鸡儿、中间锦鸡儿、柠条锦鸡儿、荒漠锦鸡儿中脉及较大侧脉的木质部上方有数层纤维。藏锦鸡儿的叶脉被一层含有特殊内含物的薄壁细胞环绕。锦鸡儿都具有发达的叶脉，叶脉的机械组织发达，存在大量的纤维，且叶脉外围的薄壁细胞中含有方晶。这样的结构使植物增强了输导，同时有很大的机械强度，可以减少萎蔫时的损伤，在干旱环境下保证水分运输的有效性和安全性。

（六）生态适应性

干旱是影响植物正常生长的主要因素之一，植物对干旱环境的适应是形态结构、生理和生化等多方面综合作用的结果，且形态结构是植物生理生化反应的基础。从解剖学特征看，中间锦鸡儿、柠条锦鸡儿和荒漠锦鸡儿都有发达的栅栏组织、机械组织、下陷的气孔和浓密的表皮毛，这些特征都是典型的旱生结构。而植物叶片直接暴露在外界环境中，对外界环境反应最为敏感，其结构特征能够反映植物对水分的利用状况，因此植物叶片、上下表皮、栅栏组织、海绵组织和主脉厚度能够反映植物的抗旱特征。柠条锦鸡儿叶片角质层和栅栏组织发达，根部有发达的韧皮部，而茎中有发达的木质部，而且其束缚水含量和束缚水与自由水比均大于中生植物，且持水力强，这些特性都反映了柠条锦鸡儿对干旱沙质环境的高度适应。狭叶锦鸡儿有含鞣质的连续或不连续的下皮层，叶肉组织有环栅型和全栅型，可塑性大，适应能力强，这也是狭叶锦鸡儿在典型草原、荒漠草原和草原化荒漠均有分布的重要原因。在荒漠化草原成为优势种的短脚锦鸡儿，其叶肉全部分化为栅栏组织，最大限度地利用有限的水分进行光合作用。藏锦鸡儿不仅有内折的叶形、发达的栅栏组织、机械组织、下陷的气孔，而且大量的叶肉细胞及叶脉外围的细胞中都有鞣质等内含物以提高保水性，这些特征为其在半荒漠地带成为重要的藏锦鸡儿群系提供了结构保证。

环境对叶片结构的影响主要体现在叶片厚度、上表皮细胞厚度、下表皮细胞厚度、栅栏组织厚度、海绵组织厚度、主脉厚度、叶片结构紧密度、叶片结构疏松度等方面。有研究表明：叶片厚度、栅栏组织厚度、主脉厚度和紧密度等与抗旱性呈正相关关系；海绵组织厚度、疏松度等与抗旱性呈负相关关系。此外，马成仓等还对荒漠地区 4 种优势锦鸡儿属植物柠条锦鸡儿、狭叶锦鸡儿、垫状锦鸡儿和荒漠锦鸡儿的形态适应特征进行了研究，发现它们的叶形态、被毛、厚度、面积、长宽比、叶绿素含量和比叶面积（SLA）都表现出旱生特点。其中叶片厚度是植物的抗旱特征之一。吴林士等（2016）认为植物叶片越厚，保水能力越强，植株则越抗旱；徐扬等（1997）认为叶片栅栏组织越发达，植株的抗旱性越强；刘红茹等（2005）认为主脉中发达的维管束和强化的机械组织可以使植株更加抗旱。燕玲等（2002）通过对 13 种锦鸡儿属植物的叶进行了解剖观察，并对同一地区引种的不同种及分布于不同地区的同一种锦鸡儿属植物进行了对此分析，发现锦鸡儿属植物随分布地域的不同，其叶解剖结构呈现有规律的梯度变化，尤其是叶的形态结构随生态环境的变化表现出明显差异，锦鸡儿属植物叶肉组织分化呈现从两面叶—过渡型—环栅型—全栅型的变化适应趋势，其解剖结构上的规律变化由东向西表现出抗旱能力的逐渐增强，具体表现为：叶面积缩小、叶肉组织栅栏化、细胞间隙减小、叶表面被表皮毛、角质化程度加深，叶脉中的输导、机械组织趋于发达。在叶肉结构从普通型过渡到环栅型的过程中，叶片厚度、栅栏组织、海绵组织等发生了一系列的变化，使得不同锦鸡儿属植物对于旱具备了不同的应对策略，这也是锦鸡儿属植物从东向西抗旱性增强，出现替代分布的重要原因之一。

七、开花结实习性

一般木本植物的实生苗在发育初期是不会开花结果的，只有幼树旺盛的营养生长达到一定阶段之后，转变为成年相，才具有分化花芽之能力。柠条也是这样。而幼年相的长短，因植物而异。据山西兴县对小叶锦鸡儿实生苗的观察，其幼年相一般为 3~4 年。从幼年相到成年相的变换可以叫作“相的变换”。相的变换随着实生苗的生长，沿枝干缓慢地发生，从先端细胞分裂最盛的生长点开始。因而通常幼年相与成年相混在同一树体内。但是，幼年相的终了并不意味立即就转向成年相，还存在一定时间的过渡相。这种过渡相在外观上无法识别，只能把开花状态作为成年相。这就是说，过渡相里也含有幼年相。柠条地上部分平茬以后，翌春再萌生新枝芽，这等于将已经进入成年相开花结果的柠条植株又退回到幼年相，必须再经过一个相的转换周期，即再经 3~4 年的生长发育，柠条才能重新具有开花结实能力。柠条花为蝶形花瓣，花冠多为黄色，少数为紫红色或浅红色。荚果呈扁圆状，形似刀剑，有红色、黄绿色、紫红色。直播的小叶锦鸡儿在山西兴县一般在播后第 4 年始花结实，第 5 年普遍开花结实，第 6~7 年大量结实。经过平茬的小叶锦鸡儿第 1~2 年不会开花，第 3 年才开花结实，因而开花结实主要靠 3 年以上的枝条，采种也必须是平茬以后 3 年以上的枝条。

多年不平茬的老柠条林结实率明显下降，被牲畜啃食严重的柠条林结实寥寥无几。另外，花朵着生部位主要在距基部 30cm 以上中上部枝条上。柠条花的开放与气温、光照等有关，阳光强、温度高则开花多，花绽开得快，一日内以 14 时开花最多，22 时至次日 7 时不开花。柠条结实的多少受其结实年龄、郁闭度等因素的影响。据陕西省佳县打火店林场资料介绍，柠条在第 6 个结实龄种子产量最高，平均产量可达 292. 5kg/hm^2。郁闭度为 60%时，种子产量可达 247. 5kg/hm^2。此外，柠条的结实亦有周期性，一般可分为丰年、平年、欠年，间隔时间为 1～2 年。

关于锦鸡儿属植物花粉与分类和演化的关系也有不少报道。莫日根等（1989，1992）研究了甘蒙锦鸡儿花粉形态在种内的变异以及 3 个近似种矮锦鸡儿、狭叶锦鸡儿和白皮锦鸡儿的花粉形态，同时还探讨了花粉形态在种内变异的意义和必要性。张秀伏（1992）通过对 12 种本属植物的花粉形态进行了比较，并结合其分类与分布，确定了柠条锦鸡儿、中间锦鸡儿和小叶锦鸡儿的亲缘关系，并认为绢毛锦鸡儿是这几种锦鸡儿中最原始的种。张明理等（1996）观察了 31 种 2 变种植物花粉形态，根据外壁表面纹饰可分为 2 类（小穿孔和网状纹饰）；根据花粉体积大小可分为 4 类，发现本属植物花粉形态是从表面具有小穿孔向具网状纹饰演化，对应于羽状叶类群向掌状叶类群演化。邱军（2003）用光学显微镜和扫描电镜对锦鸡儿属 4 种植物花粉形态进行了观察，研究结果表明，锦鸡儿属花粉形态特征中支持传统分类的属及属以下各级水平的分类。

八、立地条件对柠条生长的影响

由表 2-5 可以看出，据调查同年播种的柠条因所处坡位、坡向不同，宁夏固原河川 4 年生柠条的生长初期地上部分，株高、分枝数、冠幅、以及株干重等 4 项地上指标中，阴坡下部数值最大，阳坡上部数值最小。从株高上看阳坡下部最大为 78. 50cm，其次为阴坡下部为 74. 30cm，阳坡中部为 59cm，阳坡上部阴坡的株高最低为 32. 2cm。由于植株生长速度的不同，也使得植株的冠幅有了很大的差异，最大的冠幅出现在阴坡下部为 327. 5cm，其次为阳坡下部、中部和上部。坡位、坡向不同，柠条根系的生长也表现出明显的变化，从表 2-5 中可见从坡上部到坡下部，柠条根系的入土深度和干物质积累依次增加以坡下部为最大，同一坡位不同坡向柠条根系生长也有差异，阳坡入土深度比阴坡大 3cm，但干物质积累却低于阴坡 13. 8g。

表 2-5　不同立地条件 4 年生柠条生长情况

立地类型	地上部分				地下部分			
	株高（cm）	分枝数（个）	冠幅（cm）	株干重（g）	根长（cm）	地径（cm）	根幅（cm）	根干重（g）
阳坡上部	32.2	3	16.8	3.0	233.0	0.42	188.5	5.5
阳坡中部	59.0	3	52.3	5.0	288.0	0.44	195.0	8.3
阳坡下部	78.5	6	248.0	38.7	373.0	1.17	248.0	48.1
阴坡下部	74.3	7	327.5	43.4	340.0	1.18	307.5	61.9

资料来源：（吴钦孝，1989）

从表 2-6 中可以看出，在陕北安塞区高桥乡 4 年生柠条的生长初期，株高、冠幅、地径以及主茎上的分枝数等 4 项地上指标中阳坡立地条件下的数值最大，而阴坡的数值则最小（分枝数除外）。从株高上看，阳坡为 83.4cm，其次为半阳坡的 76.2cm，这两者之间有显著性差异，同时与其他 3 种立地也有显著性差异，峁顶、半阴坡的株高分别为 58.2cm 和 53.8cm，阴坡的株高最低，仅为 46.2cm，这 3 种立地条件下的柠条株高相互之间没有显著性差异。由于植株生长速度的不同，也使得植株的冠幅有了很大的差异，最大的冠幅出现在阳坡植株上，为5 115.4cm^2，与其他立地下的有着显著性差异，其次为半阳坡、筛顶以及半阴坡，阴坡植株的冠幅最低，仅为1 376.2cm^2，阳坡为阴坡的 3.71 倍，半阳坡、半阴坡、峁顶之间没有显著性差异，除半阴坡外，阴坡与其他立地之间有显著差异。

表 2-6　不同立地条件下 4 年生柠条生长情况

样地	株高（cm）	冠幅（cm^2）	地径（cm）	分枝数
阳坡	83.40±3.78	5 115.40±432.28	1.261±0.030	8.4±1.21
半阳坡	76.20±4.94	3 113.80±450.77	0.900±0.038	4.2±0.41
阴坡	46.20±.81	1 376.20±68.53	0.690±0.016	4.1±0.45
半阴坡	53.80±3.26	2 297.00±205.40	0.785±0.031	3.4±0.60
峁顶	58.20±3.40	2 825.20±328.88	0.958±0.064	3.80±0.37

资料来源：（毕建琦，2006）

这说明不同立地条件下的植株在外观上有着很大的差异，阳坡、半阳坡的植株相对来说显得比较高大，而阴坡和半阴坡的则相对矮小一些。同时。地径也表现出与株高、冠幅相同的一致性，阳坡、半阳坡要大于阴坡、半阴坡，阳坡与其他立地之间有显著性差异，半阳坡、筛顶与阴坡、半阴坡之间差异显著。主茎上的分枝数则是阴坡的反而要比筛顶、半阴坡要多 0.3 个和 0.7 个，但差异不显著，阳坡的分枝数与各立地之间差异显著，达到 8.4 个，这说明立地环境因子对柠条幼苗的生长、分枝产生了很大的影响，阳坡立地条件下光照充足，植株生长高大，分枝数也多，而阴坡立地条件光照不是很充分，温度相对较低，影响了柠条的分枝以及生长，植株和分枝数则相对较小。

同样是黄土丘陵区，宁夏固原河川和陕北安塞之间同样立地类型柠条生长效果也不同。主要是两地之间自然气候条件存在极大的差异，造成不同立地条件下柠条地上部分生长情况不一样。

九、土地对柠条生长的影响

（一）沙地类型对柠条生长的影响

不同类型沙地的水分状况有显著差异，因而毛条的生长和种子质量也各异。据调查，7 月为毛条生长旺季，流动沙地根层含水率为 4.36%，而固定沙地为 0.93%，梁覆沙地为 0.61%。因此，流动沙地上的毛条生长优于其他类型上的毛条（表 2-7）。毛条喜沙性疏松土壤，在黏重透气性差的土壤上生长不良。据调查，黄黏土和沙壤土的含水率分别为 9.78% 和 4.08%，虽然黄黏土的含水率高，但由于土壤黏重，生长极差，年均生长只有 0.4cm，濒于死亡；而在沙壤土上生长迅速，年均生长高达 67cm。

表 2-7　沙地类型对毛条生长和结实的影响

沙地类型	含水率（%）	树高（cm）	冠幅（cm）	基径（cm）	新梢长（cm）
流动沙地	4.36	279	390	2.55	44.0
半流动沙地	2.17	202	302	2.23	21.2
固定沙地	0.93	194	376	2.01	19.0
低洼沙地	1.54	214	350	4.47	8.3
梁覆沙地	0.31	135	223	1.43	16.6

资料来源：（王北，1994）

（二）不同土壤对柠条生长的影响

柠条对土壤的适应性很强（表2-8），无论在黄土、红土、黑土、沙土、砾质沙土上均能生长，但立地条件不同，土壤的水分、养分及其理化性质大不相同，因而生长量差异很大。在山西兴县的调查结果表明，粉沙壤土、黄土的土质疏松，透水性好，对小叶锦鸡儿的生长发育最为有利。砾质沙土、黑垆土次之，白礓土较差，红土最差。其次，土壤质地与柠条生长的关系极为密切。

表2-8　不同土质对小叶锦鸡儿生长的影响

密度（丛/hm²）	土质	树龄	新稍长（cm）	地径（cm）	丛鲜重（kg）
2 805	黄土	7-3	48	0.94	12.87
2 850	粉沙壤土	8-3	42	0.87	14.63
2 745	黑垆土	7-3	37	0.93	9.45
2 880	白礓土	9-3	35	0.87	8.79
2 505	红土	8-3	17	0.84	6.48
2 685	砾质沙土	9-3	24	0.83	10.57

资料来源：（牛西午，2003）

刘向东（1988年）（表2-9）在宁夏固原对中间锦鸡儿和柠条锦鸡儿在5种土壤上进行盆栽试验，从中间锦鸡儿生长来看：盐渍土>灰褐土>黑垆土>黄绵土>红胶泥土。柠条锦鸡儿黄绵土>黑垆土>灰褐土>盐渍土>红胶泥土。

表2-9　不同土壤对3种灌木生长的影响

树种	土壤	株高（cm）	地径（cm）	主根长（cm）	侧根长（cm）	地上部分植物量		根生物量（g）	总生物量（g）
						枝重（g）	叶重（g）		
中间锦鸡儿	黑垆土	8.3	0.18	45.3	1.50	0.083	0.073	0.278	0.434
	黄绵土	7.2	0.17	44.0	1.15	0.066	0.061	0.272	0.399
	灰褐土	8.3	0.19	45.8	0.20	0.083	0.102	0.289	0.474
	红胶泥土	3.7	0.12	29.3	0.64	0.029	0.038	0.073	0.140
	盐渍土	15.9	0.24	63.9	1.60	0.207	0.288	0.396	0.891

（续表）

树种	土壤	株高（cm）	地径（cm）	主根长（cm）	侧根长（cm）	地上部分植物量		根生物量（g）	总生物量（g）
						枝重（g）	叶重（g）		
柠条锦鸡儿	黑垆土	7.7	0.16	39.8	1.73	0.074	0.059	0.186	0.319
	黄绵土	9.5	0.16	52.3	1.20	0.079	0.087	0.194	0.360
	灰褐土	7.7	0.17	38.3	1.75	0.074	0.043	0.147	0.264
	红胶泥土	2.9	0.12	37.4	1.00	0.022	0.026	0.052	0.100
	盐渍土	6.3	0.14	37.3	1.75	0.045	0.057	0.086	0.188

资料来源：（刘向东，1988）

十、不同整地方式对柠条生长的影响

赵艳云（2005）在固原市对柠条灌木林结构的影响研究中发现（表2-10），不同整地方式对柠条的株高、分枝数、根深、植株生物量有显著影响。可以看出，对柠条的株高来说，水平阶、鱼鳞坑、水平沟之间差异显著，水平阶、水平沟、鱼鳞坑与荒山不整地差异都达到极显著水平；其中柠条株高的生长量是水平阶>水平沟>鱼鳞坑>荒山不整地，这与程积民等（2009）的研究相吻合。对柠条的分枝、根深、株生物量来说，水平阶与荒山不整地、水平沟与荒山不整地、鱼鳞坑与荒山不整地之间差异达到极显著，而水平阶、水平沟、鱼鳞坑整地下柠条林的分枝数、根深、株生物量没有差异。这主要是由于黄土高原地区自然条件恶劣，少雨及年降水分布不均匀，导致了春夏季干旱，通过整地引起了微地形的改变，人为创造了具有积水能力的小水库，将水分储蓄，不使之流失，防止水流汇集形成地表径流，引起新的水土流失，而且通过整地翻松土壤，土体会变的疏松多孔，总孔隙度和田间持水量均有增加，土壤渗透能力增强，降水可以迅速渗入较深土层中保蓄起来，整体提高了土壤含水量。整地还改变了光照条件，调节了土壤温度，间接地提高了土壤肥力，此外，减免了杂草对水分、养分的争夺，有利于柠条的生长。

表 2-10　不同整地对柠条生长的影响

生长指标	水平阶	水平沟	鱼鳞坑	荒山不整
株高	128. 261 Aa	148. 78 Aab	137. 780 Ab	85. 536 Bc
分枝	17. 667 Aa	17. 111 Aa	11. 750 Aa	10. 352 Bb
根深	3. 683 Aa	3. 441 Aa	3. 208 Aa	2. 080 Bb
株生物量	1. 507 Aa	1. 378 Aa	1. 254 Aa	0. 772 Bb

注：表中不同字母表差异显著

资料来源：（赵艳云，2005 年）

不同的整地方式因土壤松度不同，对降水的吸收和入渗也不相同，从而对柠条根系乃至株高等的生长产生不同影响。调查表明，鱼鳞坑较水平沟、水平阶整地能够很好地起到蓄水保墒的作用，但土壤翻松度明显不如水平阶、水平沟整地，从而不利于根系的深扎。在调查中发现，一些鱼鳞坑由于整地质量较差，土地未经深翻，使根下扎困难，出现溜皮草、卡脖等现象，影响柠条的正常生长。因此建议在相应的坡位上应实行合理的整地措施，从而有利于柠条的生长和天然植被的快速恢复。

十一、柠条水分生理生态特性及抗旱性研究

（一）蒸腾和耗水特性

蒸腾速率作为一个重要的水分参数，反映了植物的耗水能力。柠条叶片蒸腾和气孔导度的日变化规律表明，蒸腾速率的日变化和叶片气孔导度、土壤水分、环境因子的变化有密切联系。气孔通过调节蒸腾，降低或抵抗水分胁迫对植物生理活动的影响。因此，气孔是植物水分散失的主要途径和调节机构，且抗旱植物通常具备较强的气孔调节能力。植物吸收的水分，绝大部分消耗在蒸腾作用过程中，因而蒸腾在植物水分代谢中占有十分重要的地位。蒸腾作用是一个复杂的植物生理过程和水分运动的物理过程，不仅与植物本身的生理需水特性有关，而且与土壤有效水供给能力有关（王进鑫，2005）。测定其大小及其变化规律，就可以进一步掌握植物需水量及需水规律，从而确定合理的造林密度，有效地利用沙地有限的水资源。韩磊（2015）研究表明，充分供水条件

下的柠条苗木蒸腾速率是土壤水分严重胁迫下的3.43倍，随着水分胁迫的加剧，叶部水分亏缺提早出现，使得蒸腾速率峰值前移，且日蒸腾过程在较为干旱时表现为双峰型，反映了其控制失水和维持体内水分平衡能力较强，是适应干旱的一种方式（张卫强，2007）。王孟本等（1996）研究柠条的水分生理生态学特性指出：林地土壤水分含量与蒸腾速率，小枝水势和叶含水率的关系十分密切。相对于年生长发育节律和水分条件的变化，柠条的抗旱性在年生长期初（5月）和旺盛生长阶段（8—9月）较弱，在高温干旱阶段（6—7月）和入冬之前（10月）较强。在年生长期中间（6—9月），柠条的抗旱性与蒸腾速率、小枝水势和叶含水率之间均具有负相关性。他还从柠条蒸腾速率和光合水分利用特点得出了柠条属于旱生植物，但非喜旱植物，它仅在干旱时期保持低蒸腾，以节约用水，而当水分条件改善时，便大量蒸腾，以加速生长。李晶等（2017）对小叶锦鸡儿、中间锦鸡儿、柠条锦鸡儿的水分生理生态学研究表明，在一定范围内，这3种锦鸡儿的水力结构参数均与空气温度呈显著的线性负相关关系，与大气相对湿度则呈线性正相关关系；并且发现同种锦鸡儿植物在不同季节的输水效率比较，总的趋势是夏季>春季>秋季；在同一季节内，输水效率水平则为柠条锦鸡儿>中间锦鸡儿>小叶锦鸡儿。

植物生长在不同环境，光合系统表现出不同的代谢特性，说明植物能够通过光合特性的变异来适应环境。柠条蒸腾速率对干旱胁迫的响应，通过光诱导气孔开放，光辐射是描述柠条蒸腾过程气孔行为的重要环境因子。随着土壤含水量的下降，气孔对PAR的敏感性降低，通过水汽压亏缺驱动气孔导度的变化，叶片内外水汽压亏缺成为调节柠条蒸腾的主导因素。徐荣（2004）在盐池对柠条观测认为，柠条蒸腾速率日变化均呈中午凹陷型的双峰曲线。柠条第一个峰值出现在11：00—13：00，由于气温的上升，太阳辐射的继续增大，空气湿度下降幅度较大，柠条出现午休的现象，植物蒸腾速率出现暂时降低，15：00—17：00光照强度和气温稍有降低，空气湿度有上升，柠条蒸腾速率开始加快，达到第二个峰值。蒸腾午休是植物在干旱条件下赖以维持叶片细胞水分平衡的生理对策或适应机制，它能真实地反映旱生植物与其生境的一系列适应关系。张维江（2004）认为柠条5—6月为单峰，7月为双峰，8月为单峰，9月为双峰，柠条8月份蒸腾速率达到最大值。马成仓等（2004）在研究小叶锦鸡儿和狭叶锦鸡儿的水分调节特性时指出，狭叶锦鸡儿的蒸腾速率和日蒸腾积累值均小于小叶锦鸡儿，水分利用效率高于小叶锦鸡儿。由于叶形态变异、良好的渗透调节功能、低蒸腾速率，使生活在半干旱至极干旱地区的狭叶锦鸡儿植株水分状况甚至好于生活在半湿润至半干旱地区的小叶锦鸡儿。狭叶锦鸡儿有比小叶锦鸡儿更好的干旱适应性。由此可以看出，柠条在受到水分胁迫时以降低蒸腾，节约用水的这种策略来适应干旱。

（二）小枝水势与叶片含水量

在干旱沙地上的植物，要维持正常的生理过程，其细胞和组织就需要具有较低的水势和渗透势，以便植物从干旱的沙土中吸取足够的水分。因此，植物组织的水势越低，则吸水能力越强，越耐干旱。相对含水量反映了叶片的保水能力。当植物遭遇水分胁迫时，如果叶片含水量降低的幅度较小，则说明叶片的保水能力较强，以维持植物体生理生化的正常运转。杨文斌等（1997）应用压力室技术对柠条小枝的水势进行了研究，指出水分在SPAC系统中的动力是这个系统的各部分之间的水势差，从土壤到植物叶形成一个明显的水势梯度，说明植物能从土壤中吸收水分，但由于土壤水势不同，使得同样大小的水势差实际吸收到的水量不同，进而影响柠条叶的蒸腾速率，可见，叶水势和土壤水势的关系成为SPAC的核心。李洪建等两次研究报道了柠条小枝的水势，他分别研究了生长期小枝水势的日变化规律，水势日变化与光温、光湿复合因子的关系，土壤含水量对水势的影响，以及水势的日变化与叶含水率的关系。

植物的水势是研究植物体内的水分关系时常用的指标之一。土壤水分状况对植物水势的影响反映在水势的日变化上，特别是清晨水势及日最低水势上。清晨水势反映一定土壤水分状态下林木内部水分的恢复状况，而最低水势在一定程度上表明土壤水分对林木生长的威胁程度。清晨水势的意义还在于它反映土壤水分胁迫对树木生长的影响程度。应用阿贝折射仪法和自然风干法，有研究者对柠条锦鸡儿的叶自由水含量、束缚水含量和相对含水量进行了研究，指出对所研究的阔叶植物中柠条的束缚水自由水比值最高，抗旱性最强，但不如研究的针叶植物抗旱性强。柠条锦鸡儿叶相对含水量较低，这和所测定时的月份有关系，而组织水势以柠条锦鸡儿最低。所以如果比较不同品种柠条的抗旱性时应该在相同的条件下进行。柠条在干旱情况下水势下降很低，有利于吸收深层土壤水分。束缚水自由水比值也较高，不利于水分损失，对干旱有着很强的适应性。

（三）应用 PV 技术研究柠条的水分特性

在应用 PV 技术研究柠条的水分特性上主要是王孟本和杨文斌等研究报道的较多，王孟本等（1996）主要是研究柠条水分参数的季节变化，指出柠条的抗旱性随年生长发育节律和环境水分条件而改变，其抗旱性生长季最弱，夏季高温干旱阶段最强，秋季降水期减弱，生长季末最强。杨文斌等（1995）主要是应用 PV 曲线确定的参数得出了柠条具有较低的 $\Psi 100\pi$ 和 $\Psi 0\pi$，因此柠条林下沙土含水率大于 4.5%时，沙土水势稳定维持在-0.88MPa 以上，柠条叶片的渗透势总低于 -1.81MPa，其水势差即吸水力也总大于-0.92MPa，能够保证柠条清晨叶片水势维持在膨压消失点以上。即柠条的清晨叶水势总大于-1.8MPa，而当沙土含水率降到 3.5%左右时，沙土水势下降到-2.07MPa，对应清晨叶水势降到-2.18MPa 以下，也不能阻止柠条叶片水势迅速降低，即使在清晨也不能恢复膨压，柠条林将会出现严重衰退现象。

十二、柠条的光合特性

光合作用是树木重要的生命过程，是树木生命活动的能量和物质来源。柠条叶片的光合作用和蒸腾作用表现出不同的变化特征，说明植物的光合作用主要受其自身的生理代谢作用，而蒸腾作用不仅与植物自身的生理活动有关，而且受环境条件的影响较大。它受到各种环境因子的影响，土壤水分便是其中的重要影响因子之一，在干旱、半干旱地区水分亏缺对树木光合作用的影响超过其他影响的总和。水是光合作用的原料又是光合作用的溶剂，所以说研究植物光合特性与抗旱性的关系有着十分重要的意义。光补偿点是植物利用弱光能力大小的重要指标，该值越小表明利用弱光的能力越强。光饱和点是植物利用强光能力大小的指标（伍维模，2007；张淑勇，2007），二者代表了植物的需光特性和需光量。光补偿点较低、光饱和点较高的植物对光环境的适应性较强，反之适应性较弱。柠条在中度及重度干旱下，光补偿点较适宜水分下分别降低了 31.44%和 48.91%，而光饱和点在中度干旱下基本无变化，重度干旱下显著降低。说明柠条利用弱光的能力易受到干旱的影响，随着干旱胁迫强度增大利用能力增强。而利用强光的能力仅在严重干旱的情况下才有所下降。在中度干旱胁迫下，柠条表现出对光环境极强的适应性，这种特性与柠条分布区干旱、强光的自然条件极为适应，使其能充分利用光能，为干旱下柠条的稳定生长提供了物质基础。但是过度的干旱胁迫造成柠条适应光环境的能力有所降低。暗呼吸速率反映的是植物在没有光照条件下的呼吸速率，与叶片的生理活性有关。中度及重度干旱处理下的柠条暗呼吸速率均较适宜水分下显著降低降幅，分别为 35.59%和 56.23%，说明干旱胁迫引起柠条叶片生理活性显著降低，对光合产物的消耗减少，有利于干物质的积累，这对逆境下苗木保持一定的生物产量奠定了基础。

柠条叶片的表观光合速率在不同光照强度下随光照强度增加递增。邵玲玲（2007）在自然条件下对柠条光合作用日进程进行了观测。柠条叶片在阳光充足的夏季晴天，其 Pn 日进程是一条单峰曲线，Pn 在 11：00 时左右达到最大值，约为 8.092μmol/（m^2·s）；柠条 TRAN 的日变化也为一单峰曲线，但柠条 TRAN 日变化峰值出现在 13：00—15：00 时，约为 9.392μmol/（m^2·s）。自然条件下，柠条光合作用日变化主要受其自身生长影响比较大，而蒸腾速率除了受自身生长调节外，还对环境条件的改变较为敏感。不同季节的柠条光合作用也具有显著差异，光合速率在夏季明显高于秋季，且秋季的光合作用变化速度也明显高于夏季。夏季的叶片表观光合速率均高于秋季叶片，前者的光饱和点为 1.4Cal/（dm^2·s），这时的表观光合速率为 9.47μmol/（m·s）。比夏季相同光照强度下降了 8.4%。不同生长季节的柠条叶片，在不同光照强度下的净光合速率、光补偿点、光饱和点和饱和光下的 CO_2补偿点夏季均高于秋季，但呼吸速率相反则较低，说明夏季叶片比秋季叶片有较好适应高光照强度和同化 CO_2的能力。另外，从秋季叶片的叶绿素含量高于夏季叶片可以看出，秋季叶片净光合速率下降与叶绿素含量无关，除呼吸作用升高部分降低了光合作用外，可能与季节的节律或其他生理变化有关。柠条叶片在不同温度处理下，无论是夏季或秋季的叶片，它们的净光合速率均以 25℃时最高，并随温度上升递降，相反呼吸速率递增，将二者合并计算的真光合速率同样可以看出相同下降的趋势。当延长处理温度时间至 4h，降幅进一步呈现增加，这表明柠条叶片的光合系统是不耐高温的。

鲍婧婷等（2010）研究发现，中龄、幼龄的光合作用能力明显高于老龄，而水分利用效率低于老龄；在干旱胁迫下，幼龄柠条通过快速关闭气孔来减少水分散失，而中龄和老龄柠条通过调整水分利用策略来应对干旱，老龄柠条通过提高水分利用效率来使水分利用最大化，但其植物水势和光合的降低可能导致生长减缓和衰退。王邦锡等在研究不同生长季节光照强度和温度对柠条叶片光合作用和呼吸作用时指出，净光合速率在夏季高于秋季，并随着光照强度的增加而递增，光饱和点、光补偿点和饱和光下的 CO_2补偿点夏季高于秋季，而呼吸作用和叶绿素的含量则较低。

关林婧和马成仓等（2014）对分布于内蒙古高原和林格尔和阿拉善的甘蒙锦鸡儿种群的光合特性和水分代谢特性进行了研究，指出和林格尔种群的光补偿点、光饱和点、光合最适温度均低于阿拉善种群，在低温、低光强下表现出更高的光合速率。植物组织含水量降低是植物适应干旱的表现。阿拉善种群比和林格尔种群的叶片渗透调节物质含量高、渗透势低、渗透调节能力强，叶片含水量和自由水含量低、束缚水含量和束缚水/自由水比值高，叶水势和气孔导度低，表明阿拉善种群比和林格尔种群有更强的水分调节能力。和林格尔种群相比阿拉善种群需要更高的空气湿度来维持其光合速率，和林格尔种群表现高蒸腾、高光合和低水分利用效率的代谢特点，阿拉善种群采取低蒸腾、低光合和高水分利用效率的节水对策来应付干旱。

第二节　柠条生态学特性

生态学特性是指生物与环境之间相互影响、生物适应环境与改变环境过程中所表现出来的特性。柠条对环境具有广泛的适应性与抗逆性，并且对生态环境有着明显的改善作用，具有很高的生态价值（牛西午，2003）。

一、柠条对环境的适应性

（一）柠条的抗旱机理

柠条对干旱缺水环境有很强的耐受性，在年降水量只有150～200mm的干旱荒漠地区也能正常生长发育。根的旱生结构特征表现为：皮层减少和内皮组织细胞壁加厚以及凯氏带变宽，有利于输导组织在干旱条件下缩短输水进程，增加输水效率，抵御干旱，同时增强了根的土层穿透能力。茎的旱生结构特点为皮层加厚，维管束紧密，增强了茎的韧性，使其能够抗击风沙吹打，在极干旱的条件下支撑萎蔫的机体，使之免受机械损伤。皮层加厚也增强了其抗旱能力。叶的表面积和体积小，叶表面细胞的外壁角质层加厚，气孔小而数目增多，减少了体内水分蒸发，但又不影响其光合作用（牛西午，2003）。柠条的抗旱性除了与自身的旱生结构有关外，还具有生理生化方面的抗旱性。柠条原生质黏滞性高，透性大，束缚水和自由水比值高，在干旱条件下，柠条通过提高体内可溶性糖和蛋白质含量来调节细胞原生质透性和渗透压，增强吸水能力，从而提高细胞的抗脱水性。同时，柠条能够通过调节气孔的暂时关闭来降低蒸腾速率，从而减少体内水分的散失，提高自身的抗旱性。长期的干旱胁迫，使得根与茎的生物量越变越大，导致柠条地下部生长发育比地上部快。调查表明，同一年龄的柠条，干旱区的柠条比其他柠条的根密度大，根冠比也大。这表明受水分胁迫的柠条总是以本能的方式，向深土中去寻求水分，从而减少地上部水分的蒸发，而导致根冠比越来越大（马红梅，2007）。柠条对干旱条件极强的适应性确立它的生态效益。柠条具有较强的抗风蚀能力与耐沙埋特性，适当的沙埋更有利于柠条的生长。在干旱地区生长的树种均喜光，不耐庇荫，长期遮阳会使生长受到抑制，结实率下降。

（二）柠条抗热、抗寒性

安守芹（1995）对4种固沙灌木苗期抗热抗旱性的研究结果表明（表2-11），处理植株随着温度的升高，膜透性呈增加趋势，柠条锦鸡儿、中间锦鸡儿膜透性增加最少，说明细胞膜受害较轻，抗热能力较强。从膜透性增加的起始温度看出，中间锦鸡儿在50℃时明显增加，其受害温度为45～50℃；而柠条锦鸡儿在 55℃ 时明显增加，其受害温度为 50～55℃。幼苗恢复状况，50℃高温处理后，柠条锦鸡儿幼苗相对生长率达 100%，其余 3 种植物幼苗相对生长率差异不明显，在 78%左右；55℃高温处理后，杨柴幼苗存活率仅为 3%，而其他 3 种植物存活率均为 100%。这一结果表明，柠条锦鸡儿幼苗抗热性最强，杨柴最差，中间锦鸡儿和花棒居中。柠条锦鸡儿开始受热害的温度是 46℃，抗热极限温度为 48～49℃（张金如，1983）。

表 2-11　室温下恢复一周后幼苗生长状况　（单位:%）

植物种	50℃植株相对生长率	55℃植株存活率
杨柴	77.78	33.00
中间锦鸡儿	78.72	100.00
花棒	79.38	100.00
柠条锦鸡儿	100.00	100.00

柠条具有很强的抗寒性，能抵御-40～-30℃的严寒。柠条地理垂直分布上限海拔高达5 000m，绝对低温远低于-42℃，因此柠条有些种的抗寒性要强。锦鸡儿属植物的这些生态适应特征有其遗传基础，是其长期适应不同的生活环境分化的结果。如在西藏阿里地区，分布在喜马拉雅山北坡海拔4 100～5 000m地区的变色锦鸡儿，分布在甘、青、川三省交处的甘肃玛曲县海拔3 400～3 900m的阳坡、半阳坡的鬼箭锦鸡儿等。锦鸡儿属植物主要分布于高寒地带和荒漠区，本身所在的环境就十分严酷，恰恰是这种严酷的环境使得该属植物大多具有极强的耐寒能力。

（三）柠条的耐盐碱性

锦鸡儿属植物一般生长在恶劣的环境，因抗逆性强而著称，柠条苗可以在 pH 值 6.5～10.5 的土壤上正常生长。柠条根瘤菌具有产酸功能，可降低土壤 pH 值，从而使它在中度盐碱地上能正常生长（牛西午，2003）。董玉娟等（2003）用生物电阻抗、过氧化氢酶活性来测和说明柠条的抗旱和抗盐性。萧冰（1994）用盆栽试验方法确定出 5 种豆科牧草耐盐临界值和极限值，耐盐的临界值和极限值都没有超过 0.5%。但是柠条锦鸡儿苗期耐盐极限值可达 1.5%（安守芹，1995），可是试验当时是在培养箱里进行，因此，生产实践中锦鸡儿植物的耐盐临界值和极限值则有待进一步研究。

二、柠条林地对环境的影响

锦鸡儿属植物是极具开发价值但尚未充分利用的生态经济植物，生态效益极高。锦鸡儿属植物是落叶植物，抗旱性强，在北方干旱地区防风固沙（曹成有等，1999，2000；黄富祥等，2002）、保持水土（李树苹，1998）、改善土壤养分（刘增文，1997；唐海萍等，2001；苏永中等，2004）中，发挥着良好的环境效益，由于锦鸡儿植物具有以上环境效益和经济价值，引起了人们日益重视，并对其进行研究和开发利用。

（一）柠条林改良土壤的作用

人工柠条林的种植可改善土壤物理性状，随着柠条林龄的增加，土壤粗沙粒和细沙粒含量显著降低，土壤粉粒和黏粒含量增加，加上林内枯落物堆积腐烂，使林下土壤容重变小，孔隙度加大，养分条件逐渐改善，土壤有机质、氮、磷、钾含量增加，土质逐步改良（张飞等，2010）。人工柠条林可使土壤有机质和全氮含量提高，从而改善土壤肥力，降低土壤 pH 值，活化根际土壤难溶性养分，提高土壤养分有效性（牛西午等，2003）。柠条不仅对土壤肥力要求不高，而且根部具有根瘤菌，有较强的固氮作用，能固定空气中的游离氮，可以增加土壤含氮量，有改良土壤的作用。蒋齐（2006）通过对种植柠条与自然恢复土地的土壤理化性质及土壤养分进行观测结果表明（表 2-12），种植柠条后，0~100cm 土壤层中 0.02~0.2mm 粒径的细沙粒含量明显提高，说明营造人工柠条林后，退化沙地土壤的机械组成有明显好转，土壤结构得到改善。

表 2-12　不同密度人工柠条林的土壤理化性质

样地	土壤深度（cm）	体积质量（g/cm^3）	总孔隙度（%）	有机质（g/kg）	全氮（g/kg）	碱解氮（g/kg）
0.3330 万 hm^2	0~20	1.53	41.73	2.22	0.28	8.52
	20~60	1.30	47.45	1.68	0.37	6.39
	60~100	1.44	42.67	3.66	0.28	8.70
	平均值	1.42	43.95	2.52	0.31	7.87

（续表）

样地	土壤深度（cm）	体积质量（g/cm^3）	总孔隙度（%）	有机质（g/kg）	全氮（g/kg）	碱解氮（g/kg）
0.2490 万 hm^2	0~20	1.50	42.09	1.76	0.28	4.97
	20~60	1.40	49.55	1.51	0.44	5.86
	60~100	1.35	47.73	5.20	0.30	15.65
	平均值	1.42	46.46	2.82	0.34	8.83
0.1665 万 hm^2	0~20	1.48	44.29	2.13	0.37	8.52
	20~60	1.20	54.65	2.69	0.435	8.69
	60~100	1.53	40.67	4.71	0.32	12.62
	平均值	1.40	46.54	3.18	0.38	9.94
CK	0~20	1.31	49.79	2.83	0.18	24.80
	20~60	1.52	38.98	3.96	0.11	6.64
	60~100	1.51	40.16	1.19	0.22	3.38
	平均值	1.45	42.98	2.66	0.17	11.61

张晋爱等（2007）认为柠条林地可提高土壤黏粒和粉粒含量；而且随生长年限增加，柠条林地土壤的有机质、全氮、铵态氮、硝态氮、速效磷与速效钾含量以及碱性磷酸酶、蔗糖酶、脲酶和过氧化氢酶的活性均呈增加趋势。由于种植柠条林改善了土壤的物理性质，使 0~80cm 土层深度的土壤容重减小，土壤的孔隙度增加，土壤的入渗能力增强；同时，柠条林地土壤物理性黏粒含量的增加使得土壤的水稳性团聚体、微团聚体数量增加，土壤的结构得到改善。对提高土壤的氮素营养，改良土壤养分状况具有显著的作用，土壤有机质含量增加。人工柠条林可改善深层土壤的尿酶、蔗糖酶、过氧化氢酶的活性，尤其是对 20~100cm 土层酶活性影响最大，从而改善退化沙地的土壤肥力状况。柠条的固氮作用在沙地表现得尤为明显。不同柠条种植密度会导致草原土壤肥力变化不一，适宜的种植密度能够提高土壤有机质、全氮含量（王占军等，2012）。人工柠条林地能够增加荒漠草原土壤有机碳含量，随种植行间距的增大其增加效果减弱（杨阳等，2014）。在土壤剖面上，由于表层土壤受到根系和枯落物的共同影响，柠条林对表层土壤的各项物理性质改善作用最为明显，随土层深度增加其改善作用逐渐减

弱（张飞等，2010）。据调查，5 年生的柠条林地，有机质含量比流沙提高 62%。含氮量提高 69%。柠条茎叶含有丰富的氨、磷、钾。用它制绿肥，效果很好，1 000kg 柠条干茎叶相当于 70kg 硫酸铵，14kg 过磷酸钙，15kg 硫酸钾，且肥技期长。尤其是花期效果更好，根据群众经验，500kg 柠条嫩枝叶相当于 290kg 羊粪的肥力。另外柠条根部有大量的根瘤菌能固定空气中的氮肥，加上大量的枯枝落叶，改善土壤的作用十分显著（张伟，1996）。

（二）土壤酶活性变化

土壤酶是土壤重要的组成部分，它是由微生物分泌的一类具有加速土壤生化反应速率功能的蛋白质。土壤酶与土壤中有机质的分解及微生物的组成类型密切相关，它在土壤中可以催化复杂有机物的分解与转化，从而促进养分的释放、固定以及供应。研究表明，土壤酶活性的高低能够表征土壤微生物活动的大小程度，同时也能够反映出土壤养分转化及其转运能力的强弱，是土壤综合肥力特征的有效反映，可以作为指示外界环境变化的重要因子。

1. 不同土壤类型土壤酶活性特征

土壤酶主要来源于植物根系及微生物的活动，在灰钙土、红黏土、风沙土中其根际、非根际酶活性之间存在显著性差异，脲酶、蔗糖酶、磷酸酶的根际酶活性高于非根际。根际与非根际的蔗糖酶、碱性磷酸酶及过氧化氢酶活性均呈现出灰钙土>红黏土>风沙土的趋势，红黏土根际中的脲酶活性显著高于灰钙土与风沙土（$P<0.05$）。同一种土壤酶活性在 3 种土壤中根际与非根际活性差异较大，如脲酶在灰钙土、红黏土、风沙土中根际脲酶活性是非根际的 1.24 倍、1.42 倍、1.72 倍，磷酸酶活性分别是 17.4 倍、2.33 倍、1.08 倍，蔗糖酶活性分别为 2.45 倍、2.20 倍、2.09 倍，综合来看，柠条根际的作用在灰钙土及红黏土中比风沙土的作用更为明显。

2. 不同年份土壤酶活性特征

许亚东（2018）选择退耕种植柠条后恢复 15 年、30 年、40 年的林地作为研究对象，并以坡耕地（CK）为对照，研究了柠条林地恢复过程中土壤 4 种酶活性变化特征及其与碳、氮、磷养分关系。结果表明：坡耕地种植柠条林后土壤脲酶、蔗糖酶、过氧化氢酶和碱性磷酸酶活性均显著增加，而随着柠条年限的增长，脲酶、蔗糖酶活性变化比过氧化氢酶、碱性磷酸酶更敏感，均呈现出递增的趋势，对比耕地，在0~10cm土层蔗糖酶增幅可达40%、84%、109%，而脲酶增幅可达5.32倍、6.11倍、8.58倍，随着土壤深度的增加，酶活性降低。不同造林年限的过氧化氢酶平均含量大小顺序为5龄林>10龄林>17龄林。相关性分析表明，脲酶、蔗糖酶、过氧化氢酶和碱性磷酸酶活性与土壤可溶性有机碳氮、速效磷、有机碳、全氮、全磷之间都具有显著或极显著的正相关关系。

3. 不同坡向、坡位土壤酶活性特征

佘雕（2009）对原州区柠条林地土壤酶（脲酶、碱性磷酸酶和蔗糖酶）的活性进行测试分析，比较了不同坡向、不同坡位、不同林龄和不同剖面深度条件下酶活性的变化。结果表明：坡向对土壤酶活性的影响不显著；坡位对土壤酶的活性有明显的影响，坡上部酶活性普遍高于坡下部，坡中部酶活性波动较大；土壤酶活性随林龄的增大而提高，10年生柠条林地平均脲酶、蔗糖酶和磷酸酶的活性分别仅为20年生柠条林地相应酶活性的59.0%、41.1%和52.9%；土壤酶活性随土壤剖面深度的增加而降低，20年生柠条20~40cm、40~60cm和60~80cm土层的脲酶活性分别比0~20cm表层土脲酶活性下降25.7%、61.3%和81.4%；碱性磷酸酶与蔗糖酶在有机质腐殖化过程中具有协同反应，关系密切。

4. 柠条沙堆土壤酶活性特征

柠条灌丛沙堆内外养分及酶活性之间具有显著差异性，空间异质性较明显，小沙堆对土壤有机质的富集作用最强；不同大小柠条沙堆上土壤有机质及酶活性具有一定的差异，小沙堆的土壤有机质含量与脲酶、蔗糖酶活性最高，中沙堆磷酸酶和过氧化氢酶活性最高；同一沙堆不同部位之间也具有异质性，由沙堆的顶部、中部到底部，4种土壤酶活性依次减少；4种土壤酶活性与pH值之间具有极显著的负相关；土壤有机质与除过氧化氢酶活性外的其他3种酶活性具有极显著正相关。柠条能够改善沙堆上的土壤养分，提高土壤酶活性，对荒漠区退化土壤具有改善作用，但随着沙堆的不断发育这种作用逐渐降低。

5. 不同土地利用类型土壤酶活性特征

马静怡（2018）对晋西北小叶杨林、刺槐林、柠条灌木林、撂荒地四种土地利用类型的土壤碱性磷酸酶、脲酶、蔗糖酶、过氧化氢酶研究表明，这四种酶均表现出明显的垂直变化规律，即表层土壤酶活性最大，随着深度的增加，土壤酶活性有减少的趋势，越到土壤深层，土壤酶活性越低。小叶杨林、刺槐林、柠条灌木林土壤碱性磷酸酶活性明显高于撂荒地，刺槐林土壤脲酶活性最高，小叶杨林和刺槐林土壤蔗糖酶活性高于柠条灌木林和撂荒地，四种土地利用类型的土壤过氧化氢酶差异较小。柠条灌木林土壤碱性磷酸酶活性明显高于撂荒地，与旱作农田相比，退化沙地营造柠条林后，其表层土壤尿酶的活性均比旱作农田的低，而深层土壤（60~100cm）层土壤尿酶活性均比旱作农田高，说明人工柠条林可改善深层土壤脲酶活性。

6. 不同密度土壤酶活性特征

不同密度柠条林 20~100cm 土壤尿酶含量表现为 3 330丛/hm^{2}时为 0.008 mg/g，2 490丛/hm^{2}为 0.017mg/g，1 690丛/hm^{2}为 0.022mg/g，随着种植密度的减小，土壤酶活性有增加的趋势。不同密度柠条林地土壤蔗糖酶活性则表现出中间低（20~60cm），两头高（表层和 60~100cm）。这可能与柠条根系土要分布在 20~80cm 有关（蒋齐，2004）。

7. 不同季节土壤酶活性特征

土壤酶活性是土壤生态条件与微气候相互作用的结果，而影响这些过程最重要的环境因子是温度和水分。虎瑞（2015）研究表明，5 种土壤酶活性均表现出明显的季节变化规律：夏季>秋季>春季。土壤酶活性从 4 月开始逐渐升高，8 月时达到峰值。除了温度和水分环境因子的影响，柠条灌丛通过调节植被区微环境，增加根系分泌物和凋落物影响土壤酶活性。

8. 不同群落土壤酶活性特征

土壤酶的活性程度强弱，与土壤的理化性质呈直接相关，同时也会对植物群落产生间接影响。土壤酶活性对土壤养分积累有重要作用，这可能是荒漠地区土壤养分状况得以改善的重要途径。土壤酶活性提升对改进植物群落环境以及促进区域环境协调发展存在重要意义。许多研究结果表明，不同植被类型下的土壤，其腐殖质形态、养分情况和碳氮磷的转化速率及土壤的 pH 值等均呈现差异性，且土壤中微生物的含量和活性均受到不同植被群落的质量、植被群落根系的生长情况和根系分泌物的不同及其吸收养分的方式等的影响。因此，各种不同的植物群落，会对土壤酶的活性强弱产生不同的影响。刘学东（2017）研究表明不同群落类型土壤蔗糖酶活性在两种生境（冠下，丛间）下的分布特征具有一致性，即随土层深度的增加而降低。土壤脲酶活性在不同群落生境处均表现为：冠下>丛间。土壤酶活性在群落不同生境、不同土层间的差异性说明土壤酶对于群落微土壤环境变化的响应较为敏感。王嘉维（2018 年）研究表明，柠条、沙柳、紫花苜蓿和沙蒿的水解酶活性随土壤深度增加而降低，具有明显的剖面分布特征；4 种典型植被的氧化还原酶活性总体呈现出随土壤纵深增加而下降的趋势，氧化还原酶活性的提升幅度是柠条>沙柳>紫花苜蓿>沙蒿，证明 4 种典型植被对氧化还原酶活性的提升有重要意义。闫丽娟（2019）对荒草地、沙棘林地、文冠果林地、柠条灌丛 4 种植被类型表层土壤过氧化氢酶活性研究认为无显著性差异，土壤淀粉酶表现为荒草地>沙棘林地>文冠果林地>柠条灌丛；除柠条灌丛土壤过氧化氢酶随土层深度的增加逐渐增强外，其余酶活性均随土层深度的增加逐渐减弱。

（三）柠条林地的防风蚀作用

柠条是干旱半干旱地区重要的防风固沙植物，其根系发达，主根明显，侧根根系向四周水平方向延伸，纵横交错，固沙能力很强，不仅能固定原土，还能积累刮来的肥土（戴海伦，2011）。柠条林能有效降低风速、减弱侵蚀。影响风蚀量的因素多且复杂，不同种植行距和方式的柠条林可能会导致地上植被、土壤养分、土壤湿度、空间异质性等方面有很大的差异，使得不同种植行距、种植方式的柠条林的防风固沙性能有一定的差异性。据观测，网格中心与空旷地相比。距地表 50cm、20cm 处的平均风速分别降低了 39.2%和 59.1%；林带中心和林带南缘 2m 处与空旷地相比，其距地表 20cm 处的平均风速分别降低了 9.1%和 15.9%。由于近地表风速的降低，风的运载能力随之下降，空气中的一些尘沙被拦截下来，起到了防护林的防风固沙作用（顾新庆，1998）。在内蒙古低覆盖度的柠条固沙林，采用多点式自记风速仪，测定林内不同部位、不同高度的风速发现，行带式固沙林的平均防风效果比同覆盖度随机分布的固沙林高 48.2%，说明灌丛的水平分布格局是制约固沙林防风固沙效果的重要因素，行带式配置具有显著的防止风蚀、固定流沙的作用（杨文斌，2006）。陈娟（2014）在研究荒漠草原人工柠条林防治土壤风蚀效应中得出，掌握当地主导风向有利于指导柠条防护林的建设，可以根据主导风向调整林带的种植方向。不同种植带距和种植年限的柠条林防风沙效果不同，随着林带行距增加，防护林降低风速作用减弱（朴起亨，2008）。柠条的防风固沙作用极显著。据测定，一般3~4年生柠条，每丛根可固沙0.2~0.3m^3。5年以上柠条林覆盖度可达70%以上，每丛固沙0.5~1m^3。在成片的柠条林间，一般平均固沙厚度可达0.5m左右，特别是小叶锦鸡儿、柠条锦鸡儿，更是不怕风刮沙埋（宋彩荣，2006），沙子越埋越能促进其分枝，生长越旺，固沙能力越强。据调查，一株侧枝被沙埋的柠条锦鸡儿两年内从沙埋的枝上萌生出60~80根新枝条，形成防风固沙强大的灌丛。

（四）固土护坡，保持水土

由于柠条根系庞大，枝条稠密，林间杂草多，有利于固结土壤，提高土壤的防冲防蚀能力（谢强，2006）。柠条的根系强大，而且大部分密集分布在30cm土层中，能有效地固结土壤，防止土壤表面风蚀和土层流失。坡地的一丛5年生柠条，根幅为1.7m^2，主根垂直分布为2.3m，在1.4m^{2}范围内，侧根达566条，主侧根总长度12.6m，其固土量达7.8m^3。柠条根系的穿透力强。干旱草原地带和半荒漠地带的栗钙土、棕钙土等土层中普遍存在着钙积层。钙积层含水分极少，通气性、透水性不良而且紧实，不利于树木的根系发育，一般的乔灌树种的根系均不能穿透钙积层（张玉珍，2002）。

柠条具有庞大的根系，分别向水平和垂直两个方向发展，深扎于土层中吸收条，主根、侧根长和根幅分别可达78cm、56cm和80cm 。根幅与冠幅比例为10：1；一株冠幅75cm^{2}的3年生柠条主根、侧根长及根幅分别可达190cm、160cm和300cm^2，根幅与冠幅比例为4：1。柠条根系发达，其吸收水分能力特别是吸收深土层水分的能力极强。据测定，在降水相同的条件下，特别是柠条林地40~160cm的深土层的土壤含水量大大低于相邻农田土壤含水量。1hm^{2}柠条林地比农田多吸收土壤水分1 416.7m^3，相当于141.7mm的降水。据方山县林业局观测，石站头25°坡地4年生柠条林，2004年7月至9月在降水180mm的情况下，坡面上未形成侵蚀沟，相邻坡耕地内，15m宽的坡面上有3~10cm深的侵蚀沟21条。

（五）涵养水源，减少地表径流

柠条的根系庞大，吸水能力、萌蘖力和抗逆性强，具有很强的生态适宜性，其枯枝落叶层和与其共生的其他地被物覆盖着地面，能减轻雨水对地面的冲刷，减少地表径流，具有保持水土和涵养水源的作用（王玉魁等，1999）。柠条枝叶多，植株丛生，粗糙度大，可有效地拦蓄降水，防止暴雨对地表的溅蚀；柠条林内枯枝落叶多，具有拦蓄泥沙、延缓地表径流形成时间和促使雨水下渗的作用。柠条地上部分庞大的灌丛减少了地表径流，防止了降水对土壤的侵蚀。一丛5年生的柠条地上分枝多达76条，冠幅可达2m左右。经对柠条覆盖度为82%的林地进行截留降水的测量（雨量器分别设在柠条的冠幅下和无林裸露地），测量结果为柠条可截雨量10.5%~50.2%，被截留的降水沿着叶茎缓缓流至地面，大大降低了暴雨雨滴对地表的溅蚀。

根据测定柠条的枯枝落叶可以吸收自身重量1.5倍的水量，枯枝落叶层能延缓水流的下泄速度，使地表径流变成分散的水流渗入土层之中，5年生的柠条枯枝落叶的生物量为0.45t/（hm^2·a），15年生的柠条枯枝落叶的生物量为2.4t/（hm^2·a）。柠条的年枯落量之大，是许多树种难与之相比的。柠条的灌丛截留了降水，地表的枯枝落叶层涵养了水源，这样就减轻了降水对土壤的侵蚀，据测定，在坡度为15°的丘陵地，柠条造林覆盖度为85%，糜子覆度为70%，荞麦覆度为50%，雨季一次降水的总量为49.8mm，最大降水强度为93.8mm/h，雨后对3种样地进行调查，柠条的侵蚀模数为3.6kg/亩，糜子为27.7kg/亩，荞麦为49.3kg/亩，由此可见柠条涵养水源，防止土壤侵蚀的作用是显著的。

4年生柠条林树高1.2~2m，每丛覆盖0.81m^2，比没有柠条林的自然荒坡减少地表径流71%，减少表土冲刷82%。5年生柠条平均丛冠幅3.80~5.0m^2，可截留降水30%，减少地表径流和冲刷量。4年生柠条林能减少地表径流73%，减少土壤侵蚀量80%。柠条是深根性树种，侧根发达。在兰州地区2年生柠条主根长达0.8m，是株高的4.7倍，侧根平均根幅0.28m，是冠幅的6.6倍，成年树主根可达5m以上，发达的根系在地下交织成网，增加了土壤抗冲性，可防止崩塌。8年生柠条根系有50.3%，分布在0~40cm土层，在20~40cm土层范围内抗拉力为1 490kg/m，有良好的固土作用。

（六）保护耕地，调节小气候

由于流域内土层较薄，不适于修水平梯田，而坡式梯田较水平梯田减沙作用低，因此在坡式梯田上方补充柠条林带，不仅可以减轻上游径流泥沙对梯田的威胁，而且可以降低风速。柠条带的林网作用，使大面积耕地免受风沙灾害。据有关资料记载（表2-13），当疏透度为60%时，可降低风速15%左右，林网内距地面0~20cm的平均地温较林网外高0.50~0.70℃，距地面50cm高度的气温，林网内日平均气温较林网外略高，白天的差别较大，夜间的距地心较小，且林网内较林网外稍低。林网内白天或夜间的相对湿度和绝对湿度均高于林网外。相关湿度白天高0.3mbar，夜间高0.50mbar。

表2-13　柠条林网内与林网外气温变化（距地表20cm处）　（℃）

时间	林网内	林网外	差值
日平均	22.8	22.7	0.1
白天	28.0	26.8	1.2
夜间	17.6	18.5	-0.9

林木改善小气候作用主要通过冠层枝叶影响太阳辐射分布以及空气的乱流交换、潜热等能量要素实现的（张一平，2002）。柠条人工林不仅影响荒漠草原土壤营养条件，而且还可以调控由于季节改变而引起的土壤温湿度变化（刘任涛，2014）。行带式柠条林带间具有较大空间，能有效阻挡带间太阳辐射，使林间空气温度下降，相对湿度增加，不同种植带间距影响着带间小气候，使之存在空间差异性（徐荣，2004）。林网内空气湿度的增加，主要由于林网内作物的蒸腾和林网本身的蒸腾作用，加之林网内风速减弱，水汽停滞于林网内造成的。这种增湿作用对预防干热风的危害有着很大的好处。林带对太阳辐射影响区域主要集中在0.5~1m范围内，太阳辐射强度随距林带距离增大而增加。在两侧林带影响下，气温呈现两端低、中间高的梯度变化，相对湿度呈现两端高、中间低的梯度变化。空气温湿度在垂直于林带走向方向上形成了水热势能梯度，影响带间水平方向上的水热输送及循环。林带对地温在不同时间有不同的作用，白天地表降温，夜间保温（王君厚，1998）。

（七）柠条林地对植被群落的影响

在退化荒漠草原区，种植柠条林会增加林间植被物种数目，对退化荒漠草原具有显著的生态恢复效应（李淑君等，2014）。柠条林地对林间植被群落的结构影响较大，林地内形成土壤水肥条件良好的植物生存小生境，有利于草本植物在灌丛内的定居和恢复，也为新物种出现提供了良好的环境（韩天丰等，2009）。研究表明，建立不同种植密度的柠条林后，植被群落结构发生了很大的变化，一些一年生的先锋植物首先侵入，随着柠条龄林的增加，物种数量、植被盖度增加，林间草本植物群落经历了由简单到复杂的演变过程。在宁夏盐池荒漠草原地区不同林龄柠条林地进行的3年连续监测发现，林间植被的变化较复杂，不同林龄柠条林间植物物种多样性存在显著差异，其中物种数、高度、密度和丰富度指数、多样性和优势度指数在中龄林阶段显著恢复，但之后快速下降，盖度、生物量和均匀度指数则相对稳定。自然恢复地的狗尾草、虫实、猪毛菜为主要优势种，重要值分别达到了35.47、34.04、10.03。建林18年，种植密度为3 330丛/hm^2（4m带间距）的柠条林间植物群落以白草、沙蒿、狗尾草为主，重要值分别达到了48%、20.96%、12.88%。2 490丛hm^2（7m带间距）则以白草、沙蒿为优势种，重要值分别达到了60.63%、18.79%。1 660丛/hm^2（7m带间距）逐步演替为草木樨状黄芪、白草为主的优势种，重要值分别达到了29.27%、19.25%。群落的植被盖度则以2 490丛/hm^2（7m带间距）、1 660丛/hm^2（10m带间距）的较高，分别达到了86.17%和80.33%，3 330丛/hm^2（4m带间距）最低为64.17，比自然恢复地低13.28%。另有研究表明，柠条进入荒漠草原退化草地近40年内，林间植被数量特征和多样性水平恢复趋势整体并不明确（杨新国等，2015）。柠条林龄和季节更替二者共同的交互作用，会影响林间草本植被的季节变化特征（刘任涛等，2014）。不同的种植密度也会对林间植被产生影响，适宜的种植带距能增大林间植被盖度和地上生物量，提高植被群落的稳定性（徐荣，2004）。

第三章　柠条林的营造

第一节　柠条造林研究进展

一、柠条林适宜种植区域

柠条的大部分树种自然分布于我国干旱、半干旱、半湿润地区的荒漠、半荒漠以及草原地区，即我国的“三北”地区。这些地区一般自然条件恶劣，造林难度大，但由于柠条经受了长期自然选择的考验，已成为“三北”地区的乡土树种，可以适应“三北”地区的自然条件，造林成活率很高。各地实践经验表明，一般柠条在土壤等条件得到满足的情况下，年降水量在300mm以上的区域生长茂盛，生物量大，在年降水150~300mm的区域可以正常生长。但在无效降水多的年份，仅能维持生命，生物量很小或者会出现死亡现象。在降水量150mm以下的地区，仅在地下水位高或有灌溉条件的区域才能生长。不同的种在不同地区的生长差异很大，因此搞好区域规划，因地制宜，适地适树，按照不同的立地条件类型进行造林设计，很有必要。

牛西午（1999）根据西北地区自然环境条件的差异，将柠条造林大致区划为以下3大片：①北部草原片：贺兰山—乌鞘岭一线以东，黄土高原以北的内蒙古高原草原带，造林目的以草场改良保护为主，应选择小叶锦鸡儿、中间锦鸡儿为主要栽培种。②中部黄土区：即广大的黄土高原地区，这一地区降水量400~500mm，雨热同期，是柠条最适宜的生长区域，造林目的在于保持水土控制沙化，解决“三料”，扩大牧场等，这一地区各种锦鸡儿均可种植，但以小叶锦鸡儿、中间锦鸡儿、树锦鸡儿等为主。③西北荒漠区：贺兰山—乌鞘岭一线以西，昆仑山以北，包括祁连山地、柴达木盆地在内的地区，这一地区年水量在150mm左右，沙漠、戈壁分布广，自然条件严酷，造林目的主要在治理沙漠、保护绿洲，应选择抗逆性、特别是抗旱性最强的种作为栽培种，以选择柠条为好。

二、柠条造林密度研究

（一）造林密度与水分平衡关系的研究

在干旱地区，水分条件是影响植物成活、生长发育及植被恢复的最主要限制因子。由于植物在生长过程中的耗水量和栽植密度不同，人工柠条林建植后土壤水分的变化也有明显的差异。在林分生长过程中保持水分平衡，既是改善干旱地区生态环境的基本要求，也是固沙林持续稳定、健康生长的保证。土壤水分的植被承载力核心问题是在确保土壤水分不亏缺的条件下所能支撑的植被量。因此，根据土壤水分平衡确定合理的造林密度，对干旱地区植被生态建设具有十分重要的现实意义。

阿拉木萨（2006）根据水分平衡理论研究认为：科尔沁沙地人工小叶锦鸡儿灌丛在生长季节，其土壤水分含量随着栽植密度的增大而下降，0. 5m×1m 和1m×2m 密度植被区平均土壤含水量低于凋萎湿度（1. 55%），而 2m×2m 密度植被和天然小叶锦鸡儿植被的平均土壤含水量则保持在 1. 60%以上，能够满足植被生长的需求。蒸散量则随着植被密度的增大而增大，0. 5m×1m 密度灌丛区最高，占同期降水量的 97. 90%，2m×2m 密度最低，生长期末期土壤水分结余为24. 79mm。潘占兵（2004）对宁夏盐池地区不同种植密度的柠条林土壤水分进行研究认为种植密度不同土壤贮水量明显不同，并认为针对盐池干旱风沙区，柠条林种植适宜密度为 7m 或大于 7m 为宜。陈云云（2004）发现，柠条的种植密度严重影响林下土壤的水分含量。人工种植柠条带距为 7～10m 时，对土壤贮水量影响不大，土壤水分处于积蓄状态。张玉珍认为，柠条造林密度应控制在4 500～5 000丛/hm^2为宜，否则会因林内水分严重亏损导致植株生长不良，甚至死亡。彭文栋（2010）认为柠条带距从 11. 5m 减少到 6. 8m 时，第 5 年在 30～60cm 土层中形成一个水分亏损区，随着带距减小，土壤水分亏损区向 70cm 土层深度发展，而且土壤水分亏损更加严重。在宁夏盐池干旱风沙区，营造适宜密度的人工柠条林（1 665丛/hm^2，2 490丛/hm^2），在宁夏盐池荒漠化草原进行退耕还林，带距应在 15m 或更宽为宜，柠条株数控制在 750 ~ 1 650 株/hm^2 为宜。杨洪晓（2010）在内蒙古四子王旗的研究结果表明：林带间距的宽窄影响林带间隙草本群落的恢复过程，过窄或过宽的带间距都不利于林带间隙草本群落的恢复进程。林带间隙内不同距离草本群落的恢复效果符合高斯模型，当林带间距介于 16~28m 时，林带对草本群落的修复作用能够达到最佳状态。就行带式柠条锦鸡儿林来说，最好将林带间距控制在 16~28m。

潘占兵（2004）对宁夏盐池风沙区不同种植密度的柠条林的土壤水分进行了定位观测，结果表明：从表层到深层（0~100cm）土壤含水量递增，种植密度不同，土壤贮水量明显不同，随着密度的增加而降低；在同一种植密度下，土壤水分随着距离柠条带的增加而显著增加。徐荣（2004）根据实测数据对宁夏干旱风沙区退化草场在带状种植柠条后的水分平衡规律进行了研究，认为种植柠条的草地蒸散量比自然恢复草地大，而且随着柠条密度的增大，蒸散量增大。王鸣远（2004）通过确立沙地土壤水分消退规律和土壤实际蒸散量的数量关系，建立了沙地土壤根际水分消耗模型，并认为界定灌木林的造林密度和营林密度（3~5 年生），应当以生长季多年平均降水量或不同设计频率的降水量与灌木林实际蒸腾量之间的水分平衡关系来确定。同时，该研究首次确立了沙地灌木林的密度公式，并对沙柳和杨柴两种灌木林的密度进行了计算。

在半干旱黄土丘陵地区，植物生长的限制因子是水分，尤其指土壤水分，林分密度对土壤水分的影响进一步影响植物生长。在黄土丘陵干旱半干旱地区，密度对土壤水分的影响仅次于降水，且密度对于水分紧缺地区具有重要意义，目前关于植物密度对土壤水分影响的研究已经引起广泛的关注。宁婷（2014）对黄土丘陵地区柠条林进行研究发现最适初值密度是 72 株/m^2，贾海坤等（2005）研究了皇甫川流域植被盖度与土壤水分的关系，认为坡度小于 10°时，适宜盖度对坡度反应敏感；大于 10°时，适宜盖度对坡度反应不敏感。

干旱地区土壤水来源有限，因此解决植被水分供需矛盾的可行途径就是合理控制植被密度。马增旺（2015）认为造林密度的增加会导致土壤含水量的下降，原因在于沙化地区植被的增加会提高植物对土壤水分的消耗，使土壤水分处于亏损状态。蒋德明（2013）针对我国部分地区固沙成林出现早衰甚至枯死的问题，对固沙林地水分平衡特征和基于水分平衡的沙地合理造林密度研究进行了论述，得出在沙地植被恢复中，应根据立地条件的空间异质性，对水分循环规律进行量化研究，从而选择适宜的抗旱植物和栽植密度，并根据固沙林的防风固沙效益和土壤水分平衡确定其合理的生态密度。因此，合理的造林密度应该是既能充分利用当地水分资源，又不至于造成土壤的干化，确保固沙林能正常生长并具有良好的防护作用。同时，土壤水分循环与平衡是一个动态的变化过程，涉及土壤、植被、气象等多方面的因素，因此对水分平衡的研究也不应仅仅局限在土壤含水量的变化，而应结合土壤学、植物生理学和气象学等多学科的综合交叉，通过长期的动态监测，进行更为深入地研究，从而为确定合理的造林密度提供更坚实的理论基础。

（二）造林密度与土壤质量的关系研究

土壤质量这一名词在20世纪70年代就出现在土壤学文献中，到21世纪初已被频繁引用并成为国际土壤学研究的热点。土壤质量是指土壤肥力质量、土壤环境质量和土壤健康质量3方面的综合量度。其中，土壤肥力质量是土壤提供植物养分和生产生物物质的能力；土壤环境质量是土壤容纳、吸收和降解各种环境污染物的能力；土壤健康质量是土壤影响或促进人类和动植物健康的能力。土壤质量概念的引入能帮助我们全面的理解土壤，也有助于我们更好的评价人为管理措施和土地利用对土壤的影响。土壤质量的好坏取决于土地的利用方式、生态系统类型、地理位置、土壤类型及土壤内部各种特征的相互作用。对于土壤质量的研究与评价通过土壤质量指标来完成。土壤质量指标主要包括其物理化学指标和生物学指标，而生物学指标中应用最多的是土壤微生物指标。

土地沙漠化是造成土壤质量下降的最严重的形式之一。对于一个严重退化的生态系统，搞好植被建设是解决现实问题的根本途径。而在生态系统的恢复过程中，土壤质量则是评价其恢复程度的一个重要方面。土壤是森林内物质循环的重要组成部分，土壤质量直接受到林内光、热、水及林木根系对土壤营养物质的吸收利用等方面的影响，而这些因素与造林密度密切相关。土壤质量在受到林分密度影响的同时又会影响林木的生长。因此，研究沙化土地造林密度与土壤质量的关系对促进生态系统的恢复起着重要的作用。

王占军（2005）研究了毛乌素沙地不同种植密度的柠条林对土壤结构的影响，结果表明，随着柠条带间距的增加，土壤的物理性质得到了极大地改善，容重逐渐减小，土壤的毛管孔隙度、总孔隙度、透气性、排水能力则呈增加的趋势，其中10m带距（最大带距）的增幅最大。该研究认为，营建人工柠条林能够明显改善宁夏干旱风沙区土壤的肥力状况，不同密度林分0~100cm土层的土壤有机质均值由大到小依次为：1 665株/hm^2、2 490株/hm^2、退化沙地、3 330株/hm^2，土壤全氮含量由大到小依次为：1 665株/hm^2、2 490株/hm^2、3 330株/hm^2、退化沙地，密度为1 665株/hm^{2}柠条林对土壤体积质量的改善主要在20~60cm土层，而2 490株/hm^{2}和3 330株/hm^{2}则主要在20~100cm土层。赵娜（2009）研究了浑善达克沙地榆树密度与土壤养分的关系，结果表明，土壤的pH值和养分含量（土壤有机质和速效氮、磷、钾）的分布状况是榆树密集区大于稀疏区大于零星分布区。该研究认为在沙地植被恢复的过程中，植被对土壤养分的消耗作用远远小于对养分的补给作用，即植被对沙地土壤养分有很好的改良作用。舒维花（2012）用稀释平板法研究了3种不同种植密度的人工柠条林和封育沙地土壤微生物的分布特征，认为在植被恢复过程中，适度的人工柠条林密度能够增加林带间的植物覆盖，而林下凋落物的增加能够改善土壤的养分含量，地下根系分泌物和腐殖质为土壤微生物提供营养和能量，有利于微生物的生长和繁殖，但随着植被密度的增加，植被与微生物对营养资源的竞争会加剧，微生物的数量显著下降，不利于改善土壤质量，因此，合理的种植密度是改良退化沙地必须考虑的因素。

在沙化土地进行人工造林能够明显改善土壤的理化性质，然而对于不同造林密度与土壤质量的关系，因林分种类及研究地区的不同，研究结果也会有所不同。植被类型不同，林下枯落物的数量与组成，以及土壤中的根系分布也会有所不同；而研究地区不同，土壤类型和温度、湿度也会有所不同，影响着土壤生物的数量和活性，进而制约着凋落物和有机质的分解和释放养分的速率。因此，学者对不同地区不同林分的造林密度与土壤质量的关系研究结果也会有所不同。

（三）造林密度与林木生长量的关系研究

林木的生长反映着在一定的立地条件下，林木各项生长指标随着年龄的变化过程，它涉及林分组成树木的高度生长、胸径生长、树冠生长和材积生长等。植物的生长主要受内在生物学特性和外界环境因子的影响。在生长过程中，植物需要一定的光照条件和生长空间，并不断地从外界获得水分和养分以实现生物量的积累。林分中单株木对生长空间和营养的需求会随着生长发育的过程而逐渐扩大，因此，植被密度的增加便会导致林木个体之间对生长资源的竞争，从而使单株木的生长量和林分蓄积量发生变化。

人工固沙林营建于风沙土上，普遍存在土壤水分条件差、养分贫瘠等问题，因此，选择合适的造林密度对提高人工固沙林的稳定性有着重要意义。杨文斌（1994）密度对柠条固沙林的生长规律和生物量影响很大，密度为67株/100m^{2}的柠条林中，地径、株高和生物量等均较密度为17株/100m^{2}和100株/100m^{2}高，叶量多，所占比重适中，长势良好。因而接近67株/100m^{2}的密度为柠条固沙林的适宜密度。移小勇（2006）对科尔沁沙地不同种植密度的樟子松林的生长状况进行研究，发现样地内林木的死亡率随林地密度的加大呈幂函数关系增加，林木的平均死亡年龄、最早死亡年龄、冠幅、树高和胸径随林地密度的增加而减小，枯梢林木的比例在高密度的样地里较大；研究认为对于较高密度的林地，应间伐一些生长状况差的林木，使林木密度保持在一个合理的范围。

在半干旱黄土丘陵地区，植物生长的限制因子是水分，尤其指土壤水分，林分密度对土壤水分的影响进一步影响植物生长，林分密度变化对植物生长影响吸引了大量研究。谌红辉（2011）认为密度对植物高生长有影响，但比较弱；王春胜（2013）认为密度对植物高生长无影响，对胸径影响显著；童书振（2002）研究认为密度与高生长呈负相关关系，林分密度越大，高生长表现越差；徐勃（2002）研究认为树木高生长随着密度的增大而增加，两者是正相关关系。也有研究认为对株高和基径均有影响，但对基径影响更大一些。张文文（2015）柠条密度变化对株高与基径的影响与林龄有关。密度增加对1~3年生柠条株高起促进作用，从第4年开始密度过高会抑制株高生长；1~5年生柠条密度越高基径生长越好；10~12 年生柠条密度过高过低均会抑制其株高与基径生长。柠条生长初期不同密度小区生长差异不显著，随着林龄增加不同密度生长差异逐渐显著。在实际营林过程中，经常通过一些人为的、主动干预的措施，使得整个森林林木在最佳密度条件下生长，以便提供我们期望中的最高木材产量或者是发挥其最大的森林防护效益和作用。

因此，合理调整林分密度能够促进林木的生长。一般来说，降低林分密度，使林木个体之间对生长空间及土壤水分、养分的竞争减弱，而林内良好的光照也会增强树冠的活力及其光合作用，从而促进个体的迅速生长。马增旺（2015）认为，降低林分密度，在促进单株木生长、提高单株材积的同时，也减小了单位面积的林木株数。对于相同的立地条件和特定的树种，在林分充分郁闭的前提下，林分蓄积量受种群密度的影响达到一定。随着时间的增长，不同密度的林分单位蓄积量会趋于相同，符合“最终产量恒定定律”。

（四）造林密度与防护功能的关系研究

近年来，不少学者对固沙植被区的防护功能进行了研究。对人工固沙林防护效果的评价主要集中在防风功能和固沙功能两个方面。防风功能主要以林内风速的大小为评价指标，而固沙功能主要以输沙率（量），即风沙流在单位时间内通过单位宽度或单位面积所搬运的沙量为评价指标。李自珍（1997）对植物固沙效益进行综合评判时，将治沙效果分为地表粗糙度、植被覆盖率和地表植物景观指数等 3 个指标，并认为造林时应选择合适的造林密度，调节植被覆盖率使固沙植被达到最佳生长状态；地表应具有一定的粗糙度，从而达到良好的固沙效果；同时，地表植被景观指数高，生态效益好。

人工固沙林防风固沙是其主要的经营目标。一个稳定的人工固沙林生态系统，不仅仅要能够持续健康的存在，同时也要发挥其应有的生态防护功能。功能稳定性是人工固沙林的功能目标和价值体现。人工固沙林可以降低林内风速，阻挡风沙流，减少输沙量，从而有效防止风蚀的危害。植被的防风固沙功能主要受两方面的限制，一是单株的纵断面积及其枝条稠密程度，二是植株密度。当植株密度较高时，植被可以削弱地表的风力，并起到隔离风沙流和沙面的作用，同时植被的根系对沙子也有一定的固结作用。凌裕泉（2003）研究认为，不同植株密度的输沙率均与有效起沙风速成正比关系，增大植株密度会有效降低风速，而输沙率也会随着植株密度的增加而有序减小，当平均输沙率减小到流沙表面的50%左右时，此时的植株密度即为具有防沙作用的临界植株密度。对于尚不足以防止风沙危害的稀疏天然植被，只要适当补充乡土树种就能达到防沙功能。谢燕（2008）在对陕北榆林风沙区护岸林进行生态效益研究时发现，随着护岸林疏透度的减小，气流输沙量明显减少，而防风效能得到提高；在紧密型林带结构的护岸林内，无论是输沙量，还是1倍树高和5倍树高处的防风效果都是最好，且有叶期和无叶期的防风效能差值也较小；在防风固沙方面，植株密度其实就是植被盖度问题，植株密度越大，植被盖度越高。程浩（2007）对塔里木河下游不同覆盖度灌木的防风固沙功能进行研究，通过实地观测和建立模型，认为灌木覆盖度越高，降低风速作用越明显；当风速一定时，植被覆盖度越高，输沙率越低；只要达到一定的覆盖度，就可以保证风蚀输沙率基本忽略不计。

林分密度对林木的生长均会产生很大的影响，林分密度过稀过疏时，不仅是会影响森林木材的数量，同时也会影响森林木材的质量。此外，也并不是说森林林分密度越大就越好。或者说是越高就越好，林分密度过大造成的后果可能由于林木之间的竞争，会产生抑制林木生长的现象。只有使林分处于一种合理的密度且最大限度地利用了其生长所占有的空间等资源时，才能够使得林分提供量多、质高的木材及充分地发挥森林的作用和防护效益。

对于较低植被覆盖度的人工固沙林能否起到有效的防风固沙功能，也有学者进行了相关研究。杨文斌（2008）针对覆盖度为18%~20%的灌木固沙疏林，通过风洞试验模拟了不同水平配置格局的风力侵蚀机理和固沙效果，在不同风速时，行带式内吹风出现风蚀的时间最晚，程度最弱，风速为10m/s时，30min后不出现风蚀，而等株行距和随机模式则较早出现风蚀，风速为15m/s时，出现强风沙流。杨红艳（2007）研究了毛乌素沙地低密度下油蒿群丛配置与防风效果的关系，认为单行带式配置的油蒿群丛的防风效果比同覆盖度（20%左右）随机分布的油蒿群丛高出20.6%，且连续完整的行带组合对风速的阻碍和降低表现出明显的累加作用；行带式模式内形成相对规整、波浪状的风速流场结构，而随机分布的固沙群丛内则形成有多个风影区和风速加速区组合的非常复杂的流场结构，等株行距的位于二者之间。姜丽娜（2009）针对内蒙古自治区呼和浩特市和林格尔县不同配置的柠条锦鸡儿人工林，结果表明：宽的带间距带内物种丰富度与物种多样性和均匀度以及其生物量变化曲线呈现了两个高峰，出现在距柠条带6~8m，而窄的带间距带内只有一个高峰。因此，该地区柠条带宽度为12~16m可以使其带内的草本物种多样性和生物量达到最大。贾海坤（2005）通过比较不同立地条件下的土壤水分动态，研究了典型柠条林地土壤水分与植被盖度、坡向和坡度之间的关系，并得出了它们之间的关系式，得到平地上柠条的适宜植被盖度为40%，同时结合上述关系式，得出了不同坡度、坡向的适宜密度。坡度小于10°时，适宜造林密度对坡度反应敏感，在10°~30°时，适宜盖度对坡度反应不敏感。对于小于10°的坡地，植被建设时要特别注意设计合理的植被密度。

较高的植被密度能够有效发挥防风固沙的防护功能。然而，在沙化地区，有限的水资源却只能承载地表一定的植被密度，密度过高则易引起土壤的干化。因此，在沙化地区造林过程中，应综合考虑各种因素，选择合理的造林密度，保证人工固沙林在持续健康生存的前提下，高效地发挥其生态防护功能。因此，提高人工固沙林的林分密度或植被覆盖度能够有效发挥防风固沙功能，且林分密度或覆盖度越大，防护功能越显著。而对于低密度或植被覆盖度的人工固沙林，通过合理的空间结构配置，也能够有效的生态防护功能。在干旱半干旱的沙化地区，土壤水分条件往往制约着地表的植被覆盖度不会很高。因此，如何在较低的林分密度下，通过合理的方式造林提高人工固沙林的防护功能应是以后研究的重点。

（五）造林密度与水土保持的关系研究

水土保持林是以防止与调节地表径流，控制水土流失，保护、改良与合理利用山区、丘陵区水土资源，维护和提高土地生产力，保障水利设施安全，最大限度地发挥水土资源的经济效益和社会效益为经营目的的森林。水土保持林的功能主要体现在通过树冠和树干的截流，降低降水的势能，从而减小降水对地表的溅蚀；通过林下植被及枯枝落叶层降低地表径流的动能，从而减小径流对地表的侵蚀。那么从生物产量的角度考虑，林分生物量越大，其涵水保土功能越强。水土保持林要求迅速覆盖地表，尽早发挥生态效益，因此要适当采取较大造林密度，但必须充分考虑干旱、半干旱地区水分限制，尤其是在黄土高原确定造林密度时，应当以降水资源环境容量为基础，考虑不同树种的蒸腾需求、造林技术措施对降水的再分配强度和林木实际水分利用效率，综合比较，以维持林木正常生长发育的最适水量平衡为条件来确定造林密度。柠条水土保持林的功能表现如下。

1. 调节降水和地表径流

通过灌木层对天然降水的截留，改变降落在林地上的降水形式，削弱降水强度和其冲击地面的能量。枯枝落叶层截留作用减弱的降水动能达到大气降水总动能的5.6%~13.0%，透过枯枝落叶层所削弱的降水动能可将透过灌木草本层的降水动能全部削减。同时，枯枝落叶层能以其较大的地表粗糙度降低径流流速，减少地表径流量，增加土壤入渗量。

2. 固持土壤

水土保持林的根系可使土壤在外力作用下，抵抗剪切的强度增强，且因为这些根系在土壤中交织穿插，可提高土壤的固土抗冲能力，起到减免滑坡、崩塌等危害的作用。

古君龙（2010）以盐池县中间锦鸡儿为研究对象，有73.4%的降水以穿透雨的形式进入中间锦鸡儿灌丛下的土壤中，有8.4%的降水以径流的形式进入中间锦鸡儿灌丛的基部土壤，有18.2%的降水被截留损失。李衍青（2010）以科尔沁沙地小叶锦鸡儿为研究对象，穿透雨量、径流量和截留量分别占总降水量的70.9%、4.0%和25.1%。在降水量相近的区域，中间锦鸡儿与柠条锦鸡儿区别不大，相对于物种的形态差异，降水量在冠层降水分配格局中的作用更大。牛小桃（2019）在榆林观测36次降水中，穿透雨量占总降水量的73.7%，累计茎干流量占总降水量的7.9%。降水量小于30mm时，雨水穿透率和径流率随降水量增加迅速增加，但降水量大于30mm时，随降水量增加，冠层对穿透雨和茎干流的影响开始减小，雨水穿透率和径流率的变幅不大，并趋于稳定在80%和10%左右。张腊梅（2014）以科尔沁沙地小叶锦鸡儿为研究对象，小叶锦鸡儿灌丛穿透雨量占同期降水量的76.80%，穿透雨量大小在灌丛不同部位表现出“根际处<1/2冠幅处<冠幅边缘”的特征。王新平（2004）在腾格里沙漠东南缘沙坡头地区研究结果：盖度达30%的柠条群落，当单株植物投影面积平均为4 070cm^{2}时，其冠层截留容量约为0.3mm，群落截留损失水量平均占年降水量的17%。当

降水强度<0.5mm/h 时，冠层截留水分与总降水量的比率随着降水强度的增加均呈明显的下降趋势；降水强度>1mm/h，柠条冠层截留与总降水量的比率基本稳定在 0.2~0.3。

赵程亮（2008）研究表明人工造林不同类型林地的土壤物理性质在不同程度上得到了改良，尤其是表层土壤改良程度最大，有林地在 60cm 林木根系生长层，土壤密度有随深度增加而增加的趋势，促进了林木根系活动层土壤熟化，凋落物向表层土壤的输入，增加土壤的有效养分供应，降低土壤密度，减小林木根系生长的阻力，逐步改善土壤的通气状况。

刘艳琦（2018）采用土力学与材料力学原理及研究方法，结果表明在 1~1.5mm 代表根径级范围内，小叶锦鸡儿在生长初期（25.63%）和生长旺盛期（20.86%）极限延伸率值均最大，小叶锦鸡儿具有较好的抗拉伸变形能力。植物种间根—土界面抗剪强度增长率和黏聚力增长率值大小顺序一致为：小叶锦鸡儿>沙棘>羊柴>沙打旺>紫花苜蓿。刘亚斌（2017）柠条锦鸡儿主根在拉拔摩擦过程中的作用主要表现在提供根—土间静摩擦力，侧根在拉拔摩擦过程的作用则主要表现在增大根—土间最大静摩擦力、根—土间最大摩擦力以及与根—土间最大摩擦力所对应的位移值。李华坦（2016）利用柠条锦鸡儿与细茎冰草、垂穗披碱草混播的边坡 a 层（0~20cm）根—土复合体黏聚力分别为 19.5kPa、18.9kPa，均较相同条件下单播边坡 a 层复合体黏聚力大；柠条锦鸡儿分别与细茎冰草、垂穗披碱草混播边坡 b 层黏聚力增幅为 29.17%~34.72%；边坡 c 层土体黏聚力增幅相对不及 a 层、b 层显著，表明草本只是起到浅层加筋作用，灌木则起到深部锚固作用。张冠华（2009）在陕西安塞对柠条群落坡面产流产沙特征研究。柠条群落覆盖对坡面水土流失具有明显的抑制作用，与对照裸地相比，平均径流率比对照减少 29.2%，输沙率比对照减少 58.0%，柠条削减径流作用明显弱于减沙作用。同时，柠条群落覆盖减少了土壤有机质、全磷、全氮流失量，但却增加了铵态氮流失量。与对照裸地相比，有机质、全磷、全氮流失量分别平均减少了 33.7%、65.8%和 29.8%，铵态氮流失量平均增加了 22%。

郭忠升（2009）在黄土丘陵半干旱区宁夏固原上试验区，对相同立地条件的 16 年生人工柠条林进行疏伐，建立不同密度林地，进行林分密度、森林植被水土保持效益和土壤水分关系的定位实验。通过研究可以发现，随着密度的增加，基径、地表径流及其泥沙含量减小，而林冠盖度、林冠截留量增加。密度与基径为线性关系、与盖度和地表径流为对数关系、与林冠截留量为指数关系，地表径流的含沙量和密度关系可用倒“S”形曲线进行描述。虽然密度越大、盖度越大，水土保持效益越显著，但是受土壤水资源的限制，人工林或恢复植被应该有一个最大限度，研究区人工柠条林最大恢复限度为盖度0.8，这个盖度就是柠条林恢复的限度。超过这个限度，就会恶化森林生态系统土壤水环境，出现或加剧土壤旱化。

三、不同措施造林效果研究

（一）不同整地时间对成活率、保存率及高生长量的影响

张志刚（2017）在造林前一年秋季整地（表3-1），进行3种措施造林，研究表明：营养袋苗造林成活率、保存率及高生长量最高，直播苗次之，裸根苗最低。造林当年春季整地，营养袋苗造林成活率、保存率及高生长量最高，直播苗次之，裸根苗最低。但是，3种造林方法就整地时间对造林成活率、保存率及高生长量的影响比较，造林前一年秋季整地的苗木成活率、保存率及高生长量高于造林当年春季整地。原因是在造林前一年秋季进行整地，可使造林地的土壤水分状况更好地得到改善，植物残体更充分地分解，有利于造林苗木的成活和生长。而造林当年春季整地与栽植或直播同时进行，对立地条件的改善作用较小。

表3-1　不同季节不同方式造林统计

措施	指标	春季	夏季	秋季	平均
营养袋苗	成活率（%）	98.00	96.00	98.00	97.33
	保存率（%）	96.00	93.00	95.00	94.67
	生长（cm）	36.00	23.00	18.00	25.67
裸根苗	成活率（%）	56.00	46.00	62.00	54.67
	保存率（%）	50.00	39.00	44.00	44.33
	生长（cm）	25.00	12.00	12.00	16.33

（续表）

措施	指标	春季	夏季	秋季	平均
种子直播	成活率（%）	67.00	63.00	66.00	65.33
	保存率（%）	60.00	55.00	47.00	54.00
	生长（cm）	22.00	13.00	14.00	16.33

资料来源：（张志刚，2017）

（二）不同整地方式对成活率、保存率及高生长量的影响

不同的整地方式对地表径流的临界作用是不一样的。不论是反坡台整地的地块，还是鱼鳞坑整地的地块，营养袋苗造林成活率、保存率及高生长量最高，分别为98%、96%、36cm；直播苗次之分别为82%、70%、30cm，裸根苗最低分别为72%、58%、23cm。在相同的自然条件和管理水平下，反坡台整地的地块造林成活率、保存率及高生长量优于鱼鳞坑整地的地块。以营养袋苗为例：反坡台整地造林比鱼鳞坑整地造林成活率高6%，保存率高8%，高生长量高11cm。

（三）不同造林季节对成活率、保存率及高生长量的影响

造林是季节性很强的一项工作，何时造林最合适，应根据当地的气候条件和种苗特点来确定（张志刚，2017）。合适的造林季节应该是种苗具有较强的发芽生根能力，且易于保持幼苗内部水分平衡的时间。不论是春季造林、雨季造林、还是秋季造林，营养袋苗造林成活率、保存率及高生长量最高，直播苗次之，裸根苗最低。由高到低依次排序为春季造林>雨季造林>秋季造林。

（四）不同措施造林效果

郭小丽（2019）在毛乌素沙地西南缘，采用二年生柠条种苗，采用5种不同处理造林，结果表明：柠条当年成活率差异较大，园艺地布覆盖成活率最高（92.8%），地膜覆盖（91.4%）、GGR－7蘸根（87.6%）、ABT1号蘸根（86.2%），而对照成活率仅为81.4%。翌年保存率分别为91.9%、90.4%、87.6%、85.7%、80.5%。王玉霞（2018）采用不同措施在干旱区造林，鱼鳞坑覆膜3~5年生柠条人工林的多年平均高生长速率在5.53~13.7cm/a；微坡状水平阶（侧膜覆盖）3~4年生柠条人工林平均高生长速率在12.25~20.75cm/a。

四、不同立地类型造林效果研究

王孟本（2001）研究认为：林分坡向和坡位对林地土壤水分具有一定影响。林分相同时，阴坡林地的土壤水分含量高于阳坡。阴坡柠条灌木林土壤水分含量比阳坡高 0.77%~1.01%。坡向和林分相同时，坡下部林地的土壤水分含量相当于、略高于或明显高于坡上部和中部。不同坡位林地的土壤水分含量高低不仅同地方降水量和林分有关，还同坡度和坡长等因素有关。王玉霞（2018）在兰州研究结果表明：从坡向上比较，半阳坡、阳坡、阴坡的多年平均高生长速率分别为 8.5~10.7cm/a、6.9~11.62cm/a 和 6.38~9.8cm/a，总体是半阴坡、半阳坡>阳坡>阴坡；三年生的微坡状水平阶—侧膜覆盖柠条人工林为例，阳坡生物量较阴坡提高 89.08%；从生长动态比较，造林第三年阴坡生长量明显加快。郭小丽（2019）不同立地类型对柠条造林成活率的影响，在平台地、阳坡地、阴坡不同立地条件下造林成活率差异较大，其中平台地成活率（87.1%）、高生长（99cm）均高于阴坡地（成活率 85.7%；高生长 92cm），而阴坡地又高于阳坡地（成活率 80.5%；高生长 86cm）。

张宏世（2014）通过对浑善达克沙地实验地 4 种立地类型柠条播种苗的实际跟踪调查（表 3-2），初步摸清了柠条在该区域的生长表现。调查结果表明：4 种立地类型下按生长状况由好到次的顺序排列是：流动沙丘>半固定沙丘>风蚀沟>丘间低地，物种间的竞争是影响当年生柠条播种苗生长好坏的最主要原因。

表 3-2　柠条播种苗出苗率及生长调查

立地条件	有苗率（%）	成活率（%）	苗高（cm）	根长（cm）
流动沙丘	99.0	94.0	9.6	25.7
半固定沙丘	98.7	93.0	9.1	24.3
丘间低地	96.7	91.0	6.1	16.4
风蚀沟	98.7	92.7	8.8	17.6

资料来源：（张宏世，2014）

黄海霞（2013）在兰州北山研究表明：随着坡度和海拔的增加，柠条的生长受到不同程度的限制，坡度的限制作用更明显，与缓坡相比，陡坡的柠条株高、基径、丛枝数和冠幅分别下降了 13.7%、9.3%、16.2%和 11.5%。阴坡、半阴坡的柠条长势较阳坡、半阳坡好，前者的株高、基径、丛枝数和冠幅平均高出后者 15.8%、7.8%、24.0%和 10.8%。坡向对柠条的生长影响最为明显，其次为坡度，海拔最小。不同坡向和坡度的土壤水分差别较大，表现为阴坡、半阴坡的缓坡和斜坡的水分条件相对较好，有利于柠条的生长；柠条主要分布区海拔范围变化较小，对土壤水分和养分的再分配作用没有明显地表现出来。

五、柠条造林土壤水分研究

柠条适合在年降水量小于 250mm 的半干旱地区生长，但在干旱条件下，柠条不能通过天然降水得到足够的水分供应，必须吸收深层的土壤水分。因此，当土壤表层的水分不能满足蒸腾耗水的需要时，柠条只有从深层土壤吸收水分，才能增加其抗旱能力，一般生长到中龄期的根系分布深度达 10m 左右，大量吸收和利用深层土壤水分，最终导致土壤干层的形成。

在生态环境中，水和生命紧密相关。植物器官的生理活动旺盛时，细胞中原生质含水量较高，而细胞含水量减少时，原生质胶体由流动的溶胶状，变成半固定凝胶状，随之生理活动减弱，因此，土壤含水率必须达到一定极值，植物体器官才能存活，当水分达到另一个极值时株体器官开始发育。章中（1994）认为柠条直播造林土壤含水率临界值为 13%，其生态幅度为 10%~26%（图 3-1）。根据土壤水热条件和大田造林实践，柠条直播造林可在 4 月中旬至 7 月（雨季）进行，此间水热条

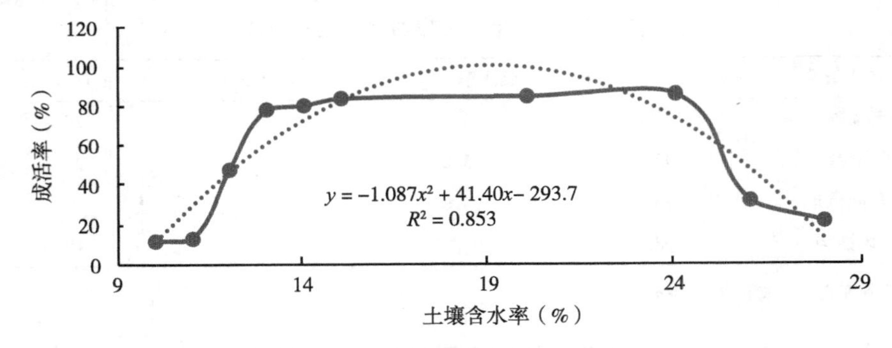

图 3-1　土壤含水量与柠条成活率

件均能满足苗木生长要求。余峰（2011）在盐池县开展了常用旱作造林树种柠条、花棒、杨柴3种灌木裸根苗植苗试验。结果表明：当沙地土壤含水量≤5.5%时，3种灌木旱作植苗造林成活率及苗木生长受土壤含水量影响较大，不适宜造林；当土壤含水量≥9.32%时造林，3种灌木植苗造林成活率可以达到造林标准，苗木高生长虽然随土壤含水量的增加，有所提高，但受土壤水分影响的程度不再明显。所以，植苗造林、直播造林必须在土壤含水率达到一定极值才能进行，掌握了树种造林时的土壤水分临界值，是造林成功和抚育管理的重要理论依据。

六、低覆盖度固沙林

（一）近自然植被覆盖度

沙区固沙林建设，应降低固沙林密度，以维护其持续稳定性。适宜密度的林分即可充分利用水分资源，又不会造成土壤干旱胁迫现象。近些年，按照近自然林业的思路，提出了低覆盖度治沙理论，即按照自然植被的覆盖度，通过改变植被的分布格局达到固定流沙的目的，最为典型的代表即是低覆盖度行带式固沙林，宽的自然植被恢复带保证了带间植被的恢复。同时，低覆盖度固沙林的覆盖度是与当地自然植被覆盖度相同，保证了在雨养条件下植被的稳定性，达到了即能够固定流沙又能够维持水量平衡的目的。低覆盖度固沙打破了固有思维，开拓了低覆盖度下完全固定流沙的新领域。

（二）生态用水优势

低覆盖度固沙林具有生态用水优势，有深层渗漏水补给地下水，能够有效利用有限的水资源。其中，低覆盖度行带式固沙林的水分利用机制是：从边行向外侧形成一个由低向高的含水量梯度，能够形成一个土壤水分主要利用带及其外侧的高含水率土壤水分渗漏补给带；其中土壤水分主要利用带是林分形成边行优势的重要水分条件，土壤水分渗漏补给带有降水渗漏补给深层或者地下水，在极端干旱年份，水分渗漏补给带通过侧向补给水分主要利用带，确保固沙林渡过极端干旱年份，这也是低覆盖度治沙的水文学理论。例如，低覆盖度行带式赤峰杨固沙林，存在着距林带0~8m、16~25m的两个土壤水分主要利用带及带间8~16m的渗漏补给带，且渗漏补给带对降水的敏感程度高、水分损失量小，补给带与渗漏带之间存在水量交换过程，这也是行带式格局对水分调控的具体表现。

（三）半干旱区固沙林

柠条适宜的土壤水分范围为10.3%~15.2%，土壤水合补偿点（接近于凋萎系数）为4.0%；风沙土上生长的柠条土壤含水量“经济水阈”大约在4.5%，“生命水阈”大约在3.5%。毛乌素沙地两行一带覆盖度为38.9%（2 820株/hm^2）的柠条人工林生长季水分损失总量大于生长季降水总量，降水不能够满足柠条生长季水分消耗。宁夏河东沙地柠条林0~100cm土壤物理性质、水分参数、土壤水分入渗特征都表现出低密度林分高于高密度；营造2 490株/hm^2或1 665株/hm^2密度的柠条林能充分利用天然降水，获得较高的生物产量。腾格里沙漠沙坡头地区正常降水年份，7 500株/hm^2的柠条人工林蒸散水量大于降水量，占同期降水的131.8%，柠条蒸腾量占蒸散量的43.4%。

（四）亚湿润干旱区固沙林

通过对科尔沁沙地盖度60%（17年）、40%（9年）、15%（5年）的小叶锦鸡儿土壤水分研究表明：小叶锦鸡儿人工林灌丛土壤含水量明显低于流动沙丘，随着小叶锦鸡儿的生长，土壤水分明显下降，年龄较大覆盖度较大的灌丛土壤含水量最低；小叶锦鸡儿人工林丘间地（3 800株/hm^2）土壤水分条件最好，丘中（3 000株/hm^2）次之，丘上（2 700株/hm^2）最低。密度为1m×1m的11年生、22年生小叶锦鸡儿土壤含水量较低，垂直分布上呈下降趋势，绝大多数土层含水量低于1.5%，土壤水分状况较差。1m×2m密度群落、1m×0.5m密度群落土壤水分状况较差，整个生长季节土壤含水量低于小叶锦鸡儿凋萎湿度，植物生长处于缺水状态，严重影响植被群落的稳定性。在半干旱地区的盐池沙地，小叶锦鸡儿维持叶片水分利用效率最高时的土壤含水量为11.0%，适宜生长的土壤水分范围是6.2%~11.0%。

七、造林密度的确定原则和方法

（一）确定造林密度的原则

1. 根据造林目的

造林的目的比较多样化，不同目的下采用的造林密度是不同的，以生态防护林、农田防护林以及用材林为例，生态防护林起到的是保护水土，改善环境的作用，要尽量加大造林密度，使之尽早成林；农田防护林是在农田周围设置的林带，密度要小一些，这样才不会影响到农作物的生长；用材林的密度要求则不好确定，在林木的生长阶段应不断调整，确保林木能够保持良好的生长态势。

2. 根据造林立地条件

立地条件好的造林地具有地势平坦、土壤肥沃的特点，对于柠条林木生长大有助益；反之，若造林地的立地条件差且存在水土流失的现象，林木生长将会大受阻碍。若造林地属于前者，需要缩小造林密度，增加林木产量；若造林地属于后者，那么造林密度就应该稍大一些，以提高林木抵御自然灾害的能力。值得注意的是，干旱贫瘠的土壤中水分和养料都是固定的，通过降低造林密度可以保证更多的林木成活。

3. 根据造林技术

造林技术之于林木生长的作用不容忽视，技术和设施都比较成熟的林区，能够及时发现和处理林木生长中遇到的各类实际问题，可缩小造林密度，减轻工作人员对林木养护的工作量，提高生产效益。在技术设施落后的造林地，造林密度要大点，以保证幼林及时郁闭，发挥应有的效益。

（二）确定造林密度的方法

在信息时代背景下，造林密度的确定方法越来越多元化，给工作人员提供了更多的选择，在具体工作中需要工作人员能够凭借自身丰富的工作经验，结合相关数据来设计科学合理的造林密度，较为常用的方法有试验法、调查法、图表法。试验法是选取不同的立地条件，通过用不同密度来进行造林试验，以确定合适的造林密度；调查法是通过调查现有林分密度、各项生长指标等，采用统计分析的方法，得出密度效应规律和有关参数；图表法是在现有研究基础上，查阅各个地区的主要造林树种的密度管理图表。这些方法都有着一定的缺陷和不足，需要工作人员加以改进和完善。

综上所述，造林密度对林木生长有着多角度、多层面的影响，需要引起工作人员的重视，不断在造林工作中积累经验，选择科学的方法确定造林密度，为不同类型林创造适宜其生长的环境，以强化造林工作效果，扩大造林工作的综合效益，从而促进林业产业的可持续发展。

第二节 柠条造林技术

一、柠条造林设计

柠条对土壤要求不严，在石质山地、黄土丘陵、沙地、沙漠均能生长，且枝叶茂密，能很好地覆盖地表，根系发达，能紧紧地固结土壤，所以可营造水土保持林、固沙林。

（一）固沙林设计

适于固定沙地、半固定沙地、沙化草地等。采取穴状或带状造林，穴状造林每亩不得少于167株，带状造林，带宽一般2~4m，带间距一般为7~10m。

（二）水土保持林设计

适于山坡地、丘陵坡地、坡顶、沟头、地畔等。采取穴状或带状造林，一般333株/亩，但在坡顶、沟头、地畔地段，应增加造林密度，每亩444~666株/亩。

（三）农田防护林设计

在干旱地区或旱坡地营造农田防护林，柠条可作为林带两侧的灌木，各设计一行，株距1~1.5m。在梯田埂上造林，可起到保持水土、强固田埂的作用。

二、柠条育苗技术

（一）整地作床

3月上旬至4月上旬，育苗地应选择平坦、光照充足、无盐碱、有排灌条件的地段。根据苗木数量确定育苗面积，做好苗床。育苗地最好秋季深翻，苗床深度为16cm，床底要求平整无石块、杂草。床做好后再用锹浅翻一次，并施足底肥农家肥5 000kg。同时撒施硫酸亚铁5kg/亩，播前2~3天浇足底水。

（二）播种

种子质量要求净度≥85%，发芽率≥85%。播种前用30℃水浸种12~24h，换水 2~3 次。柠条育苗春季、夏季均可进行，春季宜在 4 月底至 5 月上旬进行；夏季在 7 月上旬。一般采取条播，行距 20~25cm，沟深 3~4cm，条幅 5~6cm；播后覆土 2~3cm，播种量在 13~15kg/亩。

（三）苗期管理

苗木出齐前不宜漫灌，若苗床过干可适当洒水浅灌改善土壤墒情。苗高 10cm 后，宜酌情早晚灌溉，同时应进行初次松土、锄草，以后再锄 1~2 次。出苗一个月后，分 3 次追速效氮肥，每隔 20 天 1 次，每次 250~300kg/hm^2。最后一次施肥不得晚于 8 月上旬。及时间苗，去除弱苗、病苗和小苗。苗木密度控制在 80 万~100万株/hm^2。

（四）容器育苗

容器选择。宜用直径 5~7cm、高 12~15cm 的无底降解性塑料或纸质容器袋。

基质配制。壤土 60%、黏土 30%、有机肥 10%，或泥炭土、烧土、耕作土各 1/3，充分整细和匀即可。

基质消毒。基质采用五氯硝基苯+代森锌 100g/m^3或福美砷 200g/m^3，将药制成药土与基质搅拌均匀，堆焖 2~3d 即可。

种子处理。原则使用国标一级精选籽粒饱满种子，播种前将种子用 45℃温水浸泡 12~24h，使种子充分吸水。然后捞出用 2%高锰酸钾溶液浸泡 30min 消毒备用。

（五）苗木出圃

根据《柠条播种育苗技术规程》（LY/T 2628—2016）要求，合格苗木质量分级表（表 3-3）：柠条 1 年生苗地径达 0. 5cm 左右，苗高 40cm 左右便可出苗造林。起苗时要浇足底水，保持根系完整。按照此方法造林，成活率高，见效快、成本低，是提高森林覆盖率，固沙保土的好办法。

起苗后，若苗木不能立即造林或外运时，应及时假植。秋季起苗、翌春栽培的苗木，应将苗捆打开，根系均匀覆上湿土、压实，在温度-4~4℃、空气相对湿度≥85%的环境下贮藏。

表 3-3　一年生柠条播种苗质量分级

苗龄	Ⅰ级苗				Ⅱ级苗				综合控制指标	Ⅰ、Ⅱ级苗百分率（%）
	地径（cm）	苗高（cm）	根系		地径（cm）	苗高（cm）	根系			
			长度（cm）	>5cm 的Ⅰ级侧根数			长度（cm）	>5cm 的Ⅰ级侧根数		
1~0	>0.50	>50	20	>6	0.30~0.50	30~50	20	4~6	无病虫害	85

资料来源：《柠条播种育苗技术规程（LY/T 2628—2016）》

三、宁夏中部干旱带柠条造林方式

造林方式主要为植苗造林和播种造林，由于气候与经济条件的限制，植苗造林手段只能采用人工裸根栽植，而直播种造林可采用条播、穴播。

（一）柠条播种造林技术

柠条种子通常具有发芽与成林快的特点，在生态营林工程中多采用种子穴播和直播方式造林。该方式的优点主要有：节省播种时间、简化播种流程、凸显抢墒播种的功效。加之，在雨季播种时，幼苗易因雨水较少或者干旱等情况，而出现吊死的情况，所以在播种之后，要密切注意天气变化，使幼苗在生长过程中可以经历两场透雨，以加快苗木的生长速度。

1. 整地

整地一般在播种前一年进行，最好在 7—9 月雨季水量多的时机整地，通常采用带状整地，整地带宽为 3m，带距在 7~10m，梁坡地和缓坡丘陵地采取沿等高线带状整地。带宽 3m，每隔 7~10m 一带，整地深度 25cm，采用机械整地为最省工最快。

2. 种子处理

应选择饱满、均匀、具有光泽且颜色呈黄绿色或米黄色无病虫害的种子，千粒重需达到 35g 以上，要求柠条种子纯净度 95%以上，发芽率 90%以上，以提高其出苗和成活率。

3. 播种方式

双行带状机械直播：适应于平缓的退耕地、撂荒地及荒滩地，选择“两行一带”种植模式，行距为 1m，带距 7~10m，成林后盖度可达 40%~50%，亩用种量0.6～1kg。造林使用柠条点播机或农用播种机播种，抢时抢墒。播种时留两个播种腿，宽度调整为1m，调节下种量及开沟覆土深度，双行直播。播种深度应视土壤墒情而定。墒好可浅，墒差则深。

人工双行“品”字形穴播，此法多用宁夏中部干旱带风沙区柠条播种造林中，株行距1m×1m，带间距7～10m，雨后抢墒播种，用脚踩实，起到镇压作用，每穴播10左右粒柠条种子（发芽率需大于40%，可保全苗），也可采用坐水点播造林，具体方法是在每个穴内浇5kg水，待水渗入后播种。为防止病虫害、鼠害，在播前将农药与柠条种子拌匀。种植深度为3～5cm，种植过深，种子顶不开土、芽色发黄，直至最后枯死。穴播下种集中，能提高种子的群体顶土能力，其出苗率可达84%，而种子分散的出苗率不足60%。

4. 抚育管理

从播种到出苗大约需要7～15d，因此，补播时间应选择在出苗期结束后即后15d以后进行，过早，部分幼苗仍在出土，会造成“闪芽”现象。柠条在播种当年入冬前株高仅8～10cm，第2年40cm，若家畜啃食，柠条苗可被连根拔起。所以，播区幼苗出土前应进行围封禁牧，禁牧期在3年以上。

（二）植苗造林

植苗造林通常都是在早春时节进行幼苗栽植的，且通常会选用一年生苗，以提高树苗的成活率。同时在栽植的过程中，幼苗尽可能使用沙壤土，禁止在黏土或含碱量较高的土壤中实施种植。栽植的流程为：利用平床育苗的方式进行苗床的整理，为后续的条播创造条件；之后再利用开沟器进行沟槽的挖掘，保证沟槽的深度和间距；然后将幼苗栽植进去，并覆盖相应的土层，稍微镇压。通常情况下，使用该种方式实施柠条的栽植，在播种前是不需要催芽操作的。此外，在利用容器育苗时，应采用低床，确保装土后的容器袋与地面平齐；在播种后，要对容器实行润湿处理，维持土层和容器袋的湿润度，为幼苗成长提供创造一个良好的环境。柠条植苗造林通常在春季使用裸根苗造林，但在雨季用育苗对缺苗断垄处进行补植也是完成造林任务的一种好方法。

1. 苗木选择及处理

植苗造林应把握好以下几点。一是选好苗木：选用一年生苗，苗木生长均衡，苗根 20~25cm；苗木过高、苗根过长的可截根，要采取苗木保湿措施，起苗时浇水，运输时喷水，栽植前假植。也可采用抗旱保水剂，使用前将保水剂和两倍量的细土加拌成稀糊状，蘸根栽植，使用抗旱保水剂可提高成活率 15%~25%。

2. 整地

在梁坡地植苗造林，通常在头一年夏、秋雨季沿等高线带状整地，次年春季造林。整地带宽为 3m，带距在 7~10m，整深度 25cm，采用机械整地。退耕地和风蚀沙化地植苗造林可一边整地一边穴状整地造林，株行距按照灌木造林要求采用 1m×1m，穴状整地规格为 40cm×40cm×40cm。

3. 苗木栽植

植苗造林时首先将地表层干沙去掉，然后按小坑垂直壁栽法，具体方法为垂直挖坑 40cm 深，坑底宽 15cm，坑口宽 30cm，坑的一面垂直，种植时将柠条苗靠近坑壁原土，按“三埋两踩一提苗”的工序填土踏实，再覆上干沙土保墒。隙植法也是柠条植苗造林较常用的方法。其方法为，先铲除地表干沙层，用植树锹垂直插入地下，用手前后推动锹把，做成口宽 10cm，深 50cm 的缝隙；将树苗根系置于缝隙中，轻轻抖动苗木，使苗木根系舒展；再将锹插入距植树缝 10cm 处，深度大于植树缝的深度，向前推锹把，使土紧紧挤住树苗，最后用脚踏实。由于沙区干旱风大，土壤疏松，土壤水分蒸发快，因此，植苗造林必须在 40cm 以下，才能将根系全部放入湿土中，避免土壤风干至根系处，造成苗木缺水死亡。每穴植苗 1~2 株，要求苗干挺直，根系舒展，深栽而不窝根，气候干时坚持浇水。

4. 苗期管理

柠条造林后极易遭受人畜破坏，所以一定要加强管护，实行林地禁封保护。造林 1~3 年内要进行抚育。为防止引起风蚀沙化，一般采取局部抚育，即根据整地方式采取带状或穴状抚育，进行除草，防止杂草与苗木对水肥的竞争。

四、半干旱地区造林技术

（一）柠条直播造林

在降水适宜、条件较好的地区多采用直播造林。

1. 立地条件

（1）穴播造林

适用于坡度15°~30°，水土流失程度较轻，土层厚度不小于20cm，土层不连续，有岩石裸露，带状整地、全面整地困难的造林地。

（2）机械播种造林

适用于坡度小于15°、土层厚度不小于30cm、土层不连续的坡耕地或平坦荒地。

2. 分区造林模式

（1）黄土丘陵区种植

一是在黄土丘陵区平缓坡地、退耕地可采用犁沟点播法。沿等高线用犁从下而上，每隔1.5m连翻二犁，在犁沟半坡上每隔1.3m挖穴点种子20~30粒，覆土3cm为宜。

二是在黄土丘陵区陡坡、梁峁顶、沟坡采用鱼鳞坑点播法。沿等高线从下而上，按株行距各1m，挖深20~30cm、宽30cm、长50cm（长边顺着等高线）的穴，再在穴下做一小土垄，点种子于坡上。每穴播种子20~30粒，覆土3cm即可，“品”字形排列。

三是在黄土丘陵区农田地埂营造防护林带时采用条状密播法。先沿等高线每隔2m挖一长30cm，宽、深各20cm的浅沟，疏松土壤，清除杂草，然后开深3~4cm，长20~25cm的播种沟，进行条播，覆土3cm即可。带间距离1m，上下“品”字形排列，两行为宜。

四是在黄土丘陵区沟底、低洼地采用堆土法。从上而下沿等高线按株行距各1.3m，呈“品”字形挖长、宽、深各30~50cm的坑，在坑中间搂起10~15cm，宽20cm的馒头状土堆，在堆上挖3~5cm小穴，每穴播种子20~30粒，覆土3cm即可。

（2）土石山区种植

一是在东北部土石山区缓坡地一般采用鱼鳞坑点播法。沿等高线从上而上，按株行距各1m，长50cm、宽30cm、深20cm的穴，点种子于坡上，每穴播种子20~30粒，覆土3cm即可，呈“品”字形排列。

二是在东北部土石山区陡坡地采用穴播法，不需提前整地，播种时按 1.3m×1.3m 的株行距，“品”字形挖深 4~5cm，长宽各 10~15cm 的穴，每穴内放 20~30 粒种子，覆土 3cm，稍加镇压。

3. 整地

（1）整地的作用

在适地适树的前提下，科学合理整地是解决土壤干旱的措施之一，而整地时间和整地方式直接关系到土壤含水量的多少，影响着苗木的成活率和生长造林前整地具有疏松土壤、改善土壤的水分、养分、温度、通透性等作用，能够全面改善土壤的理化性能，增强有机质的分解和蓄水保墒。造林整地的主要作用是改善幼苗生长的立地条件，从而提高造林成活率和促进幼林生长，同时也可使造林施工容易进行。黄土高原丘陵沟壑区土壤一般为壤土，质地较密，通透性较弱，渗透率较低，容易形成地表径流。通过预先整地，使造林地土壤疏松，改善土壤的通透性，切断土壤毛细导管，减少水分蒸发，同时更多的接纳天然降水，改善土壤的水分状况。

（2）整地方式

一是全面整地。对造林地进行全面耕翻，深度 30cm。全面整地有利于彻底清除杂草，松土面积较大，便于机械化播种造林作业和林草间作，但用工多、投资大。

二是局部整地。指对造林地采用带状或块状整地，达到局部改善立地条件的效果。局部整地具有省工、灵活而且水土保持效果较好的特点。山旱区播种造林主要采用鱼鳞坑整地和带状犁沟整地。鱼鳞坑整地：沿等高线按规划设计的株行距（2m×3m），挖深 40cm、长 40cm、宽 40cm 的穴，同时回填 10cm 的阳土，将坑内挖出的余土置于坑的下边缘，呈“半月”鳞状土埂，待雨季来临前进行穴播造林。带状犁沟整地：在退耕地和平缓的还林荒坡，按规划设计的株行距沿等高线从上而下，每 5m 用犁进行带状整地，整地深度 25cm、宽度 50cm。在整地的过程中，也可同时撒播，并稍加镇压即可。

（3）整地时间

不论全面整地还是局部整地，都是保证抗旱效果、提高造林成活率的关键环节。一般情况下，整地要在造林的前一年伏天或当年造林前进行，这样可以彻底清除杂草，增加土壤肥力，也可以蓄水保墒，有利于翌年播种造林，提高造林成活率。

4. 种子处理

选用成熟、饱满、无病虫害、纯度 90%以上的柠条种子，用柠条直播造林，种子易遭地下害虫为害，播前可对种子进行药物处理。对柠条种子全部使用种子包衣剂进行了包衣。包衣剂内含有杀虫、杀菌剂和微量元素，被种子吸收后，起到了杀虫、杀菌、增加幼苗生长所需养分的作用。

5. 播种时间

在半干旱地区，柠条从春到夏都可播种，但以雨季抢墒播种最好，雨季来临前 5~7d，时间一般为 4 月下旬到 6 月中下旬，这时气温高，湿度大，出苗快而整齐。

6. 造林方式

（1）机械播种造林

采用农用播种机，播种深度一般在 3cm 左右，通常实行两行一带式，行距 1m、带间距 8m，根据种子的发芽率，每亩播种量确定为 0. 5~1kg。

（2）穴状播种造林

在雨季来临前或进入雨季，进行人工点播，每穴播 20~30 粒。将种子放置于鱼鳞坑的下边缘，防止因水冲刷使种子裸露或覆土加厚，影响出苗率。覆土厚度控制在 2~3cm，稍微镇压即可。

（3）犁耕带状播种造林

可在雨季采用边耕翻整地、边撒播种子的方法，即在犁耕的土埂半坡边撒播种子，边覆土、边镇压，覆土不超过 3cm。

7. 抚育管理

柠条播种后 3 年内，幼苗生长缓慢，其间应严禁人畜践踏和放牧，护根养根，促进萌发。柠条造林后，极易遭受人畜破坏，所以一定要加强管护，实行林地封禁保护。山旱区雨季播种造林技术进一步丰富和完善了原有播种造林技术，尤其在采取蓄水保墒措施以应对干旱自然环境方面有所突破，取得了良好的推广效果，并在山旱区植被恢复、改善当地生态环境和群众的生存环境、遏制水土流失、增加森林资源总量等方面起到了积极的作用。

（二）植苗造林

南部山区柠条基本方法同中部干旱带植苗造林方法。

1. 造林季节

柠条植苗造林最好用 1~2 年生苗，春季栽植要掌握适时早栽，地解冻后就可进行在春、秋旱象严重，或秋、冬气温过低地区，可采取截干造林的办法。

2. 栽植方法

黄土丘陵沟壑区气候干旱，降水量偏少，这对柠条的成活、生长起着重要的遏抑作用。有效途径是造林前采取蓄水保墒整地措施一般采用鱼鳞坑或水平阶整地办法。地形破碎的荒坡及陡坡，采用鱼鳞坑整地，沿等高线“品”字形配置。苗木要栽在坑内斜坡的中部。地形较完整的荒坡，可采用水平阶整地造林。由于栽植柠条的荒坡立地条件差，土壤干旱，因此栽植时要适当深栽。一般栽植深度至少要在 30cm 以下。柠条植苗造林易成活，且操作技术简单，一定要按技术要求严格把关。栽植时要做到“三埋二踩一提苗”，苗干端直，根系舒展、踏实。

五、沙区低覆盖度柠条复合造林

根据杨文斌等（2016）和梁海荣（2010）等研究，在沙区开展低覆盖度造林，以防风固沙、修复退化土地为目标，从提高水分利用率、植被稳定性和加快修复速度为出发点，在控制成林覆盖度在 15%~25%的前提下，营造人工造林占地 15%~25%、空留 75%~85%土地为植被自然修复带的固沙林，在确保完全固定流沙和林木健康生长的条件下，形成能够促进土壤与植被快速修复的乔、灌、草复层植被，构成低覆盖度防沙治沙体系。

（一）半干旱区低覆盖度固沙体系典型设计

1. “两行一带”配置模式

该模式适用于半干旱区流动沙丘、半流动沙丘等多种立地类型，根据区域特点选择合适的固沙乔、灌木树种，进行造林，乔木株距 3~4m，行距 4~6m，灌木株距以 2~3m、行距 3~5m 为宜，带间距一般为 12~40m。

2. “两行一带”乔、灌混交配置模式

半干旱区较平缓的流沙区可选择低覆盖度“两行一带”乔、灌混交配置模式，根据具体的立地类型、立地条件、环境特点选择适宜的灌木树种，进行混交配置，建议选择一带乔木、一带灌木的混交配置或是多带乔木、多带灌木的配置，特别注意乔、灌木树种搭配设置，乔木株距3~4m、行距4~6m，灌木株距以2~3m、行距3~5m为宜，带间距可根据不同树种搭配的具体情况而定，一般为12~40m。带间撒播种植紫花苜蓿、甘草等，水分条件好的地区可根据当地的条件种植经济树种或作物，或者带间自然修复植被的效果也是非常好的。

3. “两行一带”农林复合配置模式

在半干旱区水分好的沙地，可以实行农林兼作，采用低覆盖度“两行一带”式营造固沙林，在固沙林间间作农作物或经济作物，实现农林有机结合，达到生态、经济、社会效益的统一。因此在该地区也可选择“两行一带”农林复合配置模式，固沙林带间距为30~40m，株距3~4m、行距4~6m，固沙林地建成后，既可作为防风固沙林，也可作为农田防护林，在固沙林带间可种植农作物。

4. “三行/四行一带”配置模式

半干旱区水分条件好的地区，也可选择“三行/四行一带”配置模式，树种选择为乔木，一般株距3~4m，行距4~6m为宜，带间距一般为15~40m，也可根据具体立地条件和风沙状况设置混交模式，选择灌木以“两行一带”混交为宜。

（二）干旱区低覆盖度固沙体系典型设计

1. “单行一带”复合沙障配置模式

干旱区营建低覆盖度固沙体系重点是考虑植物的适应性，配合灌溉，保证植物存活，需要考虑到造林成本、灌溉成本及灌溉的可行性。在干旱区流动沙丘上，首先可以考虑“单行一带”造林模式，在设置固沙林前需铺设沙障，根据实际情况设置1m×1m，2m×2m，3m×3m方格机械沙障或者4m的行带式沙障固定流沙，其次在沙障方格内营建固沙林（灌木/半灌木），不同的树种选择不同的带间距，为5~28m。

2. “两行一带”配置模式

干旱区较平缓流沙区可选择低覆盖度“两行一带”配置模式，“两行一带”是低覆盖度固沙体系最常用的行带式配置方式，可应用于流沙区、半流动沙区。该模式根据具体情况营建纯林或混交林。乔木株距以3~4m为宜，行距4~6m，灌木株距以2~3m，行距3~5m为宜；带间距可根据不同树种搭配的具体情况而定，一般为12~40m；造林初期可进行沟灌或穴灌，保证造林成活率。

（三）极端干旱区低覆盖度固沙体系典型设计

1. “单行一带”复合沙障配置模式

极端干旱区营建低覆盖度固沙体系重点是灌溉，必须考虑到造林成本、灌溉成本及灌溉的可行性。低覆盖度固沙林体系从整体上节省了造林成本和灌溉成本。在流动沙丘上，首先可以考虑“单行一带”造林模式，造林树种选择灌木或半灌木，在设置固沙林前需铺设沙障，在沙障方格内营建固沙林，不同的树种选择不同的带间距，范围设置为半灌木5~12m，灌木12~28m，株距为1~3m。适用于腾格里沙漠及周边类似流沙区。

2. “两行一带”配置模式

极端干旱区较平缓的流沙区可选择低覆盖度“两行一带”配置模式，集合灌溉设置防风固沙林。根据具体情况营造纯林或混交林，株距以2m为宜，行距3~5m；带间距一般为12~40m；行间设置灌溉设施，可进行沟灌或滴灌，这样既减少了生态用水，又提高了灌溉水的使用效率。

（四）混种栽植

在西部干旱和半干旱区域内开展柠条造林，一定要结合区域特征合理选择种植技术，保证柠条的成活率，进而增强该区域的造林效果，为该地生态环境的良性发展提供帮助。柠条可以与超积累植物进行混合栽种，且根据实际情况对其带宽和间距进行适当的调整。同时在柠条栽种过程中，注意其比较喜欢光照较好的区域，尤其是山沟地带其生长最为茂盛。另外在柠条造林过程中，一定要有效预防和控制病虫害，以免影响幼苗的生长。

六、柠条种子采集

（一）采种母株的选择

在天然林或人工林中，选择生长旺盛、无病虫害感染的盛果期植株进行采种。病虫害严重的植株不应作为采种母株。

（二）种子成熟度的鉴别

鉴别种子成熟度是柠条采种工作的重要环节，采种早种子不成熟，种子生活力弱，影响种子发芽和早期生长；种子成熟后不及时采集，荚果炸裂种子落地，采种产量降低，特别是在种子成熟期如遇暴雨，荚皮一湿，更易爆裂，造成种子减产。因此，必须掌握种子的成熟度，其成熟的主要标志：一是荚果皮变硬稍干；二是种子无浆并能分成豆粒，呈现出种子成熟所固有的色泽和光泽。

（三）适时采种

种子成熟期因柠条品种不同和各地地理位置、自然条件不同而不同，同一地方不同地形的植株以及同一株上不同方向的种子成熟期也有差异。宁夏中部干旱区柠条成熟期为6月下旬至7月中旬。种子成熟后应立即组织人力突击采收、采种时先采阳坡、后采阴坡；同一植株先采东南方向，然后采西北方向。大量种子成熟集中在3~4d，也有少量种子断断续续地成熟，为保证采种产量，这些种子也应陆续采集。

（四）种子质量

一般亩产种子5kg左右，经营管理好的可达50kg。优良的种子呈黄绿色或米黄色，有光泽，纯度可达90%以上。千粒重35~37g，种子27 000~28 000粒/kg。当年的种子发芽率90%左右，存放3年种皮变暗灰色，开始离皮，发芽率下降到30%左右，4年后则失去发芽能力。

（五）制种

柠条种实极易遭到柠条豆象、柠条小蜂等害虫危害。柠条豆象以幼虫危害荚果和种子。一般荚果被害率为30%~40%，种子被害率为10%~20%，被害种子的胚多被破坏。大部分只留空壳，丧失发芽力。防治方法有花期防治和杀灭种子中的害虫。因花期防治用药、用工费用较高，且难以普遍实施，所以以杀灭种子中的害虫为主。防治方法有：①无虫、纯净的种子千粒重为35~37g，而有豆象的种子千粒重仅23~26g。因此。可先用风扇、簸箕选种，再用1%的食盐水浸选，捞出漂浮的种子，集中焚毁，但对下沉的种子要用清水洗净，以免影响发芽。②把种子装入口袋内，集中在一个封闭较好的房屋里，用磷化铝片密封熏蒸，每3~4片/m^2，熏蒸时间为72h以上。

七、柠条病虫害防治研究

（一）柠条常见害虫及其危害

柠条常见的害虫是柠条豆象、柠条种子小蜂和豆荚螟。其中前两种害虫目前研究主要集中在形态特征、生物学特性及经验性防治措施的提出方面。豆荚螟主要研究针对粮食作物，但是在作物上和柠条林上的生态生物学特性是不同的。在内蒙古的东西两个地区调查虫害研究得出，东部地区柠条种子小蜂发生的严重程度高于西部地区，西部地区豆荚螟和柠条豆象的发生率高于东部地区，害虫蔓延范围随着柠条种植面积扩大而扩大，在内蒙古杭锦旗试验区，3种柠条上总虫害率的大小依次为：小叶锦鸡儿>中间锦鸡儿>柠条锦鸡儿。害虫对于柠条的为害程度是很严重的。姚国君等对柠条种子小蜂的虫害率进行了统计得出，发现荚受害率达40%~68.2%，种子受害率达2%~46.7%（姚国君，1996）。刘春和对内蒙古地区的柠条种子虫害率做了调查，结果表明：柠条种子小蜂的为害率为4.8%，柠条豆象的为害率为4.7%~5.8%（刘春和，1992）。杨彩霞等对宁夏盐池地区的三种柠条种实害虫进行了调查研究，经整理和分类鉴定，已知柠条昆虫有10目36科53种，其中4种为该植物国内新纪录，并对害虫的生长发生规律、为害情况等进行了初步分析，最后提出了害虫成虫的防治方法（杨彩霞，2000）。

柠条昆虫资源主要分布于河东沙地，包括鄂尔多斯西南缘与腾格里东部二大沙区（吴福祯，1964；孙宏义，1998）。对柠条常年造成为害的主要有柠条蚜、刺槐蚜、柠条木虱、柠条黑角蝉、柠条异盲蝽、柠条植盲蝽、柠条麦蛾、柠条种子小蜂、沙枣毒蛾9种害虫，在不同生长季对该植物造成交替为害。

由于近年来柠条的大量繁殖，在柠条中经常发现柠条的种子受到虫害，各种害虫的为害已导致种子产量显著减少。种子虫害降低了柠条种子的千粒重，对内蒙古地区的12份种子试样进行测定，每千粒种子因虫害损失掉的重量是3.12g，按鄂尔多斯市柠条种子价格标准和年产柠条种子100万kg计算，一年的虫害籽粒造成的经济损失约117.90万。种子虫害使柠条种子发芽率降低，发芽率降低随着柠条种子遭受虫害的频率增高而增加，其中豆荚螟和柠条种子小蜂降低柠条种子发芽率，柠条豆象对柠条种子发芽率几乎没有影响；虫害会啃食柠条种子，造成种子残缺，丧失种子活力，虫害还会使得种子的蛋白质、粗脂肪和可溶性酶的含量降低，降低种子质量和自身的抗病性。

（二）柠条病虫害防治技术研究

贺泽帅对柠条种实害虫的天敌多样性及物种数的空间变异研究表明，逻辑模型的A1C值最低，是最优模型。在增加面积的过程中，物种数量和多样性指数逐渐增加，在5 000m^2时物种数量最大，这表明锦鸡儿属的寄生性天敌取决于规模的变化。在柠条种实害虫-天敌的空间分布格局中得出，它具有一定的尺度效应，其空间随采样尺度的变化而变化（贺泽帅，2019）。

害虫综合治理作为一项防治害虫的基本战略，在我国也已有30年的历史（马世骏，1976）。始终围绕“预防为主，综合防治”的治理方针，用最少的化学杀虫剂控制最多的害虫，现阶段，在丹麦、荷兰等国，已将化学农药的总用量减少了50%~75%（Pimental，1997）。同纬度的美国，已将不断上升的化学杀虫剂用量得到很好的控制。而我国一直都有在实践中积极响应方针，但是还没有获得过显著的成效，按相同的用地面积计算化学杀虫剂用量，我国的用量是同情况下美国的2.6倍。在这一方面，我国还有很长的路要走。

尽管化学防治技术不是当前最绿色、最环保的方法，但是还没有一种方法可以完全替代化学品来控制农业、林业，尤其是流行性的病虫害。罗于洋（2005）对柠条种子害虫的田间药效试验表明，3种害虫成虫高峰期进行田间药效防治效果良好。

除了化学杀虫剂以外，研究者们通过逐渐掌握了分子生物学技术和信息技术之后，转基因抗虫植物已从实验室走向田间，并大面积推广应用。在1998年，全世界有9个国家在种植转基因抗虫作物：*Bt*抗虫玉米和*Bt*抗虫棉，同年我国也开始应用种植，在我国华北地区*Bt*抗虫棉种植一年后，种植面积已达总种植面积的50%以上（吴孔明，2000）。现在，*Bt*抗虫作物对目标害虫都得到了显著的控制，除了棉花和玉米这些作物之外，在水果和蔬菜上也得到了相应*Bt*基因的应用，同时植物自身的抗虫基因转入表达研究也在不断前进中，现有的包括蛋白酶抑制基因、植物血凝素基因、动物的神经毒素基因等都被成功转入到相应植物中。转基因抗虫植物与化学杀虫剂等技术相比，具有简便、高效、对天敌及环境较安全的突出优势。

信息技术还提供了许多方法。通过遥感监视，结合全球定位系统和地理信息系统，可以集成并彻底分析遥感信息，地理信息以及气候和天气信息，并建立有关迁徙性有害生物的发生和破坏的识别模型信息。为了揭示有害生物种群区域的发生规律，互联网可以实时预测和查看天气状况和有害生物发生率，及时进行监控处理。

在自然界，植物和植物害虫的天敌是陆地生物群落的重要组成部分。今天，它们已成为进化生态学和化学生态学研究的开创性领域，并且为寻找可持续的害虫防治方法奠定了重要的基础（戈峰，2011）。柠条种子害虫幼虫的寄生性天敌昆虫共4种：黑胸茧蜂、绒茧蜂、姬小蜂、探茧蜂。使用天敌控制害虫是一种安全有效的害虫控制方法。在农田生态系统中，天敌昆虫在控制害虫方面起着重要作用，因此，充分利用天敌对昆虫的自然控制非常重要（边文波，2016）。张峰研究发现，柠条天敌与害虫之间，豆象盾腹茧蜂和姬小蜂与害虫的重叠值最高，其中豆象盾腹茧蜂对柠条豆象的控制力最强（张锋，2015）。洪波等研究发现，黑胸茧蜂和豆荚螟的分布轨迹不仅对于柠条林之间的分布方式相同，而且也十分吻合的在单株柠条中（洪波，2009）。

因此，有效地控制柠条病虫害，是柠条种子生产行业的主要挑战之一。在建设柠条种子生产基地，种子生产的基础研究和田间管理技术研究的改良技术研究上，我们应加强对柠条种子病虫害的有效控制。

第四章　柠条平茬技术

第一节　柠条平茬研究现状

一、柠条资源利用存在的问题

（一）柠条林管理存在的问题

柠条的主要用途：第一，作为饲料。柠条多在干旱的山区、丘陵区和风沙地带，这些地区多是一些交通不便的地区，多饲养有牛、羊等草食动物，在未实行退耕还林以前，牛、羊的饲养主要依靠放牧，所以，柠条的利用方式主要是放牧利用。但是近年来，由于部分地区实施封山禁牧政策，使得柠条的利用率更低，造成大部分柠条资源的浪费。第二，作为燃料。大部分柠条均以燃料的形式利用。在生产落后的山区，农牧民主要依靠燃烧农作物秸秆、柠条，甚至大量砍伐其他天然林木来解决生活能源问题，这种利用方式较为粗放，同样也没有发挥出柠条灌木资源较高的经济价值。第三，在部分地区将柠条加工成栽培基质以及肥料，但在数量上所占比例很小，对柠条的利用起不到实质性的作用。

现阶段柠条的管护和利用方式都较为粗放，在一定程度上造成了柠条生态效益和经济效益低下，其中存在的问题主要有以下几个方面。第一，柠条主枝老化程度严重，利用率极低。牛、羊在放牧采食过程中主要采食柠条的细枝嫩叶，其他部分得不到充分利用。主枝由于得不到很好的采食利用，枝条便越来越粗，出现枝条老化现象。成林柠条中有50%以上的从未平过茬，30%～40%都已存在不同程度的老化，某些立地条件较好的地区，成林柠条地径粗度在 1.5cm 以上的占总成林柠条面积的 50%以上，部分地径甚至达到 4cm。由于地径过粗和木质化程度严重，给今后的平茬工作带来了很大的难度，明显降低了柠条原料的饲用价值。第二，成林柠条单位面积产量相差悬殊。成林即林龄在 5 年以上的柠条中单株鲜重为 0.6~25.5kg，单位面积鲜生物产量在同林龄间相差悬殊。而立地条件是决定柠条产量的决定性因素，其次是密度和林龄，此外，平茬间隔期也较明显地影响着柠条的产量。第三，传统的冷季平茬造成柠条的饲喂利用率低。经传统冷季平茬后得到的枝条大部分是纤维含量较高的枯枝，营养成分含量相对较低。这不仅使得宝贵的柠条资源得不到充分的利用而造成浪费，也使得当地的农牧民守着优良的饲用灌木资源却无法进行利用，造成禁牧舍饲后当地饲草料的严重短缺。

（二）传统平茬存在的问题

目前，大多数柠条饲用加工利用技术采用的原料是传统的秋末冬初平茬后的柠条，其饲用价值和经济价值不高。关于柠条平茬技术，大多数研究成果均是单纯地强调生态保护作用，且均为传统的冷季平茬技术。代表性成果有蔡继琨（2000）、邬玉明（2001）等发表的论文。其他人均强调冷季平茬的必要性和重要性。近年来，相关科研人员就平茬措施对柠条的影响进行了有益探索，方向文（2006）等认为，地上部分枝条去除后柠条具有一定的生殖补偿能力，郑士光（2010）等通过研究平茬措施对柠条根系的影响，认为平茬可以大幅度提高柠条根系的生长。左忠等（2005）对放牧柠条草场柠条平茬利用技术进行了研究，发现柠条在平茬后能够更新复壮，在短期内能获得较大的生物量，因此平茬是对柠条进行利用和更新复壮的有效途径（王玉魁，1999），在不同环境条件下柠条灌木林的平茬时间存在一定的差异，王世裕等（2011）认为柠条的平茬间隔期为35 年，柠条不同生育期各种成分的含量是不同的，平茬的时期要综合考虑柠条生育期，平茬目的和综合效益等，刘强和董宽虎（2005）等也认为：在结实期平茬柠条采用揉碎加工处理后，测定的柠条有机物质、粗蛋白质、中性洗涤纤维和酸性洗涤纤维的降解率与消化率均较高，平均日增重最高，成本最低，效益最好。

柠条在生长 6~8 年后，随着林龄的增加，柠条林普遍会出现林分衰老、生物量下降、林分老化等现象，其经济效益和生态效益不断下降。同时，生长年限较长的柠条，枝条变粗，木质化程度明显增高，生长势衰退，再生性能下降，抗逆性大大降低，极易遭受病虫危害，柠条林的经济效益、生态效益不断下降，在生产中，林业技术人员运用平茬措施对柠条进行更新复壮。国内外开发应用的柠条饲用产品也基本上都是以柠条的干枯枝条加工而成，该类饲草由于其自身的木质素含量高，可消化营养物质含量少，只能作为家畜果腹的低质粗饲料。根据柠条的生理特点，从开始萌芽到趋于成熟这个阶段，不宜进行平茬。有研究者发现：如在 9 月用砍刀进行平茬，植株仅有 21%的发芽率；如在 12 月在同一块地用砍刀进行平茬，其发芽率可达到 93%，年生长量也可达到 0.60m。柠条是萌生能力很强的树种。它在定植后第 4 年，萌生能力会增强，如果不及时进行平茬复壮，就会出现植株衰老、生长缓慢等现象。因而对柠条的平茬复壮势在必行。柠条冬季平茬，柠条已经完全停止生长，大量营养物质贮藏于根部，而树木根系又处于冻土层之内，因而剪除植株不会伤害到柠条的根系，从而有利于来年春季的萌发。如果在土壤解冻后再进行平茬，由于地表解冻，土壤质地疏松，容易造成大量根系死亡，从而影响平茬的效果。

综上所述，目前国内从事柠条方面的研究大多数是单一的提高生态性或经济性方面的研究，把柠条的平茬复壮和饲喂利用作为两个割裂的问题进行研究。而在实际生产中，由于存在柠条生态治理区农牧民生产生活方式与生态保护措施不同步、不协调的问题，单纯的生态治理而无经济效益的技术或单纯的经济发展而破坏生态环境的技术均无法在实际生产中实施。因此，进行柠条灌木地生长季刈割技术的研究是当前迫切需要解决的问题。柠条平茬后有明显的增产效应，并且平茬不会对生态环境造成破坏。对柠条资源的开发利用，大多数以单一地提高生态效益或经济效益，把柠条的平茬复壮和药用、饲用及生态价值等作为割裂的问题进行研究，单纯的生态治理而无经济效益的技术或单纯的经济发展而破坏生态环境的技术均无法在实际生产中实施。

（三）柠条生长季平茬的可行性

传统的柠条平茬研究表明，柠条的适宜平茬时间是在立冬后至翌年早春解冻之前进行，即冷季平茬，生长季严禁平茬。但是通过本试验对柠条生长季刈割关键技术及效果的全面系统的研究，可以得出结论：柠条可以在生长季进行刈割，并且刈割后其枝条的营养价值要高于传统的冷季刈割。生长季平茬技术，不仅不会影响柠条的生长，而且会增加柠条的嫩枝条和株丛的茂密度，可使灌木地的饲用价值大大增加，打破了只有在冷季平茬的传统做法。刘强等（2005）也认为：在结实期刈割柠条采用揉碎加工处理后，测定的柠条有机物质、粗蛋白质、中性洗涤纤维和酸性洗涤纤维的降解率与消化率均较高，平均日增重最高，成本最低，效益最好。柠条刈割后有明显的增产效应，并且柠条平茬不会对生态环境造成破坏。近年来关于柠条类植物营养特点及其营养物质含量的研究报道非常多，2000 年以后就有近百篇的相关文献。对这些文献归纳总结后，可以得出如下几点共同的特点：第一，营养研究主要集中在小叶锦鸡儿、柠条锦鸡儿、中间锦鸡儿、狭叶锦鸡儿等几种主要的造林用品种，该类研究文献约占柠条营养研究文献的 90%；第二，对营养物质含量的研究比较多，对其饲用特性研究的相对较少；第三，常规营养成分分析的占大多数，少部分研究涉及了氨基酸、微量元素、维生素等营养物质的分析。所以，生长季及时平茬，改善灌木草地的质量。为了充分发挥柠条林的防风固沙、水土保持等生态效益及经济效益，并达到柠条林的资源化利用，进行合理的平茬复壮显得尤为重要。对柠条林定期平茬可促进其稳定生长，从而保持灌木林生态功能的可持续性。一般在生长期内需要进行平茬、复壮和自然更新，得到的嫩绿枝条无论其营养物质含量，还是消化利用率都会远高于干枯枝条。经青贮、微贮等贮藏加工后更加适于作为家畜的饲料来源，并且可以解决当地冬季饲草不足等问题，使柠条成为生态治理区农牧民可用的饲草资源。

二、柠条平茬后再生长机制原理

柠条的地上组织被人为干预或遭到自然因素破坏后，首先引起的是植物体内激素含量的变化。由于柠条平茬后去掉一部分地上组织，导致其顶端优势会完全消失，从而使体内的细胞分裂素含量显著增加，有力地促进了细胞的分裂及侧芽萌发。同时，柠条平茬后还能促使植物体内酶活性显著提高，最终将根系储存的淀粉进行水解，为地上枝条的快速恢复提供必要的营养物质。平茬的作用机理在于：灌木栽植后，从土壤中吸收大量水分和养料，输送到枝干和叶片，通过光合作用制造养分，满足自身消耗后，将多余的养分运送至根部积累起来。到冬季，根部积累的养分达到最大量，加之灌木的生长具有顶端优势的生物学特性。经过平茬的刺激作用，其根颈部上端第一个不定芽，在根部积累的大量养分供应下，直线生长，直达最高点。因此，在灌木栽种 2~3 年内，根部积累的养分越多，平茬后主干生长越快、越高。由于多年积累，所以平连后新生的枝条不仅长得高，而且通直。平茬的优点在于：经过平茬的苗木，不仅通直，而且粗壮。根际处很少萌生蘖苗与其争夺养分。由于生长旺盛，也能减少病虫为害，苗木优质程度大大提高。所以适时进行平茬，有利于萌发大量枝条，更好地促进植株生长，提高防护效益，并为综合加工提供原料，增加当地农牧民经济收入。

对于大多数萌生性植物而言，在受到外界人为干预或来自不可预知的自然环境被破坏时，如人为砍伐、自然霜冻、动物践踏等行为，就会对破坏的植物组织进行补偿再生长，这就是植物所特有的组织再生长机制。柠条植株平茬后，通过对其根、茎、叶等营养器官再生能力的比较分析，可知由于体内不同部位游离氨基酸含量的差异，导致其不同部位的作用也存在很大差异。柠条叶中、根中游离氨基酸含量大致为平茬前植株的 1.50 倍以上，而在茎中差异却不显著。由此可见，柠条植株在生长季节叶和根中较高的游离氨基酸含量可为其地上组织的快速愈合提供必备的物质条件，是平茬后柠条能迅速再生生长的重要原因。

植物补偿再生长有多种形式，经常见到的有抑制生长、精确生长和超生长 3 种不同的表现方式，其中超生长对人们的实际生产、生活影响重大，应用也较多。柠条的植物组织被破坏后，其防御能力也会相应增强。平茬能起到促进萌蘖分枝、促进茎叶生长、更新复壮株丛、延缓衰老的作用，传统的平茬方法是在立冬至翌年春季解冻前，用锋利刀具齐地面平茬掉全部枝条，有条件可用灌木平茬机进行（高天鹏，2009）。对柠条灌木进行平茬可以促进萌蘖分枝，增加嫩枝数，平茬后的嫩枝数约比未平茬的提高 10%左右，并使其向半灌木方向发展。平茬植株比不平茬植株冠幅增加 27%~116%，新枝增加 140%~297%，新枝高度可达到 40~70cm（刘朝霞，2004）。平茬还可增加柠条的可食产量，刺激更新芽形成更多的新枝，使单位面积的可食灌木产量提高30%～40%。平茬还能够增加家畜的采食量和消化率，形成较多的新枝、嫩叶，木质化程度降低，家畜喜食，且易消化。适当的平茬有利于控制灌丛高度，将灌丛高度控制在50～60cm，便于羊的采食利用。并有利于形成下繁形株丛，增强其防风固沙和保持水土的作用（孙清华，2007）。从柠条第一次平茬开始，以后每隔3年要平茬1次，这样做的目的既能促进柠条的植株复壮，又能延长柠条寿命。柠条平茬后，要把割倒后的柠条捆成捆，按长短进行堆放，并加工成动物饲料，可作为过冬动物冬季及早春重要的补充饲料。柠条平茬后，其生长速度会显著加快，等平茬后的柠条再次长出新的茎条后，就可以作为优良的家畜饲料来使用。

三、柠条平茬国内外研究进展

（一）平茬措施对柠条生长指标的影响

平茬是依据灌木具有极性生长的生物学特性，除去植株部分地上部分，通过刺激植株的生长优势聚积在顶部芽上，使主干形成速度加快的一种技术措施。平茬是防护林维护管理中常用的关键技术，可以促进防护林老化衰败林分的更新，保障防护林林防护效益的可持续发挥。平茬复壮不仅能够为饲料、燃料，造纸纸浆用材等生产提供原料，更重要的是对植物能起到促进生长发育的作用，这也是将平茬复壮作为更新抚育的重要手段的依据。平茬后对植株水分条件明显优于未平茬植株，使萌蘖株地上生物量短时间内加速恢复。

平茬后柠条萌生的萌蘖株数量大，且生长速度较快，冠幅、地径均增长迅速；重复平茬后，萌生的萌蘖株数量更多，且仍能保持旺盛的生长潜力。植株在平茬后一段时间根冠比相对较高，并且根系储存了充足的淀粉，叶片光合速率明显提高，为平茬初期的地上生物量的生长提供营养，但是平茬后植株的新生叶片密度低且厚度大，在受到水分胁迫时，叶片会缩小同时叶密度增高。这与李应罡等（2013）对乔木状沙拐枣平茬效应、孙波（2015）对梨枣平茬效应、杨建军（2013）对沙柳平茬效应以及刘金南等（2013）在柠条平茬效应机理中的研究结果相一致。此外，由于柠条的生长特性，使得其在随着光合物质的不断积累过程中，平茬后1年内，植物即可恢复到平茬前的生物量水平。而且平茬后萌蘖的众多枝条形成椭圆状灌丛，枝条和同化枝密度更大，能够较好地覆盖地表，其防风固沙效果比平茬前更好。上述结果与李丙文（2012）针对平茬对柠条地上部分生长影响的研究结论保持一致。植株在除去地上部分后，生长素（IAA）水平明显降低，而细胞分裂素水平明显上升，由此能刺激植株侧芽萌发，增加枝条数。

许多植物在地上组织破坏后进行补偿性生长，这是重复利用这些植物资源的基础（李耀林，2011）。由于植物的补偿反应式样与伤害发生的时间、强度、频度以及土壤的资源状况等多种因素有关，且这些因素又都不确定，因而不同物种的补偿反应具有相当大的差异，从没有补偿到各种程度的补偿都有可能发生，从一种植物的补偿反应很难推广到其他类型的植物这是对补偿反应存在争论的主要原因（杨永胜等，2012）。所以，对特定环境下的某种特定植物破坏后进行补偿生长的生理机制的研究也是必要的。近年来，以柠条为材料补偿性生长进行了探索。研究表明，枝条轻度刈割后，土壤水分供应给少量的地上组织，使叶含水量和含 N 量增加，光合速率提高；再加上根系中淀粉水解，将储存的能量提供给地上组织的恢复，满足了碳水化合物的供给，进而使花蜜分泌量增加，结果率增加（胡小龙等，2012）；果实供糖量的增加，使落果率减少，每个果荚的籽粒数增加，单个籽粒增大，从而使生殖生长得到超补偿。另一方面，地上部分组织的去除增加了侧枝的萌发，增加了当年枝数和枝长，实现了营养生长超补偿，且柠条同时采用防御策略和忍耐策略来提高自身的适合度。枝条重度刈割（即平茬处理）后，萌蘖枝从根茎处大量萌生，进行快速再生生长，其再生补偿生长机制如下：①水势提高；②光合速率提高，是由叶片含水量较高引起的，较高的含水量来源于地上组织的破坏减少了对土壤水分的消耗以及有庞大根系吸收水分供给有限地上叶面积；③萌蘖株当年未开花结实，大量资源供给营养生长，而对照组植株当年几乎停止营养生长，将资源用于生殖生长。被刈割后植物的补偿性生长不仅表现为最终生物量的变化，而且还包括分蘖数、生长速率和剩余叶片光合速率的变化等。柠条作为一种萌蘖植物，对地上叶、花的采食和枝条的破坏具有极强的补偿能力，这是其重要的生态适应策略，是作为补充饲料、生态物质持续利用和维持生态功能的主要基础，也是研究植物损伤后补偿和超补偿机制的好材料。但如何根据柠条补偿生长特性对其生物资源进行充分合理的利用，既防止对资源的浪费，也应防止对资源的过度消耗，是必须关注的重大理论和现实问题。

柠条的再生能力极强，适时对老化衰败的柠条林进行人工平茬处理，可以达到复壮更新的目的。此外，经过平茬处置的柠条在株高上有着明显的增高，而在生物量上则有明显的提高，这可能是因为除了柠条枝条茂盛冠幅较大之外，单位柠条萌蘖的直径也存在一定的提升。柠条具有极强的适应性和抗逆性，具有较强的水分调节能力，受到干旱胁迫时能够降低蒸腾作用，减少水分散失，当胁迫解除时，便恢复蒸腾作用，快速生长，这为柠条在我国荒漠、半荒漠和半干旱草原地区的广泛分布提供了有利条件，发挥着防风固沙、保持水土和改善生态环境等诸多作用，且研究也较多。由此可见，平茬可以使得柠条在形态更茂盛，对于西北地区防风固沙起到进一步推动作用。

（二）平茬对柠条生理特征的影响

大多数研究表明，平茬措施会在较短时间内提高植物的光合速率。在花期，平茬措施的实施使柠条枝叶被大量剪除，净光合速率下降，然而由于植物刈割后气孔导度明显加大，保证了 CO_2的充分供应，为净光合速率的提高打下了物质基础。其次，刈割也导致根冠比失调和源库关系发生改变、剩余叶片中叶绿素含量及细胞分裂素和光合酶的活性增加等因素，引起叶片光合能力的增强。同时，平茬措施的实施，使柠条根冠比严重失调，进而使平茬柠条单位叶面积有较高的含氮量和含水量，增加叶片的含氮能显著增加植物的光合能力，促使植物对光的利用效率提高。最后，平茬后冠层透光度增加，在无光竞争的环境中，植物能对叶片去除进行补偿作用，促使在整个生长期，平茬柠条净光合速率快速提高，至生长末期，其净光合速率高于对照。

平茬措施对柠条生理特性的影响因平茬年限的增加而异。对比未平茬柠条，平茬 1 年后和平茬 2 年后柠条的净光合速率和蒸腾速率略有提高，平茬 1 年后柠条处于补偿生长的活跃期，水分利用效率明显高于其他平茬年限柠条，高于未平茬柠条的水分利用效率 38. 56%，平茬 2 年后柠条的水分利用效率开始下降；平茬 3 年后和平茬 4 年后柠条的蒸腾速率、净光合速率和气孔导度显著上升，且在平茬 4 年后时达到了最大值，平茬 4 年后柠条的净光合速率、蒸腾速率和气孔导度分别高于未平茬柠条 67.25%、52.79%、60.03%，相应水分利用效率也逐步回升；平茬 5 年后柠条几乎不存在补偿性生长，净光合速率、蒸腾速率和水分利用效率开始回落，逐渐接近未平茬柠条。不同平茬年限日平均胞间 CO_2浓度差异性不显著，因此平茬措施对胞间 CO_2浓度大小的影响较小（于瑞鑫，2019）。

相关研究表明，萌蘖植物经过平茬之后，新生枝叶的分生组织活动强烈，细胞分裂速度较快，需要消耗大量的同化产物，而这一需求只能通过旺盛的呼吸作用来满足，导致平茬柠条蒸腾速率相对较高。进入自然生长期，新生枝叶强烈的分生组织活动会逐渐趋于稳定，此外伴随着气温上升，植物体内的水分状况不断恶化，引起水分亏缺，气孔关闭以防止水分散失，平茬柠条蒸腾速率随之下降，二者蒸腾速率日变化将趋于一致。植物通过根系吸收土壤水分和养分，平茬措施使柠条地上组织受到很大破坏，地上叶面积大幅减少，使光和同化产物向根系的分配减少，进而导致根系生物量的减少，但作为吸收水分和养分的主体（$<$10mm）根系会快速大幅度的增加，提高植株的水分可获得性，使植物根系吸收的大量水分供应有限的地上叶面积，导致植物单位叶面积的含水量增加，提高了植株的枝水势。另外，平茬之后，相对于平茬柠条，对照所受干旱胁迫较为严重，为获取维持正常生理功能的水分，其通过脯氨酸的累积来维持较低的水势，导致平茬柠条枝水势相对较高。同时由于柠条地上组织需水总量减小，使土壤积累更多的水分，导致土壤含水量增加。平茬措施对柠条生理特征的影响因其生长发育阶段（花期、果期、自然生长期）而异。在花期（6 月），平茬柠条日平均净光合速率较对照（未平茬柠条）降低 14.72%，日平均蒸腾速率提高 27.31%水分利用效率较对照低 33.33%。在果期（7 月）、自然生长期（8—9 月），平茬柠条日平均净光合速率逐渐升高并最终高于对照，日平均蒸腾速率的差距也不断缩小；相应的其水分利用效率增加较快（对照柠条、平茬柠条增幅分别达 108.3%、222.5%），至自然生长末期（9 月），平茬柠条较对照高出 4.76%（杨永胜等，2012）。总体上，采取平茬措施的第一年，平茬措施对柠条的生理特征产生明显的负面影响。平茬措施提高了柠条枝叶的含水量，降低了柠条对土壤水分的绝对耗水量，减小了干旱胁迫的影响。表现在采取平茬措施的柠条枝水势日均值和月均值都明显升高，同时其黎明前枝水势和正午枝水势绝对值差值的变化

幅度缩小。

（三）平茬对柠条根系的影响

适宜的平茬措施在刺激植物地上部分迅速恢复的同时，也可以促进根系的生长速度。相关研究表示：柠条在平茬后 4 个月内，土层深 160cm 以内<10mm 的根系根量显著增加，其中细根（<2mm）的增加最为显著，比未平茬柠条细根量增加了 93. 29%。郑士光（2010）在山西偏关县，对平茬对柠条林地根系数量和分布的影响结果表明：平茬后柠条的粗根和细根的生物量大幅度增加，平茬区细根总量比对照区增加了 62. 12%，粗根总量比对照区增加了 80. 76%。<10mm 的根是植株吸收养分和水分的重要组成部分，尤其是细根更是吸收水分和养分的主体。平茬区<10mm 的吸收根根量的增加，使平茬区灌丛吸收土壤水分和养分的能力大幅提高，促进了柠条地上部分的快速生长。

从垂直方向上来看，平茬区和对照区根系主要分布在土壤水分含量较高的 0~60cm 的范围内。但平茬区和对照区也稍有不同：对照区地表的细根和粗根量相对较少，尤其是粗根量更少；平茬区地表 0~60cm 范围内细根和粗根量大大增加，分别比对照区增加了 93. 29%和 282. 43%。尤其是 0~20cm 根量增幅最大，其中细根量比对照增加了 193. 1%、粗根量比对照增加了 2 579. 83%。平茬后柠条根系在土壤水分和养分含量相对较高的 0~60cm 区域内大量生长，极大地提高了柠条对土壤水分和养分的吸收能力，使柠条在平茬后地上部分能快速生长，从而提高了林地的生产力。

从水平方向上来看，平茬后细根、粗根及<10mm 总根量在各个距离上都大量增加（对角线 2. 2m 处的粗根除外），随距丛由近到远，细根分别比对照增加了 51. 11%、79. 25%、63. 22%、56. 11%，<10mm 总根量分别是对照区根量的 2. 00、1. 58、2. 34、0. 99 倍。平茬区和对照区的细根、粗根及<10mm 总根量都是在距丛较近的行间 0. 25m、株间 0. 5m 处比距丛较远的行间 1m、对角线 2. 2m 处根量多。这表明，平茬后柠条根系在距自身较近的范围内大量生长，加强对距自身较近的范围内土壤水分和养分的吸收，同时在较远距离上根系的增加又能使柠条充分利用林地空间，以促进地上部分的快速生长。

植物在刈割或砍伐后，由于地上叶面积减少，使光合同化产物向根系的分配减少，进而导致根系生物量的减少。柠条属萌蘖能力强的植物，根系中储存着大量的养分和碳水化合物，平茬后仍能供应地上和地下根系生长，促使根系加大对水分和养分的吸收。柠条在平茬后生长后期根系氮质量分数迅速增加。根系氮质量分数的增加可以促进根系的生长。

（四）平茬对土壤养分及理化性质的影响

1. 平茬处理对于土壤理化性质的影响

具体表现为对于土壤养分的补充、对于土壤微生物活性的激活、对于降低土壤化肥使用量以及改善农业生态环境等 4 个方面，根据现有的研究结果，研究结论如下。

（1）平茬处理补充了土壤养分

柠木枝条含有一定养分和纤维素、半纤维素、木质素、蛋白质和灰分元素，既含有较多有机质，还有氮、磷、钾等营养元素。如果全部成材和柠木枝条被从田间运走，那么残留在土壤中的有机物一般来说仅有 10%左右，造成土壤肥力下降，因此，只有通过施肥或平茬处置等多种途径才能得以补充。

（2）平茬处理促进了微生物活动

土壤微生物在整个农业生态系统中具有分解土壤有机质和净化土壤的重要作用。平茬处置给土壤微生物增添了大量能源物质，随之各类微生物数量和酶活性也相应增加。这就加速了对有机物质的分解和矿物质养分的转化，使土壤中的氮、磷、钾等元素增加。经微生物分解转化后产生的纤维素、木质素、多糖和腐殖酸等黑色胶体物。这种胶体物具有黏结土粒的能力，同黏土矿物形成有机与无机的复合体，促进土壤形成团粒结构，使土壤容量减轻。这样就提高了土壤保水、保肥、供肥的能力，改善了土壤理化性状。

（3）平茬处理可减少化肥使用量

化肥对于农业获得高产的作用是明显的，但长期过量使用。导致土壤板结、肥力破坏、环境污染。

2. 土壤养分状况对植物根系发育的影响具有最直接的关系

土壤肥沃，营养全面，根系生长旺盛，地上部分生长良好，根深叶茂。而土壤瘠薄，营养缺乏，根系发育不良，地上部分也生长不好。然而植物地上部分植株的枯落物及其根系的分泌物又可以培肥土壤，使得二者之间形成良性循环。由于柠条的微生物固氮作用和大量根系分泌物的存在，根际土壤的全氮含量普遍较高。但是柠条生长季刈割对土壤养分含量影响的试验结果表明：除全钾外，柠条根际土壤中全氮、全磷、速效磷和速效钾的含量均随刈割频率的增大而减少，这不仅与柠条刈割后地上部分的枯落物减少有关，而且与刈割后地上组织的补偿生长密切相关。刈割频率越大，地上部分生长所需的营养物质越多，根部从土壤吸收的养分越多，因而对其根际土壤养分的影响越大。而全钾含量在不同刈割频率下依然能够保持稳定，是因为土壤全钾的92%~98%是矿物钾，矿物钾只有经过长期的风化作用后才能释放出来，成为植物可吸收利用的钾素形态，因而短期内根际土壤全钾的含量都会保持稳定水平。作物所吸收的氮主要来自土壤中的原有氮素，来自化肥的仅占23%~24%。这说明即使施用化肥，土壤有机物对作物生长仍然是最重要的。所以平茬处置是弥补化肥长期使用缺陷的极好办法。

3. 平茬措施对林下土壤以及林间土壤中不同土层之间理化性质的影响

平茬措施对于林下土壤的影响要高于林间土壤，这与平茬后植物的生长特征尤其是地下部分与林下土壤不同土层之间的互动有关。已有研究表明，柠条在地上组织破坏后会从地表根茎处萌生大量枝条，且在生长季节生长迅速，这对柠条维持其生存生态位具有重要的意义，也是地上枝条作为补偿饲料和燃料的重要基础。平茬后植株根冠比失调，萌蘖株庞大的根系吸收水分和养分供给有限的地上组织，使水分和氮素条件得以改善，光合同化作用增强；同时，根系将储存的淀粉水解成可溶性糖供给地上组织恢复；光合产物和根系淀粉水解产物仅用于营养生长而非生殖生长，从而使萌蘖株当年生枝条生物量是对照株的100倍左右（李耀林，2011）。为此，在此种良性互动的过程中，不仅柠条对于土壤营养的需求存在一定的不同，而且还进一步通过降低了自身植物的蒸腾量来达到更好的土壤饱水作用（侯志强，2010）。

不同土层营养元素的分布与绝对变化量不一致，这与土壤营养元素和理化指标各自的性质相关。

平茬措施有助于土壤，尤其是林下土壤理化指标的改善。林下土壤的理化性质有着明显的改善，包括土壤含水量、总C、总N、总P、总K等营养物质等均有着向好的趋势。此结果与左忠等（2013）、丁志刚等（2010）、郑士光（2014）的研究一致。总之，柠条在地上枝条平茬后，庞大的根系将大量储存态氮素转化为游离态等生长所需物质，如游离氨基酸，从根系不断供给地上部分，促进枝条的再生生长。游离态氨基酸的充分供给是柠条平茬后进行迅速再生生长的重要机制之一。

（五）平茬对土壤水分的影响

相关研究表明，柠条经过平茬之后，新生枝叶的分生组织活动强烈，细胞分裂速度较快，需要消耗大量的同化产物，而这一需求只能通过旺盛的呼吸作用来满足，导致平茬柠条蒸腾速率相对较高。进入自然生长期，新生枝叶强烈的分生组织活动会逐渐趋于稳定，此外伴随着气温上升，植物体内的水分状况不断恶化，引起水分亏缺，气孔关闭以防止水分散失，平茬柠条蒸腾速率随之下降，二者蒸腾速率日变化将趋于一致。植物通过根系吸收土壤水分和养分，平茬措施使柠条地上组织受到很大破坏，地上叶面积大幅减少，使光和同化产物向根系的分配减少，进而导致根系生物量的减少，但作为吸收水分和养分的主体（<10mm）根系会快速大幅度的增加，提高植株的水分可获得性，使植物根系吸收的大量水分供应有限的地上叶面积，导致植物单位叶面积的含水量增加，提高了植株的枝水势。另外，平茬之后，相对于平茬柠条，对照所受干旱胁迫较为严重，为获取维持正常生理功能的水分，其通过脯氨酸的累积来维持较低的水势，导致平茬柠条枝水势相对较高。同时由于柠条地上组织需水总量减小，使土壤积累更多的水分，导致土壤含水量增加。

郑世光（2010）等通过研究柠条平茬之后根系和数量的分布情况之后，认为平茬措施使柠条根系大幅度增加是柠条地上部分加速生长的重要原因之一。平茬后水分条件的改善是萌蘖株地上生物量迅速恢复的主要机制之一，平茬措施明显改善了土壤水分状况。杨永胜等（2012）研究表明：平茬措施降低了0~100cm处的土壤平均含水量，尤其在40cm和60cm处。有研究认为40~90cm为柠条细根的主要分布区和生长活跃区，据此推断，柠条细根系会在40~90cm大幅度增加，加大对土壤水分的吸收，这又支持了郑世光等人的观点（郑世光，2010）。实施平茬措施之后，柠条地块的土壤水分消耗量相对下降、耗水深度变浅，平茬措施产生了积极的土壤水分效应。在整个生长季，平茬措施下柠条地的平均土壤含水量在50~240cm范围内明显高于对照组。同时，平茬措施显著降低了0~300cm剖面各层土壤水分变异情况。

平茬3年后，平茬对柠条林地土壤水分的影响减弱（李耀林，2011）。平茬对不同深度土壤水分影响程度不同，对林地深层（200~400cm）土壤水分有轻微恢复作用，但是浅层土壤（0~200cm）水分的消耗相对更严重。这可能是因为平茬后地表裸露，覆盖度降低，地表温差、风速较大，土壤水分蒸发和径流量大，以及平茬后林地浅层根系迅速生长吸水所致。由于平茬后萌生柠条对水分的消耗量远小于未平茬柠条，平茬3年内，如遇干旱年，平茬柠条林土壤水分利用深度和相同时间土壤储水量降低值均低于未平茬林地。3年后，平茬对土壤水分影响程度减弱。

针对半干旱黄土地区，平茬可以在很短的时期（在2个月内）内改善土壤水分环境，而大部分时间则恶化了土壤水分环境，特别是上层土壤水分的恶化更为明显，因此，不提倡全部平茬，可以根据土壤水分植被承载力，沿等高线进行带状平茬，在减少水土流失的同时改善林地土壤水分环境。平茬后林地土壤水分的变化情况与平茬方式有关。一般常见和比较好的办法是采取隔行或隔丛平茬，反复交替进行，这样既能达到植株更新的目的，又不影响水土保持效益。在水土流失区营造的水土保持林，在平茬时也应采取交替进行的方法，使林分始终起到保水固土作用。

（六）平茬对根系营养物质及激素含量影响

1. 平茬对根系营养物质影响

柠条对不同环境条件的适应能力与柠条强大的根系密切相关。柠条的根系庞大，分别向水平和垂直两个方向伸展，深扎于广而深的土层中吸收水分和养分，供给植株地上部分的生长和发育。植物的净光合作用等于总光合作用减去呼吸消耗量。只有当能量平衡为正值时，植物才能积累和贮存营养物质。在能量呈现为负平衡时，植物必须消耗一部分贮藏营养物质来维持其生命。因此，营养物质的贮存对处于能量负平衡期的植物是必不可少的。由此可见，营养物质贮存对具有休眠特性的柠条的生存具有特别重要的意义。这些贮藏营养物质主要贮藏在柠条的根内，因此柠条根系的发育与贮藏物质含量及刈后再生、新枝条形成、产量的高低有直接关系，柠条根部贮存足量的营养物质对其越冬及刈后的再生都具有重要作用。

由于植物是一个整体协调的生命系统，柠条地上部刈割势必对地下部根系生长及其活力造成影响，必然会引起根系贮藏营养物质含量的变化。柠条植株从6月生长旺季进入7月后夏季休眠，所以蛋白质、淀粉含量明显有下降。过了夏季休眠后蛋白质、淀粉开始蓄积，8月含量高于7月。淀粉、脂肪、蛋白都是植物贮存营养的重要形式，不同月份平茬对柠条根部粗蛋白的含量影响不大，但淀粉、脂肪的RSD比较高。淀粉与脂肪之间存在相互转化的可能，存在显著负相关。其他常规性营养物质由一些大高分子物质组成，可变性较差，RSD系数也较小。随着平茬时间推迟，柠条根系蛋白质含量逐渐下降的趋势，淀粉与脂肪之间显著负相关，两者之间存在相互转化协调逆境变化。淀粉含量与柠条生物量之间存在负相关。淀粉、脂肪之间存在某种为柠条在逆境条件下维持生命或再生发挥作用。柠条淀粉含量变化与地上生物量存在负相关关系。

可溶性碳水化合物是柠条根系主要贮藏的营养物质，也是保障其柠条平茬后再生的主要能源。国外有的研究已证明，植物贮藏的碳水化合物常常被就近利用，尤其是能被植物利用的葡萄糖、果糖对植物的各种抗逆特性（抗寒、抗旱等）、应激反应、维持呼吸以及放牧和平茬后的再生起着重要作用。3月为柠条萌动期，可溶性蛋白、可溶性碳水化合物含量较低，通过调查3月柠条再生能力也最弱，同有关学者的研究结果一致，在碳水化合物贮藏水平低时进行刈割，对植物是有害的。4—8月平茬有利于碳水化合物的积累，多年的平茬经验也表明这一段时间平茬能使柠条具有良好的再生能力和生命力；7月可溶性碳水化合物、可溶性糖、可溶性蛋白含量低，主要是应对柠条植株夏季休眠；9月中旬初霜前和10月中旬初霜后，可以看出柠条根系9月可溶性碳水化合物、可溶性糖含量低于8月和10月。柠条平茬时间越接近初霜期，营养物质含量就会越低，对于植株越冬会带来副作用。10月可溶性碳水化合物、可溶性糖含量蓄积主要为植物减少冬季寒冷逆境对植物造成的伤害起着重要作用。7—10月可溶性淀粉含量与可溶性碳水化合物之间存在负相关关系，之间存在的转化关系还有待于进一步深入研究。可溶性蛋白随着生长季含量增加，与生物量之间呈现线性相关，可溶性蛋白含量的增加有利于柠条的代谢水平。可溶性碳水化合物是柠条根系主要贮藏的营养物质，对柠条不同月份平茬逆境胁迫下反应比较敏感。可溶性糖类与可溶性淀粉的比例逐渐随着月份增加，有利于植株抗击冻害。

2. 平茬对根系激素物质影响

地上分生组织的破坏首先引起植物体内内源激素含量的改变。顶端优势存在时，生长素（IAA）能够抑制根系中细胞分裂素（CKs）的合成，使休眠芽维持较高的IAA/CKs比值；顶端分生组织去除后，根系中CKs含量显著增加，导致植物休眠芽中IAA/CKs比值下降，侧芽萌发。赤霉素（GAs）则能促进细胞生长、分裂，从而能促使枝条进行快速伸长生长。木本萌蘖植物具有较高的根冠比，有合成CKs的庞大的根系，这使得在地上组织破坏后其分生组织中内源激素含量的变化和其他植物相比会更为剧烈，促使休眠芽大量萌蘖。由于IAA能够调控GAs的合成和其信号的传导，萌蘖分生组织中进一步合成的IAA可能使得GAs含量提高，从而促使枝条迅速伸长（董雪等，2013）。

GAs的合成增多，促使α-淀粉酶活性提高，最终使得根系储存的淀粉大量水解，为地上枝条的恢复提供原料。淀粉是根系碳水化合物存储的主要形式，其水解主要由α-淀粉酶活性的提高引起，而GAs能诱导，脱落酸（ABA）能抑制α-淀粉酶活性的表达。因此推测，萌蘖植物地上组织破坏后，首先引起植株内源激素含量的变化，内源激素含量的变化可能促使α-淀粉酶活性提高，进而使得根系储存的淀粉大量水解。淀粉水解后，其水解产物和叶同化的光合产物除满足植物再生生长需求外，还用于维持根系的存活、生长和满足根系对养分吸收利用所需的能量消耗。木本萌蘖植物根系储存着大量的淀粉，冬季平茬后第一年生物量恢复迅速，从根系输出用于地上生长的氮的总量大于未破坏的对照植株，且生长季末期萌蘖植株根氮含量可以恢复到对照植株水平，因此推断地上组织的破坏能促使木本萌蘖植物根系活力的提高和对养分吸收能力的增强。萌蘖植物在地上组织破坏后，首先引起植物体内激素含量的变化（张海娜，2011）。

（七）平茬对萌蘖株不同组织游离氨基酸含量影响

张海娜（2011）研究结果：在植物旺盛生长期，对平茬后当年生萌蘖株与未破坏对照株根、茎、叶中 17 种常见游离氨基酸含量进行了分析比较，以期从氨基酸的角度对柠条锦鸡儿萌蘖的再生生长进行认识。结果显示，游离氨基酸含量在对照和平茬萌蘖柠条锦鸡儿叶和根中处理间的差异远大于茎间差异；在生长季的座荚期，萌蘖株叶中天门冬氨酸、苏氨酸、丝氨酸、丙氨酸、缬氨酸、亮氨酸、酪氨酸、组氨酸、精氨酸，根中天门冬氨酸、丝氨酸、缬氨酸、胱氨酸含量为对照株的 1.5 倍以上；成熟期，萌蘖株叶中天门冬氨酸、苏氨酸、丝氨酸、谷氨酸、酪氨酸、苯丙氨酸、精氨酸、胱氨酸，根中天门冬氨酸、丝氨酸、缬氨酸、组氨酸、精氨酸的含量也达到对照的 1.5 倍以上。脯氨酸在座荚期对照株叶和茎中含量显著高于萌蘖株，成熟期处理间差异不显著，其含量受降水和叶含水量影响显著，在植株体内起着重要的渗透调节作用。若不计脯氨酸含量，萌蘖株的根和叶中其余 16 种游离态氨基酸含量之和分别是对照株的 2.0 倍和 2.7 倍之多。由此可见，生长季叶和根中较高的游离氨基酸含量为萌蘖植株快速合成其地上组织和实现生物量积累提供了较好的物质条件，是平茬后柠条锦鸡儿萌蘖株迅速再生生长的重要机制之一。

（八）柠条平茬光合作用相关研究

当植物刈割后，往往会进行补偿性生长，这种补偿生长现象是植物在受到阈值内的胁迫压力（动物的采食、践踏、机械损伤等）之后，当具有恢复因子的有利条件下，在构建和生理水平上产生的一种有助于植物生长发育和产量形成的能力，如刈割可使植物叶面积指数（LAI）大幅度降低，植物冠层净光合速率（NPR）也随之减少，植物冠层微气候得到改善（光、热、水等），使得植物根/冠比增大，地下部分向上输送养分增多；植物再生叶片幼嫩，有较强的光合效率，使可溶性碳水化合物含量增加等。即使土壤含水量接近田间持水量，老年未破坏对照植株的水势仍会低于萌蘖植株，萌蘖枝木质部水分传导阻力可能较低，使得叶水势较高，光合能力提高，从而满足其地上组织快速恢复所需的物质需求；相反，老年对照植株枝木质部水分传导阻力维持在较高的水平，伴随着较低的水分传导速率，导致植物对土壤水分消耗的减少，从而延长了自身对干旱胁迫的忍耐。植物的这种补偿作用具有可塑性且可随所在环境而变化，即取决于植物与环境的相互作用。一般来说植物具有形态、生理生化和进化方面的补偿作用机制。随碳水化合物和养分的供给，萌蘖枝迅速伸长，内部组织结构快速分化和形成。

1. 柠条平茬后水分运输与气体交换能力不同

当柠条的地上部分遭到人为干预或不可预见的自然破坏后，其根冠比会发生很大变化。水分通过庞大根系供给地上破坏后的植物组织，由于地上部分遭到破坏后相应面积的减少，可以使其水分状况得到更为明显的改善。并且水分在植物体内的运输阻力会随生长年限的增加呈降低趋势（狄曙玲，2015）。

植物细胞的气体交换是指植物体在进行新陈代谢时，必须有氧的参与，才能完成体内细胞的呼吸作用。植物体与外界的气体交换是通过叶、茎的气孔或皮孔及根部的表皮细胞进行的。植物体的气孔主要分布在叶和茎等营养器官的表皮细胞当中，气孔的开张程度主要是由保卫细胞来调节的。当阳光充足时，气孔就开放，水分蒸发量大；对于大多数植物而言，夜晚其气孔将会关闭，以此来减少体内水分的散失。气孔同时也是新陈代谢气体出入植物体的通道，光合作用时吸入的二氧化碳及产生的氧气，均由气孔排出。植物体内气体的交换就是保证植物体能正常进行光合作用，从而保持植物体的健康生长。

柠条平茬后，水分散失很快，但在遇到干旱条件时，植物体的气孔又可对体内的代谢活动进行有效调节，从而防止体内水分的过多散失，从而保证植物进行光合作用的同化作用。柠条平茬后，不同生长年限的柠条对养分和水分的吸收方式、吸收能力也不同。生长年限越长的，其吸收能力也愈强，对平茬后 4~5 年生的柠条，其生理指标可以达到原植株的 70%；平茬后 6~7 年生的柠条，其生理指标已经与原植株基本接近。随着生长年限的增加，植株体内的营养物质向叶和刺中分配减少，茎中反而增多。

2. 柠条萌蘖株水力结构、气体交换参数及生物量分配分析

萌蘖植物的地上组织遭到破坏之后，导致根冠比发生变化，庞大根系吸收水分供给有限的地上组织，其水分状况得到改善。对照株在水分运输中遇到比萌蘖株更高的内阻力，萌蘖株的 Ks 和 Kl 随生长年限的增加呈降低趋势，而木材密度在处理间差异不显著，不利于对柠条锦鸡儿水力导度的研究。在气体交换参数的研究中，黎明前叶水势 LWP、净光合速率 A 及气孔导度 GS 随植株的萌蘖生长逐

渐降低，4 年后其水分优势消失，且不会保持在对照水平，而是进一步降低以致低于对照。在受到干旱胁迫时，植株的气孔导度与细胞间 CO_2 的传递情况受到水力导度的调节，以防止水分散失，保证光合作用中对 CO_2 的同化作用。另外，在水分胁迫与恢复过程中，气孔导度 GS 削弱了导水率减少和恢复的程度。

柠条锦鸡儿平茬后，对不同生长年限的萌蘖株生物量分配的研究表明：由于水力导度与气体交换参数的增加，萌蘖株对养分和水分的吸收增强，经过 4~5 年的再生生长之后，茎生物量达到了对照株的 70%。在 6~7 年的萌蘖株中，其生物量与对照株相似。随着生长年限增加和水分胁迫的加重，植株生物量向叶和刺中分配减少，茎中增多；同时叶面积减小，比叶重 LMA 增加。在 1~5 年生萌蘖株中含 N 量高于对照，7 年生低于对照株，这可能与叶面积的减少有关。

（九）平茬对柠条林间草本植物群落的影响研究

目前，草地灌丛化现象日益严重，草地中灌丛的存在会通过养分竞争强化邻居草地斑块植物群落竞争性格局（彭海英，2014）。平茬改善了灌丛内的光照、水分等条件，对林间草本植物也起到了很好的抚育作用，使其在植株密度、草层高度、植被盖度以及生物量等方面有了极大的提高。丁新峰等以内蒙古典型草原小叶锦鸡儿（*Caragana microphylla*）为研究对象，探讨了平茬如何影响灌丛邻居植物群落的格局动态。结果表明：平茬处理改变了群落结构与物种组成，群落内多年生禾草丰富度与相对多度均显著增加，群落均匀度指数显著提高。平茬处理使得群落竞争性格局作用弱化，调查群落中物种间的关系多为中性作用，平茬处理条件下群落中显著负相互作用关系物种比例下降，支持群落整体竞争性格局弱化这一结论（丁新峰，2019）。该结果对小叶锦鸡儿灌丛平茬对邻居植物群落的影响提供了理论依据，对类似灌丛化草地恢复具有指导意义。

贾希洋等以宁夏荒漠草原 6m 带距人工柠条林林间草原为研究对象，研究了全平、隔一带平茬两带、隔一带平茬一带、隔两带平茬一带、未平茬五种间距平茬后柠条林间植被等变化。结果表明：隔两带平茬一带处理下林间植被物种总数、密度、高度和地上生物量最高，物种丰富度、多样性指数以隔一带平茬一带、隔两带平茬一带较高，研究认为适宜的密度平茬对人工柠条林间生境有改善作用，宁夏荒漠草原人工柠条林平茬时可采取隔两带平茬一带的方式（贾希洋，

2020）。而未平茬处理林间植被趋于灌丛化，这与未平茬柠条生长、全部平茬后柠条再生对林间草本生长影响有关（王占军，2012）。周静静等荒漠草原不同带间距人工柠条林中间锦鸡儿平茬对林间生境的影响，结果表明 8m 带间距的林间多年生草本物种比例、植被盖度和密度最高，6m 和 4m 间距植被盖度密度接近，3 种间距的林间植被地上生物量、物种多样性无显著差异，相关性分析表明，植物多样性与土壤有机质、全氮、粉粒含量正相关，土壤有机质含量与土壤粉粒含量、植被盖度呈正相关。8m 人工中间锦鸡儿林种植间距对林间植被多样性增加、土壤质量改善更为有利（周静静，2017）。

刘燕萍等研究了甘肃省定西市龙滩流域的黄土丘陵沟壑区 4 种平茬措施下柠条林下草本植被特征，由于土壤理化性质对草本的生长和草本物种多样性恢复起关键性作用，同时还分析了平茬柠条林下草本于土壤养分的相关性，结果表明隔行平茬柠条林下草本生物量最大，各土层土壤含水量与草本地上生物量密切相关，且以负相关为主；草本植物多样性各指数均与土壤含水量呈负相关关系，这与邢献予、杨振奇等的研究结论一致（邢献予，2016；杨振奇，2018），可能与半干旱区土壤含水量对柠条林的长势有很大的影响有关。在 0~60cm 土层内土壤碱性越大，草本生物量越大，20~40cm 土层内土壤有机质越小，草本生物量越大。综合得出在该区域采取柠条隔行平茬措施最佳（刘燕萍，2020），不仅能够促进林下植被的生长，还可以丰富多样性。然而，也有相反的结论，如包哈森高娃等研究发现，平茬增加了小叶锦鸡儿老龄林林下草本生物量，但群落植被多样性变化不明显（包哈森高娃，2015）。原因可能是平茬有助于短期内草本生物量的提高，但后期随着小叶锦鸡儿生长年限的增加，植物群落也趋于稳定，土壤生物活性降低使得林下植被多样性变化不明显（曹成有，1999）。

人工柠条林带是西北荒漠草原防风固沙的重要措施，随着林带间距增加，防护林降低风速作用减小（石星，2015）。荒漠草原不同间距人工中间锦鸡儿林平茬后，随着带距增加，带间植被盖度和多年生草本比例、土壤粉粒含量以及有机质、全氮、速效磷、速效钾含量呈上升趋势。柠条种植间距的增加可使林间植被多样性和土壤养分得到提高，土壤风蚀量下降。就宁夏荒漠草原目前 4m、6m 和 8m 种植带间距而言，实践中应选择 8m 种植带间距（周静静，2017）。

综上所述，柠条种植密度不同，会对林下和林间土壤水分、小气候、土壤微生物等环境产生影响，从而使地上植被群落特征发生变化（王占军，2012）。因此，在平茬抚育管理中考虑可以将林下植被多样性作为确定灌木平茬的最适年限的一个关键指标，对于灌丛化草地的生态恢复具有长远意义。

第二节　柠条平茬时间的确定

柠条为强旱生落叶灌木，在林业生态、环境治理、畜牧业经济建设等方面发挥着重要的作用。根据柠条的生态、生物学特性，实现柠条灌丛的可持续经营，达到复壮更新与利用协调一致，关键在于确定柠条复壮更新的适宜时期、周期、方式、林龄和强度。

一、柠条营养动态变化

（一）不同平茬间隔期柠条全株营养成分含量的变化

采样为平茬间隔期 1~5 年的全株枝条，以 2013 年未平茬柠条为对照。从表 4-1 可以看出，与对照进行比较，平茬间隔期 1~5 年柠条全株枝条粗蛋白（CP）含量的大小排序为 1 年>2 年>3 年>对照>4 年>5 年；粗脂肪（EE）含量大小排序为 1 年>5 年>4 年>3 年>2 年>对照；粗纤维（CF）含量大小排序为 5 年>对照>4 年>3 年>2 年>1 年。说明平茬间隔期越短，柠条枝条就越鲜嫩，营养价值越高，相反周期越长，粗纤维含量就越高，营养价值越低。因此，根据营养价值选择平茬间隔时间应以 4 年以下较为适宜。

表 4-1　不同平茬间隔期柠条营养成分含量的对比　　（单位:%）

平茬间隔期	水分	粗蛋白	粗脂肪	无氮浸出物	粗纤维	粗灰分	钙	磷
CK	6.57	8.87	2.95	34.28	43.64	3.69	1.62	0.82
5 年	6.41	8.26	3.82	33.64	45.35	3.52	1.52	0.75
4 年	6.33	8.57	3.73	34.87	43.52	2.98	1.48	0.78
3 年	6.54	9.97	3.71	34.36	42.35	3.07	1.51	0.77
2 年	6.49	10.25	3.40	34.39	41.50	3.97	1.75	0.85
1 年	6.50	10.60	3.99	36.67	38.55	3.47	1.52	0.74

（二）不同月份柠条枝条营养成分含量的变化

不同月份柠条常规营养成分含量的测定结果见表4-2。沙地柠条枝条粗蛋白含量年季变化呈现出单峰曲线，从3月开始，柠条粗蛋白含量逐渐上升，在7月达到最高值为13.91%，随后逐渐下降，到10月达到最低9.07%，平均为10.72%。$y=-0.2371x^2+2.34x+6.2396$（$R^2=0.4759$）。粗脂肪与粗蛋白曲线相反，逐渐下降到7月最低，然后逐渐上升趋势。NDF含量以7月最低为48.02%，8月和9月含量也相对较低。

表4-2　沙地柠条生长季逐月常规营养成分　（单位:%）

月份	粗脂肪	粗灰分	钙	磷	CF	CP	NDF	ADF	ADL
3月	1.94	4.3	1.19	0.045	47.36	9.14	66.82	52.77	20.00
4月	1.61	3.49	1.24	0.046	38.50	9.33	69.02	59.21	30.28
5月	1.38	4.53	0.76	0.075	42.24	11.26	69.60	53.28	20.67
6月	1.11	4.30	0.87	0.088	46.37	10.29	70.09	49.30	19.01
7月	0.94	7.98	1.58	0.12	28.06	13.91	48.02	43.09	18.91
8月	1.39	5.56	1.00	0.072	46.10	12.66	59.66	48.37	20.54
9月	2.20	5.92	1.45	0.062	43.10	11.12	61.31	49.17	12.72
10月	1.88	4.2	0.99	0.069	52.89	9.07	71.54	58.55	14.32
均值	1.56	5.04	1.14	0.07	43.08	10.72	65.51	51.72	19.56

柠条粗纤维、酸性洗涤纤维含量从3月开始，呈现下降趋势到7月达到最低值，随后逐渐上升，至10月又恢复到了4月的水平。因此，根据CP、NDF（48.02%）、ADF（43.09%）含量柠条7月营养价值最好。

（三）柠条叶营养成分含量的变化

柠条叶营养成分的含量在花期、果期和落叶前期（5月、6月和9月）差异不显著（表4-3）。5月叶粗蛋白含量为最高可达22.82%，9月相对较小为19.03%；粗脂肪9月含量最大，分别为3.70%，无氮浸出物在46.48%左右，是玉米（70.7%）的66.23%，粗纤维、粗纤维中木质素和粗灰分6月最大，分别为19.55%、9.10%和8.45%，钙磷比比较平衡。总体上，柠条叶营养质量要比柠条枝条的好，而且季节性变化幅度不大，是很理想的家畜饲料。为了获得枝叶较多的柠条饲料加工原料，平茬时间可确定在生长季进行。

表 4-3　不同月份柠条叶营养成分含量的对比　（单位：%）

月份	水分	粗蛋白	粗脂肪	无氮浸出物	粗纤维	木质素	粗灰分	钙	磷
5月	9.10	22.82	2.88	43.13	14.16	5.24	7.91	0.72	0.60
6月	9.51	21.23	1.73	33.53	19.55	9.10	8.45	1.67	1.39
9月	9.08	19.03	3.70	46.48	14.34	8.57	7.37	1.64	1.36

二、柠条林平茬时间的确定

为探讨确定平茬时间的定量方法，黄家荣（1994）根据林分断面积连年生长量曲线的几何特征，提出以林分断面积连年生长量曲线的下降速度与过峰点 P_m，和右拐点 P_2的直线斜率相等的点 P_1为平茬起点，以右拐点 P_2为平茬终点。即适宜的平茬年限为 $t_1 \sim t_2$，t_c为平茬时间中值。林分断面积连年生长量曲线的特征主要决定于 3 个点：两个拐点、一个峰点。峰点决定了曲线的位置，拐点决定了曲线的形状。根据密度与生长的关系，在峰点前，曲线递增，林分有充足的营养空间，不需间伐。过了峰点，虽然连年生长量开始下降，但因林分生长有一个峰值稳定期，在峰点最近的一段时间内呈缓慢下降，应进行平茬。只有在峰值稳定期结束时，即连年生长量开始明显下降时，才可考虑平茬。快速下降后，接着是缓慢下降，从而形成一个凹凸曲线的交结点（拐点），此处，曲线下降速度最快。拐点后，林分生活空间显著不足，连年生长量很低，此时平茬已经过晚。因此，适宜的平茬应在曲线开始明显下降至拐点出现之前进行。平茬时间上限为拐点时间，主要问题是如何确定平茬时间下限。由图 4-1 可见，曲线快速下降区的始点在峰点与拐点间的凹曲线上。当联结峰点和拐点后，可明显看出，曲线上点到连线（峰拐弦）距离（点弦距）最大的点，就是平茬起点。在该点前，点弦距递增，曲线下降较慢；在该点后，点弦距递减，曲线下降较快。点弦距极值点处的切线平行于峰拐弦，曲线在该点的下降速度等于峰拐弦斜率。峰点和拐点的坐标可求，峰拐弦斜率已知，从而可定平茬时间的下限。上、下限平均作为平茬

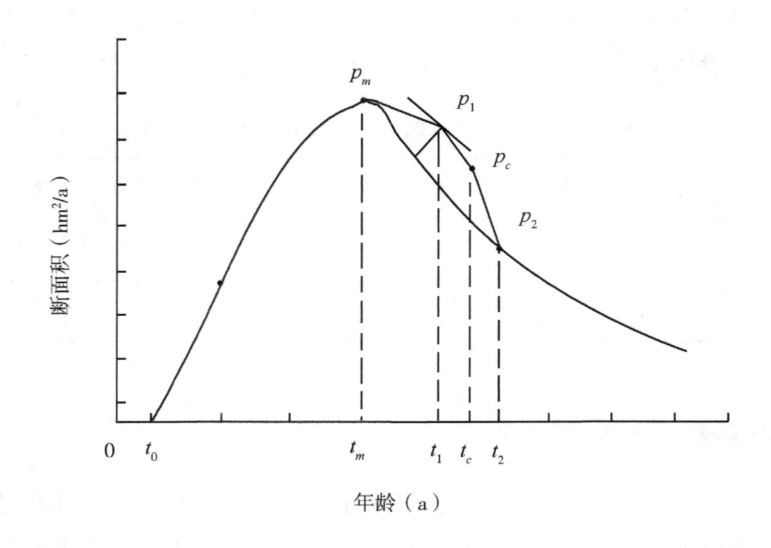

图 4-1　林分断面积连年生长曲线

资料来源：黄家荣，1994. 人工林首次间伐时间确定方法的探讨 [J]. 北京大学学报，16（4）：76-80.

时间中值。基于以上分析，可导出平茬时间的确定方法。

（一）柠条平茬时间确定方法的推导

设：林分断面总生长模型为

$$Y=F\ (Q、T),\ T\geqslant 0 \qquad 式（1）$$

式中：Y 为林分断面积总生长量；T 为林龄；Q 为模型参数集。

设式（1）中 Y 对 T 的一阶、二阶、三阶导数存在，依次为：

$$Y^{(1)}=f_1\ (Q、T),\ T\geqslant 0 \qquad 式（2）$$

$$Y^{(2)}=f_1\ (Q、T),\ T\geqslant 0 \qquad 式（3）$$

$$Y^{(3)}=f_1\ (Q、T),\ T\geqslant 0 \qquad 式（4）$$

其中式（2）表示断面积连年生长模型，令二阶和三阶导数为零，可得：

$$f_2\ (Q、T_m)\ =0 \qquad 式（5）$$

$$f_3\ (Q、T_2)\ =0 \qquad 式（6）$$

用式（5）和式（6）可确定连年生长曲线峰值时间和右拐时间。

设过峰点 P_m 和右拐点 P_2 的直线为：

$$Y=A_0+A_1T \quad \text{式 (7)}$$

其斜率 A_1 可由 P_m，P_2 两点坐标求得：

$$A_1=\left(Y_2^{(1)}-Y_m^{(2)}\right)/\left(T_2-T_m\right) \quad \text{式 (8)}$$

根据连年生长量曲线的几何特性和中值定理可知，在 $[T_m, T_2]$ 上必有一点满足：

$$Y_1^{(2)}=\left(Y_2^{(1)}-Y_m^{(1)}\right)/\left(T_2-T_m\right) \quad \text{式 (9)}$$

把式（9）代入式（3）得：

$$f_2(Q、T_1)=\left(Y_2^{(1)}-Y_m^{(1)}\right)/\left(T_2-T_m\right) \quad \text{式 (10)}$$

由此可确定平茬时间下限。取 T_1 和 T_2 的平均，可得平茬中值：

$$T_c=\left(T_1+T_2\right)/2 \quad \text{式 (11)}$$

本研究表明，柠条灌木林生长指标符合 Logistic 生长函数，下面就以 Logistic 生长函数为例，说明以上平茬时间确定方法的具体推导过程。假定：柠条灌木林生长过程用 Logistic 生长函数表示：

$$Y=k/(1+e^{a-rt}),\ t\geqslant 0 \quad \text{式 (12)}$$

式中：Y 为柠条生长指标；t 为树龄；k，a，r 为模型参数，下同。

本文根据柠条（*Caragana korshinskii*）生长的特点，即生长速率随灌木林龄的变化呈近似正态分布的特征曲线，根据曲线的几何特征，提出以柠条生长速率与峰值和右拐点连线的斜率相等的点为平茬始点，以几何曲线的右拐点为平茬终点的平茬方案。

$$Y^{(1)}=kre^{a-rt}/(1+e^{a-rt})^2 \quad \text{式 (13)}$$

$$Y^{(2)}=kr^2e^{a-rt}(e^{a-rt}-1)/(1+e^{a-rt})^3 \quad \text{式 (14)}$$

$$Y^{(3)}=kr^3e^{a-rt}(e^{2(a-rt)}-4e^{a-rt}+1)/(1+e^{a-rt})^4 \quad \text{式 (15)}$$

令二阶导数为零，得到：$t_m=a/r$　　式（16）

令三阶导数为零，得到柠条平茬时间下限：

$$t_2=\left(a-1n\left(0.267\ 95\right)\right)/r \quad \text{式 (17)}$$

由式（13）得 t_m、t_2 对应的生长速率

$$Y_m^{(1)}=kr/4 \quad \text{式 (18)}$$

$$Y_2^{(1)} = kr/6 \quad 式（19）$$

由式（14）得柠条生长速率在 t_1 处的变化速率：

$$Y_1^{(2)} = kr^2/(12\ln(2-\sqrt{3})) \quad 式（20）$$

将式（18）、式（19）、式（20）代入式（9）、式（10）得

$$kr^2e^{a-rt}(e^{a-rt}-1)/(1+e^{a-rt})^3 = kr^2/(12\ln(2-\sqrt{3})) \quad 式（21）$$

因此，求得 t_1，$t_1 = (a - 1n(0.570\,37))/r$ 式（22）

所以适宜平茬期为：$t_1 \sim t_2$：$(a - 1n(0.570\,37))/r \sim a - 1n(0.267\,95))/r$

（二）柠条林首次平茬时间的确定

程杰（2013）将柠条分为3个阶段：幼龄期（1~7年生）、中龄期（8~15年生）和老龄期（16~23年生）。程积民（2009）在原州区河川上黄对柠条生长进行了长期（1985—2002年）定位研究，以野外观测资料为依据，用定量分析的方法探讨了柠条灌木林的合理平茬时间在11~15年，在不同环境条件下柠条灌木林的平茬时间存在一定的差异。

盐池县立地类型主要有沙地、覆沙地、梁地、梁坡地等，由于种类多，柠条林地地形一般不规整，土壤水分也不一致。为了便于操作，对多个样地调查数据进行平均处理后（表4-4），对柠条主要观测指标进行Logistic生长函数拟合。

表4-4　柠条生长指标调查　（单位：cm、kg/丛）

树龄	1年	2年	3年	4年	5年	6年	7年	8年	9年
丛高	25.31	37.59	53.75	63.17	73.28	83.84	94.59	105.2	106.5
生物量	0.30	0.43	0.62	0.87	1.19	1.57	1.97	2.39	2.65

Logistic函数的标准形式为：$y = k/(1 + e^{a-rx})$。

根据拟合方程通过求导后（表4-5、图4-2和图4-3），得到盐池县柠条生长高峰期主要在6~7年，正是柠条幼林期末，随后进入成林期。柠条首次平茬适宜期在8~10年。随着成林期，柠条连年生长逐渐变小。对柠条成林平茬后，1~8年是增长较快，8年以后增长缓慢，一般8龄左右柠条生物量2.3kg/丛。丛高能达到1m。

表 4-5　拟合函数和平茬建议时间　（单位：a）

指标	拟合方程	峰值时间	平茬时间	R^2
丛高	$Y=155.4188/(1+e^{1.7323-0.2791t})$	6.21	8.22~10.93	0.9954
生物量	$Y=3.6735/(1+e^{3.0334-0.4435t})$	6.84	8.10~9.81	0.9956

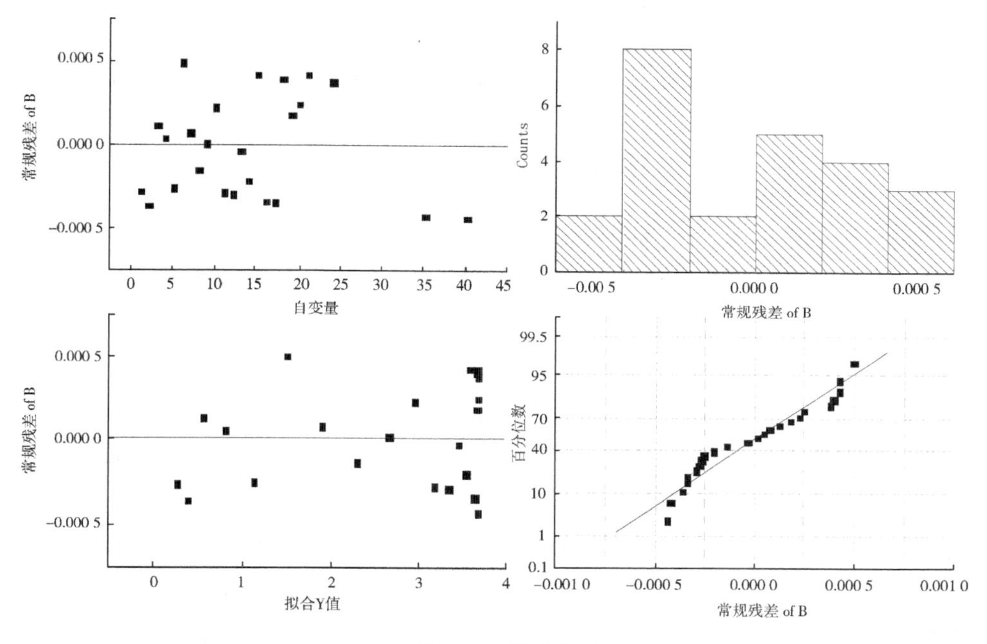

图 4-2　拟合分析

刘建婷（2017）选择6年生（幼龄期）、11年生（中龄期）和19年生（衰退期）柠条进行平茬处理，11年生中龄柠条生长效果最好，可提高地上部分生物生长量326.08%，19年生衰退柠条效果较差，提高61.55%；对6年生的幼龄柠条，平茬后也可大幅度促进地上部分生长，生长量提高245.10%倍。认为柠条首次最适平茬时期是10~15年。

柠条的生长环境复杂多变，特别在盐池县风沙危害比较严重的地区，柠条林的生长过程表现出一定的复杂性。柠条在生长期受气候变化和新陈代谢的影响，

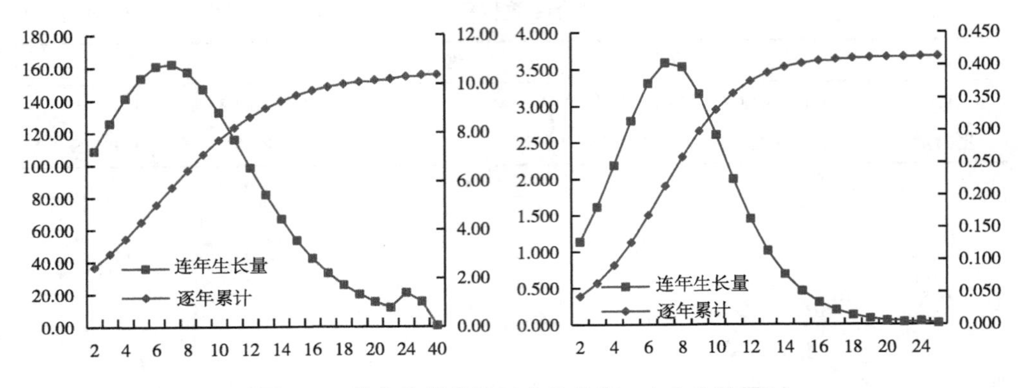

图 4-3　柠条生长曲线（左为丛高，右为生物量）

使得株高生长在生长期末不再随着时间的推移而单调增加；在休眠期受环境阻力的影响，而且在该时期出现干梢现象，降低株高生长。由不同立地条件和整地方式引起的环境条件的差异造成的。在水分光照较充足的条件下，柠条灌木林个体持续快速生长的时间会长一些，因此，合理平茬时间相对较晚；相反，在水分条件较差的环境下，柠条生长经常受到不同程度的限制，持续快速生长的时间较短，平茬时间相对较早。李生荣（2007）测定，1～6 年生柠条生物量随树龄增加生长较快，6～8 年生物量随树龄增加生长缓慢，8 年以后生物量基本不增加，因此 8 年左右平茬最好。黄革新（2015）在晋西观测：柠条枝高连年生长量和平均生长量最大值出现时间均较枝径（8 年）提早，分别出现在第四年和第六年。柠条在前 8 年枝径和枝高生长速率较大。在此时间内进行柠条的人工干预有助于延长柠条灌木林的速生期，保证林地拥有最大的生产力。

（三）平茬年份周期确定

对平茬后柠条主要观测指标（表 4-6）进行 Logistic 生长函数拟合。Logistic 函数的标准形式为：

$$y = k/(1 + e^{a-rx})$$

表 4-6　柠条生长指标调查

树龄	生物量（kg/丛）	枝条长（cm）	丛高（cm）	地径（mm）	冠幅（m）
1 年	0.70	10.5	21	0.38	8.5

（续表）

树龄	生物量（kg/丛）	枝条长（cm）	丛高（cm）	地径（mm）	冠幅（m）
2年	1.82	29.4	43	0.64	31.0
3年	3.90	51.3	79	0.81	67.0
4年	5.25	89.5	114	1.32	93.0
5年	5.57	106.8	143	1.69	117.0
6年	5.75	118.8	164	1.82	138.0
7年	5.88	119.3	165	1.93	

对其求前三阶导数及对应的导函数（表4-7）：

表4-7　拟合函数和平茬建议时间　（单位：a）

指标	拟合方程	峰值时间	平茬时间
生物量	$y=5.781/(1+e^{3.604-1.442t})$	2.50	2.88~3.41
枝条长	$y=125.124/(1+e^{3.396-1.05t})$	3.23	3.77~4.48
株高	$y=180.231/(1+e^{2.282-0.845t})$	2.70	3.26~4.26
地径	$y=2.215/(1+e^{2.339-0.668t})$	3.50	4.34~5.47
冠幅	$y=144.675/(1+e^{3.221-0.97t})$	3.32	3.90~4.68

生物量拟合方程及前三阶导数方程如下：

$$y=\frac{5.781}{1+e^{3.604-1.442t}}$$

$$y'=\frac{8.336e^{3.604-1.442t}}{(1+e^{3.604-1.442t})^2}$$

$$y''=\frac{12.021e^{7.208-2.884t}-bk^2e^{3.604-1.442t}}{(1+e^{3.604-1.442t})^3}$$

令二阶导数为零，得到：

$$t_m=a/r=3.604/1.442=2.50$$

$$y'''=\frac{17.334e^{10.812-4.326t}-69.336e^{7.208-2.884t}+17.334e^{3.604-1.442t}}{(1+e^{3.604-1.442t})^4}$$

$$t_2=[a-\ln(2-\sqrt{3})]/r=0.7050+1.3170=3.41$$

$$t_1=2.88$$

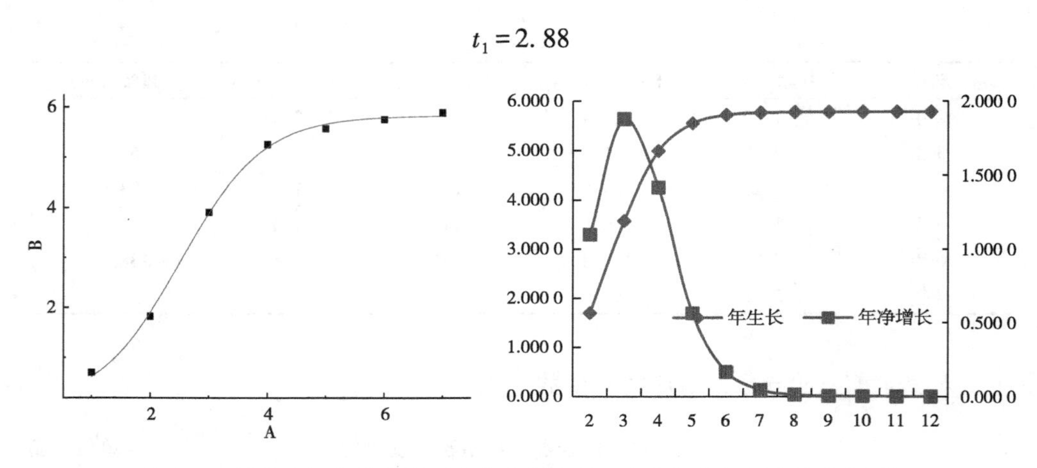

图 4-4　柠条多年生长曲线（左为多年生长，右为年生长与净生长交叉）

综上：对柠条成林平茬后，1~5 年是增长较快，5 年以后增长缓慢，一般 5 龄左右柠条单丛生物量 5.0kg/丛。株高能达到 1.7m。盐池县柠条适宜平茬周期以 3~4 年为佳。

郑士光（2009）研究结果：柠条平茬后 1~4 年株高生长呈明显增高趋势，平茬 5 年时株高生长（1.73m）与 4 年（1.70m）没有明显差异。地径生长在平茬后 1~4 年时增长较快，生长 5 年后地径增长减缓。柠条平茬后生长 4 年、5 年平均地径达到对照（30 年）柠条平均地径。柠条平茬后生长 5 年林分生物量年均增长量达 134~154kg/亩，超过对照林 50 倍。由此可见，平茬后林分生长旺盛，有效地促进了老龄林地复壮（图 4-4）。

柠条平茬再生行为是植物受多种环境因子综合作用的最终表现，盐池县地貌类型复杂多样，立地条件复杂多变，地形条件的差异对柠条灌木林的再生过程产生重要影响。自然降水量、气温、辐射等气象因子也会对柠条的生长造成一定影响。土壤环境因素也会对柠条再生产生一定影响。多种因子的影响下也造成了柠条再生恢复情况的不同。环境条件相对较好的条件下，柠条灌木林合理平茬时间相对较早；环境条件较差的条件下，柠条灌木林合理平茬时间较迟。在进行柠条灌木林的平茬时，要注意不同立地条件的差异，根据环境条件确定合理的平茬时间，一方面使柠条灌木林的生长潜力得到最大限度发挥，同时还可避免柠条灌木林地土壤干层的发生。

（四）适宜平茬月份周期确定

为了便于操作，对调查的多个样地 1 200 丛柠条生长指标进行平均处理后（表 4-8），对数据拟合以多项式关系比较合适，采用二次得到柠条平茬最佳时即峰值，可得到最大生物量。

表 4-8　盐池县柠条主要生长指标汇总

月份	丛高	生物量	分枝数	单枝重
3 月	111.45	2.69	35.15	69.76
4 月	114.76	3.51	36.76	95.40
5 月	116.67	4.68	38.88	120.07
6 月	120.40	5.52	38.43	140.80
7 月	122.70	6.24	39.48	154.03
8 月	127.54	4.36	38.05	111.47
9 月	116.37	3.24	34.84	90.73
10 月	104.98	2.40	32.57	52.71
平均	116.86	4.08	36.77	91.23

从表 4-9 中可以看出，峰值基本集中在 6—7 月，由于柠条生长季平茬正是农业生产正农忙时节，对平茬时间向外分别外推 1 个月，即建议平茬时间在 5—8 月为好。

表 4-9　拟合函数和平茬建议时间

指标	拟合方程	峰值时间	R^2
丛高	$y=-1.2023x^2+15.602x+72.553$	6.48	0.7233
生物量	$y=-0.2592x^2+3.3261x-5.229$	6.42	0.8765
分枝数	$y=-0.4446x^2+5.4339x+22.57$	6.11	0.9521
单枝重	$y=-6.6985x^2+85.232x-131.46$	6.36	0.9341

第三节　柠条平茬机械研究

一、柠条割灌机研究

多年以来，柠条平茬都是以镢头、砍刀、果树剪等传统工具为主，具有劳动强度大，生产效率低，易伤根致死等缺点，很难适应当地柠条平茬复壮的紧迫性和产业化发展需要。因此，研究探讨柠条机械化平茬复壮技术，是实现柠条资源集约化经营和产业化开发的首要环节。引进了4种国内常见市售平茬割灌机作为参试机型，对比分析各机型平茬效率、主要问题及改进方法等。所选机型分别为山东华盛农业药械股份有限公司产CG415型直轴侧挂式平茬机（功率1.47kW）、陕西西北林业机械股份有限公司的“峰林”牌IE4F C型硬轴圆把背负式平茬机（功率1.84kW）和北京西郊机械厂生产的功率都为1.47kW硬轴背负式和直轴双把侧挂式机型。以林龄为10年、确定平茬间隔期为4年地块的柠条进行试验，4种机型同时开机，各进行了累计20h的平茬试验。其中柠条林以宽窄行双行种植，其中窄带宽2m，宽带宽7m，实测平茬面积与油耗等都为含宽窄的毛面积。

（一）平茬效率及油耗

测试发现，山东华盛CG415型侧挂式平茬机效率最高，北京侧挂式和背负式次之，陕西峰林最低，山东华盛与陕西峰林差异性显著（图4-5）。油耗量以北京侧挂式最高，陕西峰林背负式最少，二者差异极显著，其他各组差异不显著。

由试验可知，各机型油耗量一般为1.0～1.5L/hm^2，耗油成本为5.0～7.5元/hm^2。1名较熟练的操作手工作效率为3～4.5hm^2/d，平茬成本为40.0元/hm^2，平茬效率及所需成本明显比其他平茬方式（如人工镢头）理想。测试尽管所测结果受平茬柠条的长势、密度和操作手体力、熟练程度等差异的影响，但总的来讲，不管从机械性能稳定程度、启动难易、机械材料等来看，4类机型中都以山东华盛侧挂式机型最好。

（二）机械与人工平茬收割效率比较

试验选择柠条的长势和分布均匀，平均密度为802.5丛/hm^2，平均单丛生物

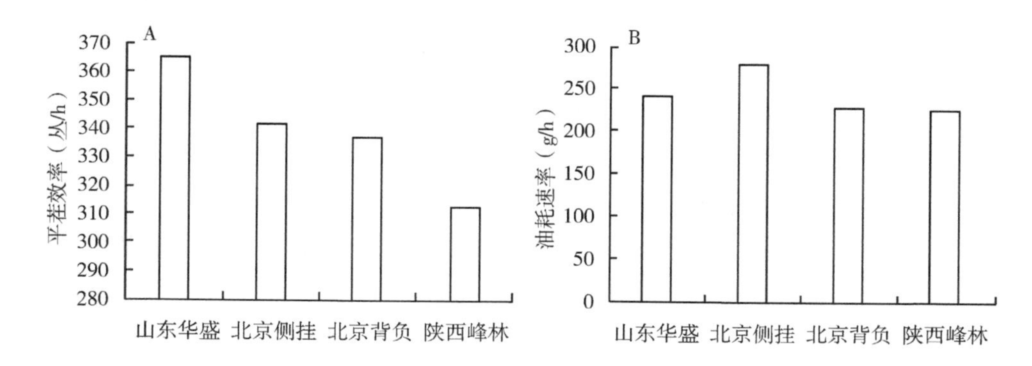

图 4-5　平茬效率（A 为各参试机型平茬效率；B 为各参试机型实测油耗速率）

量 2.32kg 立地类型一致的平滩地，平茬采取隔带平茬，按实际平茬丛数折合成有效面积，以及统计单丛数和生物量等进行平茬效率和机械性能比较。

由表 4-10 可知，两种机型相比较，在相同工作时间内，IE4FC 型背负式割灌机平茬效率为 0.234hm²/h 比 CG415 型侧挂式机割灌机 0.256hm²/h 低 8.6%，两种机型平茬效率之间差异不显著；人工平茬收割仅为 0.046hm²/h。两种机型平茬效率分别比人工平茬高 4.1 倍和 4.6 倍；按日平均有效作业 8h 可平茬收割的面积计算，人工平茬为 0.37hm²，而 IE4FC 型背负式机型为 1.87hm²，CG415 型侧挂式机型为 2.05hm²。因此，采用机械平茬收割效率明显高于人工，背负式机型故障较多，排除故障时间多于侧挂式机型 2h，侧挂式机型略好于背负式机型。

表 4-10　两种割灌机与人工平茬收割效率比较

项目 平茬方法	平茬时间 （h）	平茬丛数 （丛）	折合有效面积 （hm^2）	折合总生物量 （kg）	平茬面积 （hm^2/h）	平茬生物量 （kg/h）
IE4FC	19	3 561	4.44	8 261.5	0.234	434.8
CG415	21	4 309	5.37	9 996.8	0.256	476.0
人工	12	441	0.55	1 023.1	0.046	85.3

注：测试时间（2009 年）

由表 4-11 看出，IE4FC 型背负式割灌机、CG415 型侧挂式机割灌机平茬成本为 49. 35 元/hm^2、46. 80 元/hm^2比人工平茬 86. 25 元/hm^2显著低 33. 3 元/hm^2和 35. 9 元/hm^2。IE4FC 型背负式割灌机、CG415 型侧挂式机割灌机每千克平茬成本也分别比人工 0. 044 元/kg 低 40. 3%和 43. 2%。从平茬成本来看，IE4FC 型背负式机型略高，主要是机械折旧维修费用增加所致，使每公顷和每千克平茬的成本有所提高，因此，IE4FC 型背负式机械性能有待进一步改进。从实际平茬中试用的效果来看：背负式机型在操作者背部机械振动大、劳动强度大，对操作者伤害较大，有效工作持续的时间短；操作过程中发生故障时，发动机在背部操作较困难；采用软轴传动方式，故障多，特别是软轴易断损和维修费用高。侧挂式机型是机体在操作者侧挂，手臂受力较小，有效地避免了背负式机型机械振动对人体产生的直接影响，消耗体力小，劳动强度小，持续作业的有效时间相对较长，直轴转动，动力负荷较小，阻机现象和机械故障比背负式机型要少。

表 4-11　两种割灌机与人工平茬收割每公顷成本比较

平茬方法	机械耗油（元/hm^2）	折旧维修（元/hm^2）	人工工资（元/hm^2）	合计（元/hm^2）	费用（元/kg）
IE4FC	11. 87	22. 29	15. 45	49. 35	0. 026 5
CG415	12. 15	19. 95	14. 70	46. 80	0. 025 2
人工	—	—	82. 65	82. 65	0. 044 4

（三）机械锯片的选择

国产便携式割灌机在柠条平茬收割时原机锯片抗磨性差，平茬收割成本高，仅锯片损耗成本就占平茬收割总成本的 38. 2%。需要通过技术改进，选择耐磨损锯片，以提高机械作业效率，来降低机械平茬成本。为提高工作效率，较细的柠条可选用 60 齿（外径 250mm）粗齿锯片。反之柠条较粗时，为减轻机器负荷，以 80 齿（外径 250mm）为宜。如果枝条明显较粗时，可根据需要选择 200mm 和 180mm。选用硬质合金的锯片耐磨性要比 65Mn 金属材料制成的普通锯片大 4~6 倍，价格也与 65Mn 的相当，即 20 元/片左右，适宜柠条平茬的锯片有 200mm 和 255mm 两种，锯齿数以 60 齿为宜（表 4-12）。

表 4-12　各类锯片规格及主要特点

规格	外径（mm）	内径（mm）	厚度（mm）	槽深（mm）	前角（°）	楔角（°）	平茬面积（hm^2）	合金部分	
								（mm）	（mm）
合金 80 齿	252. 7	25. 4	3. 0	7. 5	18	33	8~12	4. 5	1. 5
合金 60 齿	248. 2	25. 4	3. 0	8. 0	18	33	8~12	4. 5	1. 5
合金 60 齿	201. 4	25. 4	3. 0	6. 0	18	33	8~12	4. 5	1. 5
合金 60 齿	178. 5	25. 4	2. 5	6. 0	18	33	8~12	4. 5	1. 5
65Mn60 齿	246. 8	25. 4	1. 8	6. 0	20	35	0. 3~0. 5	—	—

根据试验结果，柠条平茬收割机锯片淬火硬度以 HRc60 左右为宜。试验选用的合金工具钢和 65Mn 钢，经淬火硬度都可达到 HRc60 左右，柠条平茬机锯片直径较大（180~220mm），厚度又很薄（2~3mm），要求淬火硬度达到 HRc60 左右，虽然适宜柠条平茬使用，但其热处理工艺很复杂，锯片的成本增加很多，并且硬度过大，韧性将会降低，在机械高速运转情况下工作极不安全。应用超硬钨钢属硬质合金材料，用其制成的刀片硬度大于 HRc60，远高于合金工具钢和 65Mn 钢的锯片硬度，耐磨性和耐用度都得到相应提高，锯片刀齿的切削角度也较合理，类似金属切削加工的三面刃铣刀的性能。超硬钨钢圆锯片，是在 65Mn 锯片机体上，应用较先进的焊接工艺技术，将超硬钨钢制成的刀片焊接在锯片的齿部而成。因此，这种锯片不但具有较高硬度和耐磨性的刀齿，而且机体还具有一定的韧性，使锯片具有良好的切割性和安全使用性，并且价格也较合适，直径 200mm 的锯片 25 元/片，而相同直径的硬质合金焊接锯片在 200 元/片左右。

试验采用 8 年生未平茬成年林（表 4-13），密度在1 650~2 025丛/hm^2，生物量在1 650~2 700kg/hm^2。为了便于测试，平茬分不同区域进行。由表 5 看出使用超硬钨钢耐磨锯片每片平均平茬面积和生物量，分别比使用原机锯片高出近 4 倍。使用超硬钨钢耐磨锯片平茬柠条，可显著提高工作效率和生产力水平，平茬成本为 0. 013 3 元/kg，比使用原机锯片平茬成本低 50%，也比人工 0. 044 4 元/kg显著降低 2. 34 倍。由每公顷平茬成本构成看出，由于收割使用的机型、燃油、人工等基本一致，单位面积机械耗油、机械维修和用工成本无明显差，而锯片的磨损成本的差异很大。使用超硬钨钢耐磨锯片每平茬 1hm^2柠条合计成本为23.93元，比使用原机锯片成本要低50.09%；其锯片的磨损成本1hm²仅为3.32元，仅占1hm²合计平茬成本的13.87%，比使用原机锯片降低79.51%，而原机锯片磨损成本则占到自身1hm²合计平茬成本的33.79%；两种机型平茬的单位面积耗油量差异不大，使用超硬钨钢锯片用工费降低74.15%。因此，对柠条平茬生产效率及成本的高低与锯片的抗磨损能力关系很大。

表4-13　超硬钨钢锯片与原机锯片平茬效果

项目处理	每片锯片平茬效率		平茬成本（元/hm²）					平茬成本（元/kg）
	面积（hm²）	生物量（kg）	锯片磨损	机械耗油	机械维修	用工	合计	
超硬钨钢锯片	6.942	12 495.6	3.32	11.87	4.85	3.89	23.93	0.013 3
原机锯片	1.427	2 568.6	16.20	12.00	4.70	15.05	47.95	0.026 6

通过试验，超硬钨钢耐磨锯片一次性平茬柠条不低于6.6hm²，同时还可以刃磨1~2次，刃磨一次费用仅5元，可继续平茬柠条3.3~6.6hm²，其锯片磨损成本1hm²也只有2.6~3元，每片锯片平柠条最少不低于10hm²，但还可以继续用于牧草、玉米等农作物的收割，提高锯片的利用率。

二、柠条收获机械的发展现状

韩江（2015）对柠条收获机械的发展现状进行综述研究，柠条收获机械，按机器功能可分为专用式和兼用式两种；按机器结构可分为人工背负机动式、拖拉机悬挂式和自走式3种；按作业形式可分为分段作业和联合作业两种。由于柠条的种植面积大，近几年来，拖拉机悬挂式和自走式的柠条收获机械受到广大用户青睐。

（一）国内柠条收获机械发展现状

我国柠条收获机械的开发、研究较晚，起步于20世纪60年代，到目前为止，柠条收获机械技术水平相对较低，大多停留在仿制的基础上。我国柠条的种植环境比较恶劣，地形复杂，再加上柠条平茬要求高，许多收割机械无法直接用于柠条的收割。国内专业生产柠条收获机械的企业较少，且品种单一，尚未形成系列化产品。国内对柠条收获机械的研究大多侧重于柠条收割机，对带有打包、打捆等功能的柠条联合收获机械的研究相对较少。

马永康（2006）对柠条切割机理及切割器进行了研究，认为柠条切割机对柠条的切割要经历 3 个阶段，即柠条的早期弹性变形、早期剪切破坏和晚期弹性变形；同时提出了一种以小型拖拉机为动力的复合式圆盘联结扇形带齿刃刀片切割器，并对其相关的结构参数进行了计算确定。山西省大同市机械化农业生态项目实验管理站研制的 4N-3 型柠条平茬机，该机悬挂在拖拉机前面，采用旋转式锯盘无支撑切割原理，锯盘线速度可达 60～90m/s。李宁等（2009）设计了多种前角切刀，对含水率为 55%左右的几种柠条进行剪切试验，阐述了柠条剪断力与刀具前角之间的关系，认为剪切相同直径的柠条时，剪断力随刀具角度增大而增大；相同前角的刀具剪切柠条时，剪切力随着柠条直径的增大而增大。有研究者分析了圆锯片切割柠条的原理，在研究带有导向装置 3 个刀盘切割柠条理论的基础上设计了三刀盘柠条切割装置。中国农业机械化科学研究院呼和浩特分院研制开发的 9GN-1.0 型多功能自走式灌木平茬收割机，其配套动力为 59kW，浮动弹簧最大行程 200mm，可根据不同地形进行仿形切割，工作效率较高。还有研究者研制出了 5GZ-800 型手扶式割灌机，该机通过“V”形带传递动力，机身高度可调，以适应复杂的地形，其底盘牵引力最大为 290N，连续作业时对沙土表层植被破坏较小。张本源分析了国内现有平茬收获机械的使用情况和切割特性，并根据生产需求，参考现有的技术条件，设计了一种新型高效智能柠条平茬收获机，为设计人员提供了一条新思路。此外，山西农业大学研制出了具有智能仿形功能的 4GN-1400 型柠条平茬收割机。这些收割机大多只能完成柠条的切割作业，柠条切割之后的捡拾、切碎，尤其是柠条的打捆收集等作业都需要人工来完成。国内类似于中农机的 4MG-200 型自走式能源灌木联合收割机。内蒙古蒙翔也生产出了 4G-2 型自走式灌木平茬多功能收割割灌机，这种联合收割机具有收割、切碎、抛送、集箱、自卸一体化作业功能，但还没有得到大规模的推广应用。

目前，国内外割灌机械总的发展趋势以旋转式切割器为切割部件，大多采用圆锯片式为了能极大地促进沙生灌木的综合开发利用，极大地提高割灌功效，减轻工人的劳动强度，同时也为了降低成本，越来越多地采用中小型悬挂式割灌机，它的功率大，效率高，结构简单，机体可分离。考虑到为实现下一步对灌木枝条的收集、粉碎、运输做好准备，应具备把割下的灌木条定向摆放的功能。

（二）国外柠条收获机械发展现状

国外柠条收获机械发展现状国外发达国家对于灌木收获机械的研究起步较早，目前已有不少大型企业（CLAAS、HTM 等）生产灌木收获机械，而且技术成熟，有专门的割灌机、灌木联合收割粉碎机等。国外小型的灌木收获机械主要是割灌机，其广泛采用现代科技成果，如工程塑料、CDI 无触点电子点火等，整机质量轻，功率大，拥有系列产品，以德国的 STIHL 公司、SOLO 公司为代表，他们生产的产品种类齐全。苏联制造的 MNC 大面积割灌机，装载在白俄罗斯型拖拉机上，机器在前进过程中，前部压灌部分先将灌木压弯、压挤在一起，后面割灌装置从根茎处自行切断，最后切碎、撒抛在地上，该机适用于大面积的除灌收割。英国制造的大型萨布列割灌机，工作时，割灌机锯片装于伸出臂上，为了保持整机的平衡，后部均安装有配重块，锯齿部分可以根据需求更换和调节，这种割灌机可锯断 10~50mm 的灌木。巴西制造的灌木切碎机切割部分悬挂在拖拉机前端，工作半径达到 2m，有较强的独立工作能力，灌木切碎机工作时，位于机器前方的灌木被圆盘刀片切断，随后由垂直的螺旋刀片切成碎片。巴西的一种液压臂式割灌机能够清除森林中的灌木丛和树枝，液压臂能够灵活升降，不会对土壤表面造成破坏。美国 Gregory 公司生产的 CH-55 Rotary Cutter 灌木切割头，采用的是垂直轴设计，而 Carlson 公司设计的 Seppi M Brush Cutter 除灌机，采用的却是水平轴甩刀盘设计，两者都安装在大型的承载设备上。法国库恩公司生产的除草修树机，可用于对沟渠路边修护与除草修树作业，Etesia 公司开发的一种轮式割灌机，整体应用了液力平衡技术，具有较高的自动化水平，动力强劲。

国外大型的灌木收获机械，主流产品采用收割加粉碎的收获方式。这些机具都是以能源型灌木林为作业对象，大多仅仅是完成割断、铺放作业，不粉碎和收集，且这些灌木大都种植在平整的土地，品种经过精心选育，茎秆粗细均匀，直径较大，生长方向大都直立向上，旁生枝很少，一般为机械化种植，长势基本一致。我国的柠条是以防风固沙为目的，种植在野外的丘陵、沙地等地带，种植的灌木品种与国外的灌木有很大差异，长势呈半圆状，旁生枝很多，且为人工种植，柠条联合收获技术现状及发展趋势研究长势差异较大，采用国外成熟的灌木平茬机械很难满足我国柠条收获特别是联合收获的要求。

（三）我国柠条收获机械存在的问题

综合比较国内外平茬机械可知：国外灌木切割机械已有一系列产品，种类丰富，性能可靠，技术含量较高，但其价格比国内的昂贵，而我国这方面的发展主要集中在轻型割灌机械，在大型割灌机械方面还处于起步阶段，总体水平与国外相比还是有很大的差距，尤其研制的灌木切割机械大都由农业机械改进而来，生产的机器使用性能单一，工作效率远低于国外的同类产品，针对性和适用性差，尤其割下的灌木杂乱无序，不利于后续收集，无法满足现有需求。目前，国内的柠条收获机械还存在以下几方面问题。

一是柠条收获机械大多只适用于收割平茬作业，功能比较单一。后续的粉碎、收集、打捆仍然依靠人工来完成。大型联合收获机械相对较少，且功率较大，成本较高，还没有生产出技术成熟且可以推广应用的大型联合收获机械。

二是我国柠条有野生和人工种植两种。野生柠条生长环境复杂，机械化收割困难；人工种植的柠条尚未形成大面积规范化的种植模式，这给柠条的机械化收获带来一定难度。农用联合收获机械还不能直接应用于柠条收获。

三是国内现有的柠条收获机械没有合理地解决柠条切割的问题，切割过程中柠条切口容易出现劈裂、毛刺和灼伤等缺陷，影响柠条第二年的生长。柠条生长环境中存在大量的砂石，容易对刀片造成冲击损坏。

四是柠条生长在凹凸不平的地方，在柠条收获机械的前方一般会加上仿形装置，使切割刀头随着地势的起伏而上下浮动。但目前的仿形装置大多是在切割装置两侧加装仿形轮，这种仿形装置无法解决柠条根部堆积砂石过高和生长在凹形坑里柠条的收割问题。

五是目前对柠条收获理论的研究大多集中于柠条的收割方面，对收割下来柠条的粉碎、捆扎、压缩等方面的研究尚属空白。

（四）我国柠条收获机械发展的建议

我国的柠条生长环境复杂，机械化收获难度大，柠条收获机械的技术水平较低。结合我国的柠条生长特点，对柠条收获机械的发展提出如下建议。

一是在人工种植柠条的地区实行标准化种植，规范统一的行距和间距，平整种植地。从源头开始为柠条的机械化收获做好准备，这也有利于柠条种植机械的发展。

二是对现有大面积柠条的收获，考虑研发新型的三维立体仿形装置，为复杂地面上柠条的收获提供良好的切割条件，提高柠条的切割质量。

三是设计柠条联合收获机械时，要考虑到柠条生长的生态环境相对脆弱，选择的载具要考虑到对沙层地表植被的破坏最小。

四是在结合国内外相关先进技术的基础上，开发制造出适合我国国情的大型柠条联合收获机械，在收割柠条的基础上，增加柠条的粉碎或打捆功能，真正实现柠条收获机械化。

第四节　柠条平茬技术

一、柠条平茬时间

（一）首次平茬时间

根据生长曲线拟合方程通过求导后，柠条首次平茬适宜期在 8～10 年。随着成林期，1～8 年是增长较快，8 年以后增长缓慢，一般 8 龄左右柠条单丛生物量 2.3kg/丛，丛高能达到 1m。

（二）成林平茬周期

对柠条成林平茬后，1～5 年是增长较快，5 年以后增长缓慢，一般 5 龄左右柠条单丛生物量 5.0kg/丛。株高能达到 1.7m。盐池县柠条适宜平茬周期以 4～5 年为佳。立地条件好的地方可以 3～4 年进行再次平茬。

（三）生长季最佳平茬时间

柠条生长季生长峰值基本集中在 6—7 月（表 4-14），7 月柠条生长到了生物量最大的时间 8.31kg/丛（沙地），营养价值高，粗蛋白 14.78%，NDF 含量最低 53.79%，相对饲料价值为 107.19%。第二年再生恢复速度最大 6.167cm/d，耗水系数仅次 8 月，耗水量大，植株蒸腾作用强，生长旺盛。下垫面摩擦增大，有效抵御风蚀。细菌群落多样性大，促进植物的生长。介于以上诸多因素，建议平茬时间在 7 月最好，但由于实际生产中由于农户较忙，最佳平茬时间建议 6—8 月。生长季内 8—10 月建议不平茬，主要原因：这一段时间平茬后，第二年柠条分枝数会减少，其次生长速度也会相应较低。具体机理还需要进一步深入研究。

表 4-14　柠条最佳平茬月份指数统计

月份	生物量	CP	NDF	RFV	恢复生长速度	耗水系数	抗风蚀能力	细菌群落多样性
3 月	4.25bc	8.44	69.02	66.53	4.215	383.50	6.010 3	—
4 月	4.29bc	8.53	65.13	57.65	5.341	373.80	7.208 9	6.29
5 月	6.40abc	13.44	62.57	63.35	5.512	388.60	7.486 7	6.42
6 月	7.12ab	11.25	71.62	67.02	5.438	396.20	7.103 7	6.40
7 月	8.31a	14.78	53.79	107.19	6.167	397.10	7.855 3	6.56
8 月	5.79abc	12.58	58.89	79.86	5.824	400.40	6.658 3	6.46
9 月	4.23bc	13.93	64.61	76.77	5.477	387.60	6.373 0	5.70
10 月	3.60c	9.43	72.25	56.29	5.483	379.40	6.956 6	6.16

（四）柠条非生长季节平茬

柠条非生长季节平茬——休眠期平茬。成年柠条在整个非生长季节（11 月至次年 3 月）平茬，造成的植株死亡率非常低。①枝条粗蛋白含量较稳定，在 8.26%~10.6%。②地面封冻，枝条较脆，人工砍伐工效比在生长季要高，同时又是农闲季节，劳动力充足，平茬成本相对要低些。③春季能尽早萌发生长，当年有效生长期长，生物量大，隔年就可少量结实，两年后就能正常结实。但无营养叶、花，而且嫩枝量小，粗纤维和木质素含量较高，加工的饲料相对质量要差一些。

二、留茬高度

（一）梁地柠条以留茬 15cm 为最佳

不同留茬高度第二年恢复效果：15cm（81.88）>5cm（80.86）>10cm（78.59）>20cm（78.55）>25cm（75.84）。净增长以 15cm 最大为 55.22cm，

20cm 最低为 48. 78cm。恢复到平茬百分率依次为：15cm（57. 43）>25cm（55. 97）>5cm（55. 95）>10cm（54. 85）>20cm（51. 28）。不同留茬高度，当年分枝数都比平茬有增加，增加最多的是 15cm 为 45. 24 枝，25cm 最低为 30. 26 枝。自地上 5cm 处平茬效果最好，可最大限度地促进柠条生长、利于更新，且能有效防止因留茬过低而造成的风蚀现象。

（二）沙地柠条以留茬 10cm 为最佳

当年平茬后灌丛丛高恢复到平茬前的 43%~48%。留茬高度为 10cm 恢复效果最好为 47. 66%，留茬高度为 20cm 恢复效果最差为 43. 02%。第二年留茬 10cm 恢复效果仍是最好为 62. 89%，5cm 恢复效果最差为 56. 27%。平茬后 1 年，冠幅恢复到第一年的 49. 10%，以留茬 10cm 恢复效果最好为 54. 90%，以留茬 20cm 效果最差为 44. 85%。分枝数都比平茬有增加，当年增加最多的是 15cm 为 24. 06 枝，20cm 最低为 10. 45 枝。平茬 1 年后，分枝数与上年相比都有减少，以 20cm 减少最多为 22. 73 枝，10cm 最低为 12. 36 枝，平均减少为 17. 32 枝。与平茬前相比只有留茬高度 10cm、15cm 分枝数有增加。说明平茬留茬高度越高，不利于柠条萌发分枝。地径恢复平茬一年后以 15cm 最好为 41. 03%，最低为 5cm 为 37. 28%。

三、平茬强度

根据柠条林的立地条件及经营目的确定具体的平茬强度，如在立地条件好、林下草本盖度大的地块，平茬强度可在 40%~50%；而在沙地及林下草本盖度低的地块，平茬强度应在 20%~25%左右；但不论何种情况，平茬强度均应低于 70%，即平茬后的林地覆盖度不得小于 30%。

（一）隔行隔带轮换平茬

作为饲草料，3~4 年平茬一次，每次平茬比例为 1/4~1/3，最佳的利用季节应为开花期。人工柠条林在 6~8 年生时，单株生物量达到最大，作为生物质能源林，平茬间隔期不应超过此上限，5~6 年平茬一次，隔行隔带轮换平茬，比例不能超过 1/3，平茬季节可在立冬至早春树叶未发芽前进行。

（二）带状平茬作业

适用于风沙灾害和水土流失严重地区的林地；平茬宽度一般不超过 50m，保留带宽度 50m，保留区域的收获在平茬部分恢复 1 年后进行。

（三）块状平茬作业

适用于地下水位较高的半固定沙地以及复沙硬地的灌木林，平茬区和保留区交错排列。

柠条平茬后 1~2 年抗风蚀能力较弱，为解决因平茬后削弱柠条林防风效能的矛盾，根据防护林防风长度，林带灌丛高 1.5m 左右，防护距离 15m 左右。完全可以采取隔行带状平茬，即隔 1 行或隔 2 行平茬，2~3 年全部平茬 1 次，就不会影响防风效果。根据平茬后的观察，平茬后消灭了部分虫源，增强了植株生长势和抗病虫害的能力，大大减轻了蛀干虫害，病虫害明显减轻。

四、平茬抚育目的和原则

平茬抚育目的是避免灌木林衰退，促进灌木林生长，提高灌木林生物量资源的开发利用水平，增加沙区群众经济收入。平茬抚育原则是生态保护优先，持续经营与利用并重，增加灌木造林和经营技术含量，促进灌木林资源量持续增加。

按照《国家林业局中幼龄林抚育补贴试点作业设计规定》，组织有林业调查规划设计资质的单位编制作业设计（表 4-15）。作业设计报所属的地市级林业主管部门审批。同时作业设计审批文件报省级林业主管部门备案。作业设计必须在计划文件下达后 3 个月内完成审批并上报备案。作业设计未经批准，不得组织施工作业；一经批准，不得随意变更；确需变更的，按照规定的审批程序进行审批及备案。

表 4-15　柠条平茬作业

编号：　　　　　　　　　　填表日期：　　年　　月　　日

单位（个人）		通信地址			
坐落		林地所有权权利人			
小地名		林班		小班	
面积		树种		造林年度	
林地使用周期		终止日期			
四址（坐标点）					
主要权利依据及附图					

（续表）

单位（个人）		通信地址	
林权共有权人权利说明			
集体林地所有权人意见（章）	（印） 负责人：年 月 日		
乡（镇）政府意见（章）	（印） 负责人：年 月 日		
发证机关意见（章）	（印） 负责人：年 月 日		

在平坦和缓坡丘陵地带，小四轮带圆盘式收割机的平茬效果最佳。在沙丘、沟壑较多，以扁镢、铁铲、砍刀等锋利工具平茬为宜，不宜以机械平茬作业。在选择的平茬地块，按照作业设计的平茬要求，先从地块的一侧并沿着造林行的走向开展平茬作业，直至平茬地块的另一侧。然后按照设计平茬方式，在反方向沿着造林行的走向开展平茬作业，直到小班设计平茬任务结束。柠条林平茬后 3 年内要实行封禁保护。作为能源林的柠条平茬后可在第二年春季土壤解冻时进行松土促进萌蘖更新。

平茬时应利用锋利的镢头、板斧或砍刀，将全丛一次性砍掉，不可以只砍大枝、粗枝，留细枝和小枝，否则会将生长势全部集中于细枝和小枝上，减少新萌枝条，削弱植株的生长势。平茬时茬口要平滑，不得伤害分蘖点。

平茬抚育作业设计，按照《国家林业局中幼龄林抚育补贴试点作业设计规定》执行。并至少包括行政区域，小班号，立地条件、土壤类型、树种、植被盖度，造林时间、造林密度，平茬抚育技术指标等内容。

第五章　柠条资源开发利用

第一节　柠条饲料化利用

柠条的饲用价值高。柠条的枝、叶、花和种子都是很好的优质饲料，营养丰富，而且柠条的萌蘖力很强，耐家畜啃食，一年四季均可放牧。一般成年的柠条草场，可食枝叶部分产量折成干草为每亩150~200kg，加上林间草场地上的其他植物，每亩可生产一个羊单位的饲料。绵羊、山羊和骆驼均乐意采食其嫩枝，尤其在春末喜食其花。羊在夏、秋季采食较少，而秋霜后开始喜食。绵羊在夏秋季对小叶锦鸡儿的可食系数分别为：5月50.53%，6月31.54%，7月22.75%，8月31.01%，9月19.31%，10月28.42%。

一、柠条资源对养殖的影响

（一）宁夏中部干旱带羊只生产状况

宁夏羊只集中分布在盐池、灵武、利通区、同心、海原、红寺堡、原州区、彭阳、沙坡头区等12个县（市、区），2016年羊只存栏量481.46万只，占全区总存栏量（580.73万只）的82.91%。宁夏中部干旱带是宁夏中部地区多年平均降水量在200~400mm的区域。涉及盐池县、海原县、同心县、红寺堡区、原陶乐县的全部，固原东八乡和灵武市、利通区、中宁县、中卫市沙坡头区的山区部分。土地面积为30 347km^2。该区域的平均海拔1 100~1 600m，处于毛乌素沙地和腾格里沙漠的边缘，为典型荒漠草原带。地形南高北低东高西低，南部以黄土丘陵沟壑区为主，北部丘陵台地沟壑纵横、梁峁起伏、地形支离破碎。羊只存栏量在 300 万只，占全区的 50%。中部干旱带也是宁夏滩羊主要产区。宁夏滩羊具有典型的生态地理分布特征，生活区域狭窄。其气候特点是温带大陆气候，冬长夏短、春迟秋早、风大沙多、寒暑并烈、日照充足是这个地区的明显特征。

2003 年宁夏开始封山禁牧后，羊只生产由放牧、半放牧转变为全舍饲饲养，羊只的生存空间、养殖模式发生了很大变化，饲养成本增加、农户对舍饲养殖的不适应、生产性能下降，导致效益进一步降低，存栏量大幅度下滑。因此宁夏羊只生产、对饲草料的需求、提高到前所未有的高度。禁牧前，以放养为主，饲草料投入较少，饲料投入主要以自产玉米为主，投入多少取决于耕地产出量。禁牧后，由于在草原生态保护与畜牧业可持续发展过程中，精力主要放在了生态恢复上，致使饲草料的种植面积及草产量远远不能满足畜牧业对其的需要。在禁牧同时，各级政府借助各种途径和配套措施，调整养殖方式和作物种植结构，推广人工种草，柠条饲料利用等。玉米种植面积由 2004 年的 18.78 万 hm^2增加到 2016 年的 29.69 万 hm^2，增加了 10.91 万 hm^2；玉米产量由 2004 年的 117.69 万 t 增加到 2016 年的 221.47 万 t，增加了 103.78 万 t。青饲料种植由 2004 年的 5.04 万 hm^2增加到 2016 年的 8.35 万 hm^2，增加了 3.31 万 hm^2。通过多种措施引导，使农民舍饲养技术不断提升，羊只存栏量由 2004 年的 493.49 万只增加到 2016 年的 580.73 万只，增加了 87.24 万只。尽管采取多种措施来提高舍饲养殖技术和水平，但饲草料不足的现状，依然存在。肉牛、家禽饲养量不断增加，也增加了与羊只争料的现象。

（二）中部干旱带柠条饲料开发的必要性

柠条由于其枝繁叶茂、营养丰富，富含 10 多种生物活性物质，尤其是氨基酸含量丰富，因此也是良好的饲用植物。合理开发、科学利用柠条这一饲料资源，对于发展草食畜牧业，尤其是解决羊只饲草料紧缺的问题，具有重要的意义。根据表 5-1 中，柠条林主要集中在中部干旱带：盐池县、同心县、灵武市，存林面积分别为 16.21 万 hm^2，5.70 万 hm^2，5.22 万 hm^2，分别占全区天然柠条的 36.88%、12.97%、11.88%，3 个县市柠条林面积占宁夏总面积的 61.73%。因此发展柠条饲料解决饲草不足的问题，势在必行。

表 5-1　宁夏各县市柠条林面积、生物量及羊只存栏

地区	2016 年				2018 年			
	柠条林地（万 hm^2）	生物量（万 t）	羊只存栏（万只）	羊只均量（kg/只）	柠条林地（万 hm^2）	生物量（万 t）	羊只存栏（万只）	羊只均量（kg/只）
银川市	0.027	0.060	8.76	6.85	0.024	0.050	8.12	6.16
永宁县	0.006	0.029	14.57	1.99	0.006	0.022	14.99	1.47
贺兰县	0.007	0.034	11.01	3.09	0.036	0.075	11.05	6.79
灵武市	5.322	17.758	31.75	559.31	5.218	18.009	31.24	576.47
平罗县	0.002	0.010	1.04	9.62	0.003	0.008	1.18	6.78
惠农区	0.026	0.111	21.69	5.12	0.013	0.037	22.86	1.62
利通区	0.622	1.244	30.86	40.31	0.586	1.472	27.52	53.49
红寺堡区	4.194	13.085	31.82	411.22	2.959	12.518	31.13	402.12
盐池县	16.122	60.650	91.13	665.53	16.209	68.612	83.13	825.36
同心县	5.538	19.742	63.11	312.82	5.697	20.620	61.85	333.39
青铜峡市	0.002	0.011	18.17	0.61	0.003	0.015	17.66	0.85
原州区	4.050	14.314	32.04	446.75	2.911	13.765	29.07	473.51
西吉县	0.409	1.811	37.02	48.92	0.927	4.153	34.09	121.82
隆德县	0.001	0.006	4.20	1.43	0.002	0.011	3.69	2.98
彭阳县	0.968	4.344	25.98	167.21	1.388	6.468	24.34	265.74
沙坡头区	4.300	13.447	24.07	558.66	3.539	13.051	24.74	527.53
中宁县	0.408	1.622	30.59	53.02	0.507	2.161	30.74	70.30
海原县	3.355	13.142	61.40	214.04	3.919	16.111	54.88	293.57
合计	45.359	161.42	539.21	299.36	43.947	177.162	512.28	345.83

通过表 5-1 可以看出，2016 年全区羊只生物量占有量为 299.36kg/只，2018 年为 345.83kg/只，增加了 46.47kg/只。2016 年柠条生物量、羊只存栏量最高的是盐池县，为 665.53kg/只；其次是灵武市，为 559.31kg/只；沙坡头区第三，为 558.66kg/只；原州区第四，为 446.75kg/只；红寺堡区第五，为 411.22kg/只；同心县第六，为 312.82kg/只。也反映出中部干旱带发展柠条饲料优势所在。银川市、永宁县、贺兰县、青铜峡市、平罗县、惠农区羊只平均柠条生物占有量不足 10kg。这几个县市属于引黄灌区，也是宁夏粮食主要产区，因此发展羊只养

殖业，主要依靠粮食作物及其副产物来生产。灌木的物种属性，决定其在中部干旱带适生范围广，耗水量低。即使在年降水量 70～100mm 的特大旱年，仍能顽强生存，在气温低至-39℃或地表高达 74℃时，也能存活下来。

2016 年和 2018 年柠条存林和羊只存栏分别进行平均后，绘制曲线关系图。从图 5-1 可以看出，宁夏各县市羊只存栏与柠条林面积波动曲线一致。也表明两者之间存在线性关系。

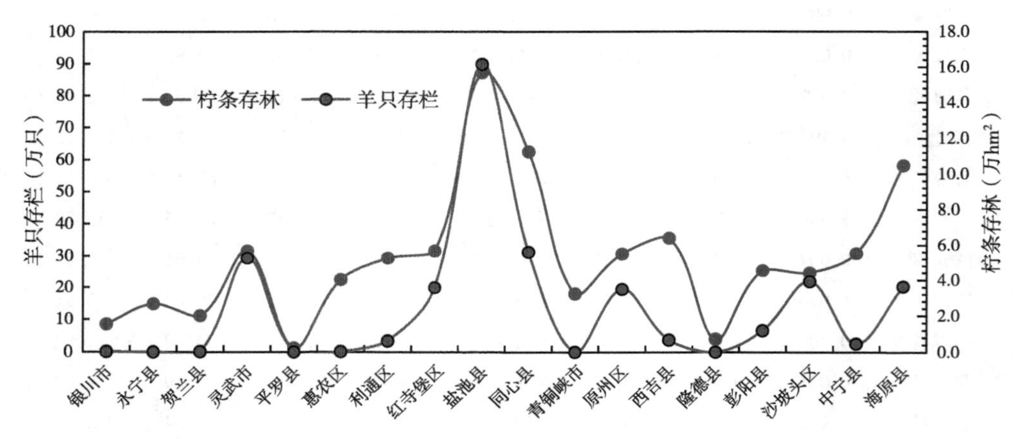

图 5-1　宁夏各县市柠条存林面积与羊只存栏关系

对 2016 年和 2018 年柠条生物量、柠条存林面积分别与羊只存栏进行线性回归。

通过对柠条生物量、存林面积与羊只存栏进行线性回归后（图 5-2）：

$$y_{(羊只存栏)} = 1.171\ 8x_{(生物量)} + 18.188\ (R^2 = 0.708\ 2)$$

$$y_{(羊只存栏)} = 4.619\ 3x_{(柠条存林)} + 17.749\ (R^2 = 0.711\ 5)$$

柠条生物量每增加 1 万 t，羊只存栏可增加 1.1718 万只。柠条存林面积每增加 1 万 hm²每增加 1mm，羊只存栏可增加 4.619 3万只。两个数学模型相关系数都在 0.71 以上，表明数学模型极显著，可以用来预测柠条林与羊只存栏之间的关系。也表明柠条林地对促进宁夏中部干旱带羊只舍饲养殖业发挥了重要作用。

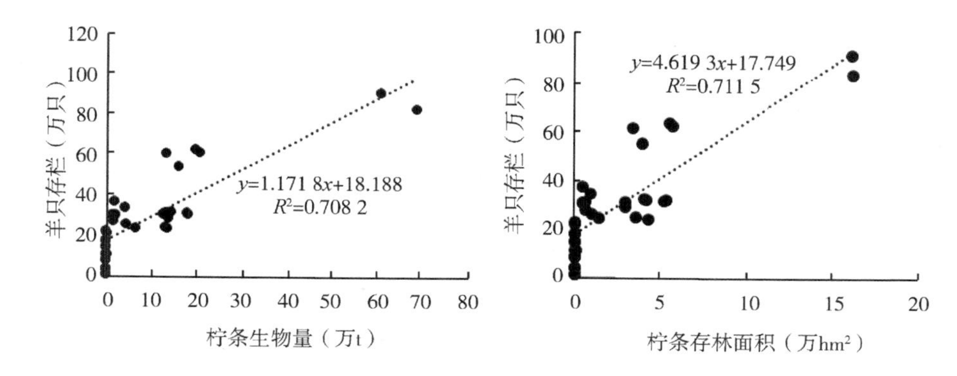

图 5-2　宁夏各县市柠条生物量和存林面积与羊只存栏关系

二、柠条的饲用价值

柠条主要是绵羊、山羊和骆驼的饲草，从季节上看春季柠条比牧草发芽展叶早，又耐牧，是牲畜的接口草，待夏季柠条进入花期也是牲畜较好的饲草，每逢雨后低矮的牧草沾满泥浆，而柠条的枝叶高于地表，经雨水冲洗，翠绿的枝叶成为牲畜采食的主要饲草。柠条灌木草场在牧草枯黄、雪封大地的冬春季节，对放牧家畜也是很好的充饥植物。柠条在开花期粗蛋白含量最高占 15.84%，随后逐渐下降。枯黄期（12 月）粗脂肪含量最高占 4.30%。中性洗涤纤维和酸性洗涤纤维均在枯黄期含量最高，分别为 65.56%和 53.07%（马文智，2004）。

由表 5-2 可知，柠条因季节的变化，所含营养成分也有一定的变化，但其化学成分主要是粗蛋白、粗纤维、粗脂肪、粗灰分、无氮浸出物、木质素等；另外还含有少量的果糖、葡萄糖等，以及多种氨基酸。这些成分在家畜营养上起着不同作用，而且必须经过人为加工，才能提高它们的饲用价值。柠条粗蛋白在盛花期含量最高，粗纤维含量较低，此时利用效果最好。

表 5-2　不同时期柠条营养成分　（单位:%）

平茬月份	粗蛋白	粗脂肪	无氮浸出物	粗纤维	粗灰分	木质素	钙	磷
2 月	9.01	3.65	37.42	45.30	4.62	30.2	0.93	0.41

（续表）

平茬月份	粗蛋白	粗脂肪	无氮浸出物	粗纤维	粗灰分	木质素	钙	磷
4月	9.67	3.91	38.96	43.76	3.70	29.5	1.52	0.75
5月	10.26	3.50	41.03	40.57	4.64	28.76	0.78	0.4
6月	12.65	3.76	41.15	36.58	5.86	25.43	0.98	0.16
7月	11.28	5.50	40.39	37.65	5.19	26.72	1.18	0.11
8月	10.33	6.22	39.57	38.76	5.12	27.56	1.46	0.1
9月	9.68	3.45	42.35	41.02	3.50	29.46	0.9	0.75
10月	7.11	4.85	41.51	42.32	4.21	29.87	1.08	0.41
4~10月	9.30	3.88	40.05	43.23	3.53	31.20	0.86	0.66

注：平茬样品为5年生以上柠条全株营养成分

柠条是优质的饲草资源，俗有“救命草”“接口草”和“空中牧场”（靖德兵等，2003）等美称。花、荚果和种子中都富含营养，种子可作精料。枝条营养成分全面，主要含有粗蛋白、粗纤维、粗脂肪、粗灰分、无氮浸出物、木质素等，其中粗蛋白含量可达11.21%~36.27%，另外还含有少量的果糖、葡萄糖等，以及多种氨基酸（温学飞等，2005）。柠条的粗蛋白品质较好，含有丰富的必需氨基酸，其含量高于一般禾谷类饲料，尤以赖氨酸、异亮氨酸、苏氨酸和缬氨酸为丰富，赖氨酸含量比脱水苜蓿的赖氨酸含量（0.6%）还高（中国饲用植物编辑委员会，1989）。王峰等（2004）研究表明柠条与多种常用饲草营养成分含量进行对比（表5-3），与玉米和小麦等作物秸秆相比，分别高出67.0%和252.0%，粗纤维的含量比其他作物秸秆高9.23%~31.4%。柠条含有18种氨基酸，各种微量元素和维生素的含量也很丰富。柠条草粉的营养价值仅次于紫花苜蓿，在利用上可以根据柠条饲料资源在营养上的特点，合理加工利用。

表5-3　几种常用饲草营养成分比较　（单位：%）

项目	水分	灰分	粗蛋白	粗脂肪	粗纤维	无氮浸出物
柠条	7.8	4.4	9.86	2.56	39.21	31.82
苜蓿草粉	13.0	8.3	17.2	2.6	25.6	33.30
玉米秸	10.0	8.1	5.9	0.9	24.9	50.2
小麦秸	8.4	5.2	2.8	1.2	40.9	41.5

朱顺国等（2001）研究表明柠条复叶尖及叶基部有小刺，茎秆木质素含量高，质地粗糙、硬实，且含有鞣酸及一些挥发性化学物质，鲜草有特别重的苦味，适口性较差，不经过加工处理牛羊采食率很低。高尤娜（2006）对鄂尔多斯高原锦鸡儿属8个种进行常规营养成分的分析，柠条的养分含量在不同的生长时期会发生不同的变化。作为畜禽全价配合饲料中的能量饲料，在满足畜禽营养标准的条件下，柠条草粉可替代部分精饲料，蛋白饲料用量也相应减少。李连友等（2002）认为，柠条中粗纤维含量越高，粗纤维的消化率越低，而且对其他营养物质的消化率影响越大。国内外的生产时间表明，柠条的无叶期枝条作为牛羊等草食家畜冬春季的部分粗饲料是完全可行的。柠条鲜枝营养丰富，粗蛋白含量可达到8.71%~19%，在冬季平茬3年生柠条粗蛋白含量可达到8.4%，相当于玉米的蛋白质含量，是牲畜优质豆科饲料。从营林角度考虑，每年对1/4的柠条饲料林进行科学的人工更新复壮，平茬枝条多做燃料，没有进行综合加工利用。利用平茬柠条枝条加工成饲料饲喂家畜，对缓解草场压力，发展沙区畜牧业具有积极意义。

三、柠条资源的营养特点

我国的许多学者对柠条的营养特点及其营养成分含量进行了研究。归纳起来其有以下几个共同特点。

（一）枝条营养物质含量较为丰富

李爱华和李月华（2001）对柠条的营养成分进行了测定，其粗蛋白含量较高，达16%~19%。在冬季平茬3年生柠条的CF含量仍与玉米相仿。刘晶等（2003）通过研究发现，柠条的枝叶繁茂，营养物质含量高，有10多种生物活性物质，尤其是氨基酸含量更为丰富。刘国谦等（2003）通过营养成分分析后，柠条还富含各种微量元素和维生素，钙、磷比例协调。温学飞等（2005）对柠条进行了化学成分的测定，发现其常规养分含量均较高，同样发现其中有多种氨基酸。弓剑和曹社会（2008）通过对初花期柠条与多种植物的营养成分对比分析后认为，柠条的营养价值可以与蚕豆秸秆和苜蓿青贮饲料相媲美，CP含量较高；柠条中的Ca含量低于苜蓿青贮饲料。范利花等（2012）对柠条枝叶中叶蛋白的氨基酸成分进行了研究，叶蛋白中含有多种氨基酸，高于小麦和玉米，其中蛋氨酸和胱氨酸是柠条的限制性氨基酸。

（二）柠条不同品种的营养差异较大

植物的营养特性与其立地条件有很大的相关性，所以不同种源的柠条在营养成分含量上存在一定的差异；在同一地区的不同品种之间也会因器官发育程度和代谢机制的不同而存在较大差异。王美珍等（2011）以内蒙古 6 个地区地上 10cm 的全株柠条为材料进行了营养成分分析，结果表明不同种源柠条之间营养成分含量相差较大。

（三）柠条不同生育时期的营养差异

不同生育时期的柠条其产量和质量存在较大差异，营养成分含量差异较大，这与其他牧草的变化规律一致。因此，我们要根据相应的营养变化规律确定最适收获期，以获得优质高产的饲草资源。大量研究表明，柠条在其一年的生长史中，随着生育期的推进，植株的木质化程度加重，DM 和 CF 含量增加，而 CP 和 WSC 急剧下降（王峰，2004）。贺丰（2006）对山西偏关平茬 1 年后不同生育期的柠条枝条进行了营养成分的比较研究，发现柠条从休眠期到开花期的 CP、EE 以及微量元素呈上升趋势，而 CF 呈下降趋势；其饲用价值增加，开花期达到最高。陈亮（2013）对宁夏盐池县不同生育时期的柠条进行采样和营养分析测定，结果发现柠条不同生育时期的营养成分含量差异显著，其营养价值在开花期时最高，种子成熟期次之，而返青期和结实期较低。

（四）柠条不同生长年限的营养差异

随着柠条生长年限的增加，主要营养成分向不利于家畜利用的方向变化，其营养和饲用价值降低。付聪明和燕霞（2009）通过研究发现，柠条种植的第二年，其有利于动物利用的营养成分达到最大，第三年时迅速降低，接着会随着生长年限的增长而有所回升。吉林强等（2010）和高优娜（2011）对鄂尔多斯地区不同生长年限的柠条的枝条进行营养成分的测定，结果表明，EE、CP 和粗灰分（Ash）含量呈下降趋势，而 CF 含量呈上升趋势；随着生长年限的增加，柠条表面硅化层增加，质地坚硬，降低其适口性；他们共同认为，2 年生的柠条锦鸡儿和中间锦鸡儿是最佳利用期。

（五）柠条不同组织和器官的营养差异

柠条的不同部位其营养成分含量及成分相差较大，其共同点是叶片的营养价值最高，花次之，而枝条的营养价值最低（罗惠娣，2005）。叶片中的钙磷含量丰富且比例适中，是家畜优良的饲料资源。从饲料资源的开发利用出发，则柠条刈割的最佳时期应该是叶片旺盛期。同一柠条植株中不同部位的消化率不一样，在不同生育期消化率也不一样。柠条粗枝条中主要含有纤维素和木质素，木质素占粗纤维的40%~75%是影响羊只瘤胃微生物消化降解的主要因素。茎秆坚硬，家畜难以采食，不易被加工利用，因此在畜牧业生产中，通常只是利用一些细枝嫩叶。

四、国内外灌木利用研究进展

（一）国外木本饲料利用研究进展

目前世界各国根据当地自然环境，对当地木本饲料的开发进行了有关研究，有关柠条饲料开发的研究报告不多，但是关于其他木本类植物饲用开发的研究较多。在东南亚以至非洲国家，木本饲料在畜牧业生产中占有重要地位，朱樱花和大叶合欢是重要木本饲料植物。苏联平均每年约 3×10^7 t 的树叶被加工成各种饲料添加剂，结合使用膨化法将废木材加工成饲料。美国将粉碎的树皮经化学处理后制成单细胞蛋白饲料，以山杨、柞树等的木屑为主要原材料生产碳水化合物。在日本，通过将阔叶树的木片加工成絮状物，按照 30%~50% 的比例饲喂牛、羊，或者是与其他饲料混合用来养猪，在此基础上还进行了树皮饲料添加剂的研制。整个尼泊尔饲料供应的 40%是木本饲料。在非洲，约有 7 500多种木本植物的嫩枝叶被用作家畜的饲料，尤其是在旱季，这些嫩枝叶在羊饲料中约占 60%，在牛饲料中约占 30%。韩国木材化学研究所利用刺槐和银白杨的叶生产出的粗饲料中，粗蛋白含量能达到 17%~29%，灰分含量不到 1%。在印度专门设有供采集橡子和树叶制造饲料的林地，印度尼西亚有“三层饲草体系”模式，牛饲料中木本饲料占比约 4%~32%。在澳大利亚，银合欢和树苜蓿是重要的木本饲料，相思属植物在干旱半干旱地区和饲料短缺季可以填补饲料不足。在欧洲南部的干旱半干旱的地中海地区，木本植物在动物饲料中必不可少，其中刺槐是干旱季节的优良补饲来源。Papanstasi 等对地中海乔木和灌木的营养成分研究表明，人工培育品种 CP 含量和体外有机物消化率较高，这可以为木本植物的饲料化提供大量资源，且通过饲养效果得出其可以提高奶产量和体重，但在不同反刍动物间有不同的效果。有研究者测定了希腊北部 4 种木本植物的营养成分，表明洋槐和紫穗槐的 CP 含量高，桑树木质素含量低，体外有机物消化率高。

（二）柠条饲料营养价值的研究

关于柠条饲料饲用开发方面，在不同种类的营养价值、灌木饲料加工方式以及对动物饲用价值方面，前人做过一些有益探索，但系统地研究其饲用开发的不多。在营养价值方面，安守芹等（1996）测定分析了柠条、花棒、杨柴、沙拐枣和梭梭 5 种固沙灌木的营养价值，表明其营养成分和氨基酸含量丰富。许冬梅等（2001）研究了宁夏盐池县毛乌素沙地中间锦鸡儿、柠条锦鸡儿、花棒、杨柴和沙柳 5 种沙生灌木的营养价值。罗惠娣等（2005）对柠条的饲用营养成分初步研究，随后罗惠娣（2005）、刘颖等（2008）对柠条的营养成分进行了深入研究。阐明柠条不同种间、产地、树龄、生长期、部位与器官间的营养成分含量变化规律。其中，枝条的营养成分变化范围为：粗蛋白 9.20%～27.50%、粗脂肪 8.20%～22.20%、粗纤维 2.76%～3.52%、木质素 25.13%～27.75%、粗灰分 2.26%～6.75%、无氮浸出物 31.80%～40.85%、钙 0.64%～1.64%、磷 0.26%～0.89%。弓剑等（2008）报道初花期柠条的营养价值可与青贮苜蓿相媲美，钙、磷含量比一般的牧草高，在冬季也有较高的粗蛋白质和维生素含量。李会科等（2010）研究表明沙柳中氨基酸含量略低于混合牧草，但其镁、锌、锰、铜、钴含量比牧草要高。

（三）柠条饲料加工的研究

柠条等灌木具有枝条木质化程度高，植株体积大的特征，且柠条的成熟枝上具有托叶刺，不适宜直接进行饲喂。为了改变饲用状态，提高饲用性，有不少研究人员对其加工进行了积极地探索，主要集中在物理、化学、生物等方法。物理方法如切断、粉碎和揉碎以及膨化处理等。生物学方法主要集中在青贮、发酵、微贮和氨化处理等方面。王峰（2004）研究了柠条氨化、青贮、微贮前后的营养含量，表明氨化和微贮提高了粗蛋白质含量，青贮处理的粗蛋白质变化不明显，纤维素和木质素含量均降低。格根图（1996）指出：氨化、青贮、微贮处理技术对柠条等非常规粗饲料饲用品质的改善，主要是降解了结构性碳水化合物，使饲料的消化利用率提高，微贮处理添加剂降解了粗饲料的木质素，释放了束缚的粗蛋白。

柠条经过酸和碱等化学试剂处理后，能破坏纤维结构，以提高柠条饲草的消化率和营养价值。氨化处理只是通过化学作用破坏糖苷键和氨键，从而降解部分结构性碳水化合物，进而提高柠条饲料的消化利用率。王峰等（2004）通过研究发现，氨化柠条能提高其粗蛋白，而降低纤维素和木质素的含量；在柠条氨化过程中添加5%的玉米效果更明显。也有研究表明，柠条经过氨化后，可以提高其瘤胃降解率，进而提高柠条营养物质的消化率（温学飞等，2006；赵晓董和穆爱娟，2014）。青贮和微化是目前应用最广的两种微生物处理方法，能从本质上解决粗饲料品质差的问题，能提高柠条的营养化值。田晋梅和谢海军（2000）以当年生的幼嫩枝条为材料进行常规青贮并获得成功。柠条青贮能有效地保存营养成分，软化托叶刺；柠条青贮饲喂绵羊的效果优于野干草。微贮能有效地提高柠条CP含量，降低纤维素含量，而对木质素没有明显的影响（王峰等，2004）。温学飞等（2005）用微贮后的柠条饲喂羊，经过研究发现微化处理的柠条利用率达到100%，采食速度也提高15%；微贮柠条的增重效果明显，提高了经济效益。经微贮后柠条各营养成分的瘤胃降解率有升高的趋势，提高了柠条的消化率（项锴锋，2009）。陈亮等（2013，2014）将开花期的柠条包膜青贮，降低了柠条青贮饲料的NDF和ADF含量，对肉牛和滩羊有明显的增重效果，降低了饲料成本，提高了养殖经济效益。

经过简单的物理加工（切碎、粉碎和揉碎）能部分改变柠条的结构，使其质地柔软，易于采食，也是最基本的加工处理方法。罗惠娣（2003）将2~3年生柠条切短后饲喂羊，研究结果表明，柠条中CF和CP的消化率都高于干玉米秸秆，柠条的营养价值高于干玉米秸秆；柠条与干玉米秸秆搭配饲喂绵羊的CF和EE消化率都比单一饲喂效果好。王聪等（2004）以开花期、结实期和往年生结实期柠条为材料，经3种加工方式后饲喂奶牛，发现揉碎处理的饲料转化率最高，切碎次之，而粉碎处理的效果最差。张喜忠等（2005）将1~2年生新鲜带叶枝条经2次铡切后替代奶牛日粮中的黄干玉米青贮，可以显著提高奶牛的产奶量，有改善乳品质的趋势，替代50%左右的黄干玉米青贮是完全可行的。弓剑（2012）以当年开花期的柠条锦鸡儿枝条为研究材料，经自然风干后进行粉碎、切碎和揉碎处理后饲喂绵羊，结果表明，柠条单独饲喂效果>与玉米秸秆混合饲喂>单独饲喂玉米秸秆；按其饲喂效果来看，依次是揉碎>切碎>粉碎。

将柠条饲草资源多次加工制成草粉或者草颗粒等成型产品，添加于滩羊饲料中，其增重效果比玉米秸秆颗粒饲料或者草粉的增重效果明显，饲料报酬较高（温学飞等，2004；张学礼等，2009）。刘艳玲等（2009）研究表明，绵羊饲喂添加聚乙二醇的柠条颗粒，显著提高了DMI和OMI。弓剑和曹社会（2005）以开花期柠条为材料，经茎叶分离后制得柠条叶粉的DM和CP降解率高于苜蓿。姚志刚和李凤学（2007）通过研究发现，柠条粉能替代当地的传统的混合牧草饲喂绵羊，其最佳替代率为50%，降低了饲料成本，提高养殖经济效益。武海霞（2010）将柠条进行膨化处理，可以消除单宁的抗营养作用，能显著降低木质素含量，有效地改善了柠条的品质，提高枝条的消化利用率。张雄杰等（2010）用改性柠条饲喂奶牛可以显著提高奶牛的采食率，营养物质消化率均高于以往的单一技术加工的柠条粉。

（四）柠条饲料消化特性的研究

测定反刍动物对植物饲料干物质消化率的传统方法是采用体内消化代谢试验。但这种方法的时间周期长，并且要求一定的试验场地。Tilley和Terry首次提出了用两阶段体外消化试验法测定饲料干物质表观消化率，这种方法由于操作简便且易于实施，自20世纪70年代起在野生有蹄类动物饲料与饲草的营养质量评价中得到广泛应用。自20世纪90年代以来，体外产气法因可以较好地模拟瘤胃中的发酵过程和估测体内物质消化率，被较多地采用。郭彦军（2004）研究报道了在牦牛瘤胃中鬼箭锦鸡儿的快速降解系数和慢速降解系数依次为23.8%和54.9%。许冬梅等（2010）测定了宁夏盐池毛乌素沙地的5种治沙灌木的体外消化率，表明中间锦鸡儿消化率最高。崔瑞梅（2012）采用尼龙袋法测定了沙柳的瘤胃降解率，得出沙柳的干物质降解率为33.64%。弓剑等（2015）、温学飞等（2005）研究了柠条在瘤胃的降解情况，发现柠条叶粉在瘤胃的降解率高于苜蓿草粉，经氨化和酶解处理后，柠条在瘤胃的降解率进一步提高。同时郭彦军等（2004）、刘艳玲等（2009）研究了柠条中的抗营养物质，阐明单宁是柠条中的抗营养物质之一，并研究了去除柠条中单宁的方法。

（五）柠条饲料在动物生产上的研究

柠条饲料在动物生产上的研究主要有以下结果，李爱华等（2001）在枯草期利用柠条草粉补饲滩羊 40d 后，绵羊增重比非柠条补饲的对照组高出 150%。张平等（2004）、田树飞等（2006）报道了柠条饲喂肉羊的效果。研究发现，波尔山羊、本地黑山羊的基础日粮中，加入 50%柠条代替玉米秸秆，羊只日增重为 129g，加入 70%时，羊只日增重为 122g，单纯饲喂干玉米秸秆组，羊只日增重为 128g，单纯饲喂柠条组，羊只日增重为 8. 33g。刘艳玲等（2010）报道了饲喂添加聚乙二醇的柠条颗粒，对绵羊日粮干物质（DM）、有机物（OM）采食量有明显提高作用。徐志军等（2015）研究表明，青贮柠条不影响羔羊对饲料的适口性及健康状况，干物质采食量与粗料比例成正相关，综合考虑营养物质消化率与养殖效益，认为最适精粗比为 3∶2。方姝骄等（2011）分别添加柠条 15%和 30%替代部分粗料饲喂泌乳中期奶牛，结果表明，各组采食量、乳蛋白、乳糖、乳密度和非脂固形物差异不显著，乳脂肪含量显著低于 30%柠条组，认为用 30%柠条替代粗饲料是可行的。李长青等（2015）研究表明，柠条 TMR 发酵饲料可以维持小尾寒羊育成羊正常的生产性能，且其成本较常规发酵饲料低，远低于颗粒饲料，可以用柠条 TMR 发酵饲料代替常规饲料防止过冬母畜掉膘及抗灾保畜。任余艳等（2014）研究表明，青贮后，纤维素和木质素分别下降 9. 97%和 10. 22%，粗脂肪和粗灰分分别增加 10. 16%和 36. 10%；用“柠条+玉米混贮料”喂养羊的效果明显优于“玉米单贮料”喂养羊的效果，试验组比对照组分别高出 3. 85kg、4. 25kg 和 4. 0kg 及 5. 12kg、5. 13kg 和 4. 86kg。王保平等（2014）研究表明，添加剂、添加量及交互作用极显著影响柠条嫩枝叶青贮饲料各营养成分含量；玉米粉处理组干物质和粗蛋白质极显著高于其他处理组，酸性洗涤纤维含量显著低于其他处理组，不同添加剂可改善柠条嫩枝叶青贮饲料的品质，其中，以添加 14%玉米粉的青贮效果最好。陈亮等（2014）研究表明，用柠条包膜青贮饲料饲喂肉牛后能够促进肉牛生长，提高增质效果，增加经济效益。

柠条饲料产品饲喂牛的效果研究报道较多，杨效民等（2006）报道了柠条饲喂牛的效果。结果表明，用柠条作为奶牛日粮组成部分，取代以玉米黄贮为基础粗饲料的50%（干物质计），枯黄期柠条无叶枝条也有较高的饲用价值，可消化总养分（TDN）为43.63%，每千克干物质含有1.035个奶牛能量单位（NND）。对产奶量、乳成分及奶牛健康，均无不良影响。蔡继琨等（2001）通过利用EM发酵的柠条草粉饲喂羊和猪，发现均具有较好的适口性及采食量。王爱武（2008）研究结果显示，柠条粉可构成家兔的组合饲料，在饲粮中加入10%～20%的柠条粉对其采食量、胴体质量等性状均无明显的影响。王丁（2007）研究表明可以使用柠条制作饲用价值较高的兔类饲料、肉猪配合饲料、奶牛日粮饲料以及冬春季节白绒山羊的基础饲草料，但没有具体阐述如何将柠条、沙柳等沙生灌木按比例多少加入日粮中。

五、适宜收获的选择

吕建明（2013）对柠条的最佳营养平茬期进行了相应的研究，结果表明，成年柠条在6月的旺盛生长期营养价值最高，可以进行平茬。具有CP含量高，钙、磷较平衡的优点。同时，平茬后柠条死亡率较低不影响其恢复。张平等（2004）进行了柠条当年生嫩枝叶和往年老枝饲喂的对比试验。他提出从饲喂效果及保护柠条林地的生态效益看，采收柠条时最好刈割上端40～60cm嫩枝叶比例高的部分。姚志刚等（2005）以冀西北坝上地区康保县北河镇的柠条为研究对象，对当地柠条的饲用价值进行了全面的研究。对柠条营养期、开花期、分枝期和秋后落叶期4个阶段的营养成分进行了全面的测定，并与当地的牧草和作物秸秆的营养价值进行了比较，得出柠条的利用期主要是春秋两期，枝梢和叶子可作饲料，种子可作精料的结论。刘强等（2005）做了刈割时间与加工方法对柠条营养价值影响的试验。刈割时间选定了3种，分别是采集开花期、结实期和往年生结实期柠条，加工方法分别为揉碎、切碎和粉碎。然后两两组合进行瘤胃降解试验，最后得到以下结果：结实期柠条平均日增重优于开花期，开花期优于往年生柠条。揉碎柠条平均日增重最好，切碎次之，以粉碎最差。他提出结实期柠条营养价值较高，瘤胃有效降解率高，经过揉碎加工后干物质采食量、采食率、日增重均明显优于其他生长期和加工方法。王丽莉（2013）通过研究发现，柠条营养价值最佳时期为6月，而生物量最大时期是8月；适宜的平茬留茬高度≤5cm，平茬后前3年恢复速度较快。

柠条的营养成分含量和质量受到柠条的种源、品种、生育期、生长年龄和部位的不同而存在较大差异。在实践中应结合生态建设及柠条的生物学特性，选择适宜的平茬复壮时期，既有利于生态建设，又可最大限度地利用柠条发展畜牧业，达到生态建设和发展畜牧业的双赢目标。

六、柠条饲料利用的调制

（一）柠条饲料利用限制性因素

柠条营养物质含量丰富，但其特殊的结构使其作为饲料资源利用受到了一定程度的限制。柠条有鞣酸等挥发性成分，柠条茎秆直径超过3cm以上时，家畜采食有限，一般难以利用，口感差，影响动物的适口性，进而影响采食量，降低其饲用价值。柠条叶片尖端及基部有小刺，限制家畜的采食，进而影响其饲用价值。柠条木质化程度高，其粗纤维和木质素含量高，动物难以消化利用（姚志刚和李凤学，2005）。柠条在生长过程中，随着生育期的推进，植株逐渐老化，粗纤维含量增加。粗蛋白、可溶性碳水化合物急剧下降，发生植物细胞壁的木质化，柠条中含有大量的木质素和硅酸盐，这些物质家畜难以利用，还影响其他营养物质的消化，从而降低整个饲料的营养价值。因此，柠条不经加工直接饲喂达不到预期目标。合理的加工利用是解决该问题的有效途径之一。

（二）饲喂管理技术

饲喂数量的多少都是影响消化的因素，饲喂过多，使食物在消化道流通速度过快，得不到有效吸收。饲喂次数及精料的投喂顺序，对饲料消化也有一定的影响。饲养方式的不同，对饲料消化均有显著的影响。饲料的加工调制技术，能改变柠条的物理性状，有利于消化酶的作用，加工调制还可以改变适口性，从而提高饲料的消化性，但过于粉碎，对反刍动物的消化反而不利。因此，在对柠条饲料加工过程中因根据不同家畜、不同年龄的家畜以及不同育肥阶段，选择日粮配方，为进一步确定柠条在日粮中的比例做好准备。

由于柠条饲料中粗纤维含量较高，会影响日粮的消化性。宁夏干旱风沙区是养殖滩羊的主要区域，粗纤维对滩羊的消化必不可少，这不仅是由于粗纤维与微生物发酵的产物低级挥发性脂肪酸（VFA）具有重要的生理、生产价值，而且粗纤维在消化道内有一定的容积和机械刺激，起到填充作用，特别是在限制性饲养时，使动物产生饱腹感。粗纤维还可以对胃肠黏膜产生机械刺激，可促使反刍动物的瘤胃运动和经常反刍。柠条中蛋白质含量也较高，反刍家畜对蛋白质消化率为60%~75%，对反刍家畜的蛋白质饲料进行保护，主要是对蛋白质的保护，减少降解-合成过程中的氮和能量的损失，避免蛋白质在瘤胃中的降解比例过高，从而提高反刍家畜对蛋白质的利用率。在柠条饲料加工利用时应注意以下几点。

1. 提高柠条饲料的营养价值

由于柠条中粗纤维素含量较高，随着作物的老化，木质素含量增加，家畜对木质素几乎不能利用，要保证柠条的营养价值，就要适时平茬利用。柠条在盛花期，营养价值最高，在不影响柠条以后的生长同时，及早平茬利用。破坏柠条中的木质素，物理处理就是，先用搓揉机搓揉成细条，再用粉碎机加工粉碎。化学处理就是用碱液、尿素与柠条一起加热，破坏木质素中甲氧基团。提高纤维素以及半纤维素的利用，利用热处理，可引起柠条物理结构的裂解以及一些高分子物质水解，显著增加纤维物质间孔径，使纤维分解素和纤维分解酶容易进入，有利于提高瘤胃消化率。尿素的添加可增加粗蛋白的含量，另外，热处理使蛋白质变性，空间构象趋于纤维状，疏水基团外露，水溶性降低，同时加强了与碳水化合物的连接，从而降低了瘤胃细菌对它的降解速度，增加过瘤胃蛋白。

2. 提高柠条饲料利用率的调控技术

日粮配合的得当，可以提高柠条粗纤维素的消化利用，要有效利用柠条资源，还在于混合的方法。营养丰富的精料在羊只的日粮中的比例一般为40%~60%。精料在日粮中比例过大，不仅经济上浪费，而且往往引起消化不良等肠胃疾病。羊只日粮中粗纤维的适宜水平为20%左右。对成年羊只饲喂时粗饲料应不少于1kg，也不超于2.5~3kg。柠条粉碎加工，其营养物质的消化率会显著提高。原因是细碎的柠条能更快地溶解于水中，在酸性溶液中也能更快地被分解。将柠条粉碎后与精料、干草混合制成颗粒，用颗粒饲料育肥羊只，比用同种散料的每天多增重40~60g。在制作颗粒饲料中，一方面从制粒工艺上考虑，另一方面从羊只生活习性上考虑，柠条、其他秸秆与精料在搭配上一般为（20%~40%）：（20%~40%）：（40%~60%）为佳。饲料的配制中，要根据不同畜禽、不同生长阶段、不同用途选择日粮配方，在确定配方的时候，应根据当地的饲料原料确定经济的饲料配方。

3. 柠条粉碎、制粒与家畜生产

植物的细胞壁（纤维素、半纤维素和木质素）含量与采食量呈负相关，更确切地说，采食量与难以消化的细胞壁含量有关。这种难以消化的粗纤维占据了胃肠道的空间，从而降低了采食量。除了纤维的消化不良以外，纤维消化的速度和通过胃肠道的速度（瘤胃转移速度）与采食量也密切相关。能够加速消化或加快通过速率的化学组成或加工技术，是提高采食量的关键。

柠条粉碎后可增加其表面积，使瘤胃微生物及其分泌物的酶易于接触，在体内消化试验中，加工细粉碎一般表现为降低消化率，这主要是由于饲料在消化道内流动速度加快，减少了在瘤胃内停留时间。纤维素、半纤维素主要在瘤胃被消化分解，由于细粉碎的柠条饲料在瘤胃内流通速度提高，动物进食增加，可使动物消化吸收的营养总量增加。

柠条粉碎后制成全价颗粒，可以提高饲料的进食量。虽然粗饲料经过粉碎而不制粒，动物的进食量也表现为提高，但变异很大。而细粉碎再经制粒后，配合精料，营养全面，可以改善适口性，粗饲料的进食量明显提高。影响柠条全价颗粒饲料进食量其他因素包括柠条的质量、颗粒硬度、动物种类和年龄等。另外有些研究表明，饲料制粒过程中的加热作用，可增加过瘤胃蛋白质（不经过瘤胃微生物作用，而直接进入小肠的蛋白质）的数量，这种作用可通过改善小肠氨基酸吸收量而有利于日粮进食。

（三）柠条饲料加工技术的研究

柠条含有多种功能性物质，如黄酮类、生物碱、香豆素等。这些功能性物质在动物生产中发挥着重要的作用。有研究表明，制粒能够降低麦角生物碱对动物带来的不良影响。柠条在动物生产中应用已经相对较多，但主要集中在反刍动物中，柠条的营养物质含量丰富，但其也受到许多方面的影响，从而限制其应用。

柠条含有抗营养因子，如鞣酸、单宁等，会影响其适口性，进而影响动物的食欲，降低其添加量。柠条木质化程度高，粗纤维和木质素含量高，动物难以消化，也很大程度上限制了柠条在单胃动物和家禽中的应用。柠条带有刺条，也会在一定程度上降低其饲用价值。柠条营养价值受到很多因素的影响，且变异系数相对较大，会导致柠条在动物生产中不能充分利用其营养价值等。

合理开发柠条资源，一方面发挥其防风固沙、改善生态环境的作用；另一方面，发挥其营养丰富的特点加工饲料来养畜。柠条作为家畜的饲料，主要影响因素是动物对柠条的低消化率和低摄入量以及柠条中的高纤维含量，通过不同生物、化学、物理等方法处理可以降低纤维素、木质素含量，还能增强柠条饲料的营养价值，提高家畜的消化利用率。在处理的过程中，还要考虑柠条处理时所需的费用、能耗、处理等，因此，在处理柠条时要依据自身的实际情况，采取相应的处理方法，以获取最佳处理效果。利用柠条颗粒饲料饲养家畜，能充分地利用饲料资源，可大规模生产加工，成本可以降低，不受季节气候的影响，可以充足保证饲料来源，科学饲养家畜缩短生长周期，极大提高畜牧业的经济效益。

柠条饲用产业化加工技术研究经历了由简单到深入的 4 个技术阶段。

1. 直接粉碎饲用技术

由于直接粉碎适口性差、含有抗营养因子、动物采食量少、消化率利用率低，所以未能作为产业推广。

2. 单一加工技术

在粉碎的基础上，增加单一处理工序，如制粒机造粒、青贮、微贮、氨化、热喷、生物酶降解、化学添加剂处理。这些处理技术各有优点，并在实践中部分推广应用，但由于改进程度不足、成本问题、储存运输问题等原因，均未形成规模化产业。

3. 多技术集成加工技术

将以上单一技术进行优化组合，形成适合产业化加工的集成技术。张雄杰报道了柠条改性加工方法，该技术是将加热、湿磨、氨化、糖化、调制、膨化、制粒工艺于专用膨化机中一步完成，能生产出蓬松、柔软、富有甜味的改性柠条颗粒饲料。

4. 生化精深加工技术

柠条中的营养成分和活性成分可以深加工为新型的饲料原料、饲料添加剂和兽药。如纤维素水解出的葡萄糖，可发酵制取饲料酵母；半纤维素水解出的功能性低聚糖，可做保健型饲料添加剂；黄酮类、萜类提取物可以开发新型兽药。

第二节　柠条生物质能源利用

能源是社会发展之本，当代人类文明的发展是建立在以化石燃料利用为核心的工业化基础上的。随着全球经济及社会的快速发展，人类对石油、煤炭等化石能源的需求日益增长，已导致资源的日渐枯竭，同时也带来了严重的环境问题，严重制约着国际社会经济可持续发展。据预测，地球上蕴藏的可以开发利用的石化燃料煤炭和石油将分别在 200 年、40 年内消耗殆尽。天然气也只能使用 60 年左右（白鲁刚，2000）。因此，大力发展可再生生物质能源的呼声日渐高涨，能源林也因此越来越受到各国的重视。

生物质能是蕴藏在生物质中的能量，主要是绿色植物通过光合作用将太阳能转化为化学能而贮存起来的能量。能源林作为生产生物质能源的主要方式，以其成本低、可再生性、生物量大、环境友好、易储藏、使用方便及适应地域广而越来越受到国际社会的广泛关注。能源树种按用途主要分为以树液为原料直接使用或以木材为原料加工生产固、液、气体燃料，后者即被利用为固体燃料。能源树种主要被用于制成固体燃料等直接燃烧，即为燃料型能源树种。林木生物质能源是比较理想的生物质资源，因为它具有种类丰富、受益时间长、高能量、高密度密等明显优势，并且可以大规模发展。生物质能源树种是指可用来作为生物质能源材料的林木树种。据测算，世界上的植物每年可固定太阳能总计 3×10^{18}kJ 的能量，折合1 030亿 t 标准煤，大约相当于全世界耗能的 10 倍，其中森林所固定的太阳能占 90%。生物质能源是绿色洁净能源，不会污染环境，使用安全，可以减少有害气体及烟尘排放量和温室气体增量，维持全球碳平衡，提高环境质量，使用木材燃烧放出的 CO_2 与薪炭林生长过程中吸收的 CO_2 相当，形成了碳循环。同时木材中含硫量也比化石燃料低，因此能减少 SO_2 等有害气体的排放量，有利于减轻大气污染。目前世界各国都致力于开发高效、无污染的生物质能利用技术。

一、国外能源林研究利用

所谓能源林，就是专门为提供能源而经营的森林。由于其主要是生产薪材和木炭，因而过去也称为薪炭林。但现今对于能源林有了新的含义，即除了提供薪炭外，凡是能够提供能量的森林泛称能源林。近些年来，为缓解能源危机，各国政府十分重视生物质能源的开发利用，发达国家致力于开发生物质能利用技术，生产清洁能源替代化石类能源，以保护本国矿产资源、保障能源安全。国外十分重视燃料能源林树种选育及高产培育技术的研究和实践，形成了比较完整的理论体系，并得到了广泛的应用。瑞典在1976年以柳树与杨树作为主要能源树种，率先启动了瑞典能源林业工程，目前这个国家的生物质能占全部能源供应的15%。随后，法国在20世纪80年代以杨树、桉树、巨杉、梧桐、柳树等作为能源树种。美国的主要能源树种有柳树、杨树、桉树与刺槐等。随后，丹麦、芬兰、英国、加拿大、澳大利亚等国家利用柳树、杨树、桉树等能源树种广泛开展生物发电。韩国用作薪炭林的树种主要有刺槐、油松、赤杨等，其次还有二色胡枝子、麻栎、榛树等。瑞典选育出优良能源树种蒿柳和毛枝柳，栽植密度为15 000~20 000株/hm^2，轮伐期为3~5年，可达到最高产量。许多国家制定了研发计划，如日本的阳光计划、印度的绿色能源工程、美国的能源农场和巴西的酒精能源计划。丹麦、荷兰、德国、法国、加拿大、芬兰等国多年进行研究与开发，形成了生物质能源研发体系，拥有独特技术优势。

20世纪70年代，由于中东战争引发的能源危机，西欧许多国家如芬兰、比利时、法国、德国、意大利等也开始重视生物质致密成形技术的研究。美国从20世纪70年代开始，研究开发了颗粒状成型燃料技术。其生产能力为80万t/a，主要用于家庭取暖用的壁炉和锅炉。日本开发生产的棒状成型燃料，生产能力为25万t/a左右，它可以进一步炭化成定型木炭。20世纪70年代后期，欧洲许多国家也开始重视致密成型燃料成型技术及燃烧技术的研究，各国先后研制出各类成型机。20世纪80年代亚洲除日本外，泰国、印度等国已建成了不少生物质致密成型燃料专业生产厂，并开发了相关的燃烧设备。目前，在东欧、北欧等地应用着一种规模较大的生物质致密成型生产线，最大生产能力可达4t/h。可见，生物质致密成型技术在国外一些国家已经发展得相当成熟。到20世纪90年代，日本、美国及欧洲一些国家生物质致密成型燃料燃烧设备已经基本定型，并已经应用到加热、供暖、干燥、发电等领域。2005年，瑞典生物质能源已占全国能源消耗的25%。美国计划到2020年以生物燃料代替全国消费量的10%。欧盟委员会提出，到2010年运输燃料的5.75%将用燃料乙醇和生物柴油替代，到2020年将这一比例提高到20%。有关专家预测，生物质能源将成为21世纪主要新能源之一，到21世纪中叶，生物质能源替代燃料将占全球总能耗的40%以上。

据统计，目前木质能源远远不能满足人们当前的需要，尚有20亿人口生活能源短缺，其中约有8.4亿人口燃料严重短缺，主要是发展中国家的农民，其中亚洲最多，为5.5亿人口。2010年，世界薪材消耗量达20亿m^3，随着农村人口增长，薪材供需矛盾将日益尖锐。所以，发展生物质能源已逐渐引起各国的高度关注。据预测，到2050年，以生物质能源为主的可再生能源将提供全世界60%的电力和40%的燃料，其价格将会低于化石燃料。

二、国内能源林研究利用

国内的研究也取得了许多成果，我国科学家发现海南省有一种能源树种油楠，树高12~15m时，心材部分可以形成棕黄色的油状液体，可以燃烧。麻疯树种子含油率高达40%，且流动性好，与柴油、汽油、酒精的掺和性很好，相互掺和后，长时间不分离（林娟，2004）。其果实的30%经过醋化作用处理后可以提供油料，65%的果实可以用于做成油块。我国已将麻疯树作为主要的燃油树种，在云南等地建立生产基地，广泛生产。黄连木种子含油率42.46%（种仁含油率56.5%），种子出油率20%~30%，分布于我国黄河流域以南，长江流域、珠江流域及西南各省（裴会明，2005）。油橄榄原产于西亚，经过引种驯化，我国北到秦岭，南到福建、广西，西至贵州、四川，东到浙江，均有引种栽培。中国引种油橄榄40多年来，已成功确定了在中国的适应区，并选育出了适合中国的优良品种，在理论和实践经验上都取得了丰硕成果。油茶属山茶属常绿小乔木或大灌木，是我国南方重要的木本油料植物，在我国的分布较广、栽培面积大。湖南省林业科学院通过在优株无性系内选育优良单株和半同胞子代测定的基础上，选育出了6个油茶优良无性系，其产油量490.98~990.86kg；两个优良家系，其产油量分别为512.20kg和490.98kg（李昌珠，2007）。第六次全国森林资源清查：全国森林面积1.75亿hm^2，其中薪炭林为303.44万hm^2，占林分总面积的1.7%，全国林分总蓄积124.56亿m^3，其中薪炭林蓄积为0.56亿m^3，占林分总蓄积的0.45%。

我国乔木、灌木树种中可用于发展生物质能源的树种非常丰富，资源量十分巨大。目前，全国各类型区的无林地面积为5 571.97万hm^2。如果将10%的无林地发展为能源林，即在现有能源林基础上再发展557万hm^2能源林，可使能源林面积达到860万hm^2。能源林树种的生长量较高，在不同地区差别很大，其值约2~50t/（hm^2·a），若按平均25t/（hm^2·a）计算，每年就能新增1亿t以上林木质生物量。我国林地、沙地、湿地等“三地”资源丰富，可供大量发展能源林。近年来，我国森林面积持续增长，森林蓄积稳步增加，森林质量有所改善。全国森林面积已达1.75亿hm^2，森林覆盖率18.21%，森林蓄积量124.56亿m^3。还有5 400多万公顷宜林荒山荒地和近1亿公顷的盐碱地、沙地和矿山、油田复垦地，这些不适宜农业生产的边缘土地，经过开发和改良，都可以发展林业生物质能源。这不仅能够有效地解决我国农村燃料短缺问题，还可以兴建生物质发电厂，减少我国对煤炭、石油等矿质燃料的消耗，缓解当前的能源危机。同时发展生物质能源林，又可以提高土壤利用效率、减少水土流失、减少大气污染、降低碳排放。国家林草局依据《全国林业产业发展规划纲要》对发展林业生物质能源工作已进行了全面安排，预计到2020—2025年，林业生物质能源将逐渐成为最便宜、最有竞争力的能源。我国发展生物质能源林，不仅具有生态效益，同时还会带动经济的发展，产生经济和社会效益。因此，我国大力发展生物质能源林已迫在眉睫。

我国西部地区生物质能源林主要是以沙柳、红柳和柠条等为代表的灌木。它们根系发达，耐土壤贫瘠，耐干旱，生长速度快，具有很强的防风固沙、涵养水源和改善土质的作用。灌木的综合利用，可以保护现有植被，促进我国西部干旱地区特产种植业和加工业的综合效益提升，推动农业产业结构的调整和林沙产业的可持续发展，符合广大农牧民提高经济收入的迫切需求，同时也为西部地区以沙柳、红柳等沙生灌木为代表的生物质能源林转化为燃料、饲料和造纸等产品创造了条件。

三、柠条生物能源

柠条作为一种丰富易得的生物质资源，其木质化程度较高，且含有大量的纤维素，据相关数据显示，柠条中纤维素、半纤维素和木质素含量分别为 72. 71%、22. 81%和 19. 72%，而木质素作为一种潜在的高附加值原料的来源，已被证明是良好的活性炭前体。柠条用于能源及化工的资源转化技术，我国有学者做了柠条的热值研究，结果表明柠条热值可达到 18. 77kJ/g，是标准燃料苯甲酸热值的 71%，高于玉米秸秆和骡粪。内蒙古呼和浩特市林业局的研究表明每千克干柠条含热量 19. 27kJ/g，高于沙蒿、沙柳、沙棘等灌木含热量。且柠条树皮有蜡质层干湿都易燃烧。3 年生的柠条可产 1 430 kg/hm^2 薪柴，5 年生的柠条可产 3 775 kg/hm^2 薪柴。和林县的薪炭林能源工程技术研究表明，和林县平均每年产柠条薪炭林为丘陵区乡村提供薪柴13 316t，受益农户近万户，每年提供薪柴产值 170 多万元（张中启，2002）。目前，在内蒙古已经投产的共有两家依托柠条、沙柳等为原料的生物质能发电厂。吕文等（2005）、许凤等（2006）报道了柠条作为生物乙醇原料的开发情况。

（一）柠条不同年份生物质原料化学组成

刘健（2015）研究结果表明，收割的柠条自然晾干，让其自然脱水，不同年生柠条水分基本保持不变，维持在 3%~4%。柠条中灰分含量较少，且含量随年份增长不断增加。柠条的挥发分随林龄的增长不断增加，但增加趋势缓慢。从全硫数据来看，柠条全硫含量较低，为普通烟煤的 1/10，且随林龄的增长不断减小，但 3 年以后柠条全硫含量变化很小。柠条的低位热值能直接体现出作为燃料的利用价值，柠条低位热值随着林龄增长，热值不断增加，且到第 3 年增加缓慢，第三年到第五年的热值维持在 19 500 kJ/kg，为标煤（29 308 kJ/kg）的 66. 5%。从低位发热值来看 3 年生柠条适宜作为生物质燃料。从灰分、挥发分、全硫含量和低位发热值来看，3 年生柠条适宜做生物质燃料（表 5-4）。

表 5-4 柠条不同年份生物质原料化学组成

原料	含水率（%）	灰分（%）	挥发分（%）	全硫（%）	低位热值（kJ/kg）
1 年	3.95	1.57	75.21	0.052	17 911
2 年	3.89	2.14	75.43	0.044	18 569
3 年	3.78	2.37	75.53	0.039	19 465
4 年	3.61	2.41	75.51	0.038	19 486
5 年	3.46	2.43	76.13	0.037	19 502
烟煤	8.85	21.37	38.48	0.47	24 300

资料来源：（刘健，2005）

（二）柠条不同月份生物质原料化学组成

刘健（2015）对不同月份柠条生物质研究结果表明，柠条收割下来自然晾干，各个月份的含水量基本保持不变。从 2 月开始，柠条灰分逐渐增多，且在 4—8 月增长最快，但到 10 月以后开始下降，结果与柠条生长情况相吻合。柠条挥发分从 2 月开始逐渐增加，到 6 月含水量最大，随后逐渐下降。柠条全硫含量的测定可以看出，柠条在 10—12 月硫含量最低。柠条低位热值从 2 月开始不断升高，8 月之前升高较快，10—12 月升高变缓，但差别不大。从灰分、挥发分、全硫含量和低位热值综合分析，10—12 月是柠条收割的最佳时期。此期间，柠条灰分较少，有利于锅炉的热利用，并且排放的粉尘较少，对环境危害较小；全硫含量处于全年最低值，较低的硫含量对环境危害较小；低位热值处于全年最高，而较高的放热量，能节约一定量的柠条、降低单耗，更有利于柠条作为生物质燃料（表 5-5）。

表 5-5 柠条不同月份生物质原料化学组成

原料	含水率（%）	灰分（%）	挥发分（%）	全硫（%）	低位热值（kJ/kg）
2 月	3.23	2.20	76.07	0.042	18 923
4 月	3.64	2.26	76.32	0.047	18 978
6 月	3.86	2.45	76.48	0.045	19 043
8 月	3.84	2.50	76.37	0.040	19 229

（续表）

原料	含水率（%）	灰分（%）	挥发分（%）	全硫（%）	低位热值（kJ/kg）
10月	3.37	2.42	76.24	0.038	19 494
12月	3.46	2.43	76.13	0.037	19 502
平均	3.57	2.38	76.27	0.042	19 194.8

资料来源：（刘健，2015）

（三）柠条不同立地条件热值分析

庞琪伟（2009）研究结果表明，各立地类型干重热值差异很小，平均热值为19.0kJ/g。研究结果与牛西午的基本一致，枝干燃烧值18.7kJ/g，1.63kg干柠条相当于1.0kg标准煤的发热量（牛西午，2003）。玉米秸秆平均热值17.25kJ/g（岳建芝，2006）。

表5-6　不同立地类型热值　（单位：kJ/g）

样品编号	阴向斜缓坡	阳向斜缓坡	梁峁顶
1	19 307.93	19 139.26	18 787.53
2	19 261.41	18 914.65	18 907.06
3	19 352.43	18 909.52	18 924.19
4	18 965.69	18 956.56	18 937.91
5	19 029.48	18 962.41	18 800.30
6	18 687.12	18 655.54	18 770.49
7	19 100.68	18 922.99	18 854.58

资料来源：（庞琪伟，2009）

同时（表5-7），比较了5种立地类型合理密度下的单位面积每公顷饲用生物量及能量含量表。5种立地类型单位面积每公顷饲用生物量及能量含量差异很显著。黄土丘陵阴向斜陡坡和阳向斜陡坡的生物量和能量总量远远大于其余3种立地类型。

表 5-7　不同立地类型能量含量

立地类型	能量（kJ/g）	饲用生物量（t/hm^2）	单位面积能量含量（MJ）
梁峁顶	15.55	2.50	38 875.00
黄土丘陵阴向斜陡坡	15.63	5.06	79 087.80
黄土丘陵阳向斜陡坡	15.34	4.86	74 552.40
黄土丘陵阴向斜缓坡	15.34	1.60	26 144.00
黄土丘陵阳向斜缓坡	15.41	2.03	31 282.30

资料来源：（庞琪伟，2009）

（四）固定碳分析

固定碳是煤中有机质在高温下裂解，逸出气态产物后的固态产物，主要成分为碳元素。挥发分逸出后的残留物称为焦渣，生物质燃烧后，其中的灰分转入焦渣中，焦渣质量减去灰分质量，即为固定碳质量。固定碳是相对于挥发分中的碳而言的，是燃料中单质形式存在的碳，即灰渣中包含的未燃烧的碳。其燃点很高，在较高温度下才能燃烧。所以，如果生物质中固定碳含量越高燃烧越难进行，着火温度也越高。

将柠条原料的化学组分与常见生物质原料的组分进行对比（表 5-8），结果表明：在常见的农业废弃物（稻草、小麦穗、花生壳）和林木生物质原料（柳树、白杨树、松树）中，柠条原料的挥发分含量较高，灰分也较高，但其固定碳含量较少。因此，柠条在燃烧过程中更易着火且燃烧稳定，是一种良好的燃料。

表 5-8　柠条与常见生物质原料化学组成对比　（单位:%）

原料	含水率	灰分	挥发分	固定碳
柠条	7.61	11.18	75.92	5.29
稻草	8.11	15.25	61.10	15.54
小麦秸秆	8.63	12.45	63.96	14.96
花生壳	9.36	12.15	61.64	16.85
柳树	9.08	6.17	69.20	15.55
白杨树	7.91	2.63	74.04	15.42
松树	8.61	0.89	76.50	14.45

（续表）

原料	含水率	灰分	挥发分	固定碳
烟煤	2.83	20.08	28.33	49.08

资料来源：（廖翠萍，2004）

（五）柠条化学成分分析

表 5-9 中列出了常见几种生物质原料的相关组分测定值，可以看出，柠条原料中木质素的含量极高，达到 27.03%，这是由于 8 年生上的柠条木质化非常严重，木质素是非晶物质，无熔点，但在加工固体燃料过程中，在 70～100℃时开始软化，并具有一定的黏度，在 200℃左右软化成胶体物质，在生物质燃料固化成型过程中起天然黏结剂的作用，促进颗粒之间的牢固黏结。因此，8 年生以上枝条是一种良好的燃料，可成型黏结良好、密度较高的固体燃料。

表 5-9　柠条与常见生物质原料化学组成对比　　（单位：%）

原料	纤维素	半纤维素	木质素
柠条	37.71	8.31	27.03
玉米秸秆	49.40	26.20	8.80
柳枝稷	43.80	28.80	9.20
小麦秸秆	42.51	22.96	7.61
大麦秸秆	42.42	27.81	6.81

资料来源：（Nalladurai Kaliyan，2010；Sudhagar Mani，2006）

（六）柠条的元素分析及热值分析

表 5-10 中，燃料的发热量指的是 1kg 燃料完全燃烧时所放出的全部热量，也称为燃料的热值，单位为 kJ/kg 或 kcal/kg。热值是燃料最重要的特性，是衡量燃料燃烧性能优劣的重要指标，是对燃烧过程进行热平衡、热效率和消耗量计算时不可缺少的参数。柠条元素中硫元素的含量仅有 0.18%，低于常见农业废弃物（稻草、小麦秸秆）和柳树，稍高于白杨树和松树，因此在燃烧时生成的硫氧化物 SOx 几乎为零，是一种清洁能源。碳元素及热值均高于常见农业废弃物（稻草、小麦秸秆），碳元素含量与林业生物质（柳树、白杨树、松树）几乎相当，

1kg 柠条产生的热量相当于 0.54kg 高品质烟煤（34MJ/kg = 8 120kcal/kg）的发热量。柠条氧元素和氢元素的含量较高（相对于烟煤），而这两种元素恰恰是降低燃料热值的元素，因为 C-O 键和 C-H 键比 C-C 碳键蕴含更少的能量，这也是生物质原料热值低于烟煤热值的原因。

表 5-10　柠条及常见生物质热值及元素分析

原料	热值（MJ/kg）	碳元素（%）	氧元素（%）	氢元素（%）	氮元素（%）	硫元素（%）
柠条	18.29	46.29	39.44	6.06	1.91	0.18
稻草	14.66	38.52	39.28	6.13	0.69	0.29
小麦秸秆	16.56	42.11	40.51	6.53	0.58	0.32
花生壳	18.62	45.90	42.79	6.74	1.17	0.18
柳树	18.79	16.79	40.60	7.10	0.77	0.30
白杨树	18.57	47.46	44.50	6.74	0.17	0.10
松树	19.38	49.41	42.19	7.67	0.10	0.05
烟煤	34.00	63.78	10.08	3.97	1.13	0.97

（廖翠萍，2004，生物质中元素分布特征的聚类分析研究）

四、柠条生物质炭制作

（一）柠条生物质裂解

生物质裂解是指在无氧或低氧环境下，生物质被加热升温引起分子分解产生焦炭（也称生物炭）、焦油和气体产物的过程，生物质作为一种清洁的可再生资源，通过热化学裂解的途径不仅能够获得固体产物，而且还能将其转化为生物油、合成气等高品位能源。同时解决生物质随意堆砌、燃烧带来的环境污染问题，对生物质资源的高效利用具有十分重要的意义。目前，不同生物质裂解产物的结构特征已被科学家广泛的研究，并根据其特性在各个领域展开，如部分生物炭作为新型功能材料在土壤改良、温室气体减排、污染环境修复等方面都展现出应有的潜力，而生物质焦油具有中热值和较高的能量密度，焦油中包括各种酚类、醛类、酮类、酸类等多种成分，可以被分离提纯，作为液体燃料、工业化工原料的替代品等。

（二）柠条生物质炭制作过程

生物质炭的制备流程主要为：粉碎—活化—成型—测试—研磨—酸洗—抽滤—水洗—抽滤—烘干—研磨。生物质的炭化过程基本上与植物材料的热解过程相似，但由于生物质材料的主要组成成分纤维素、半纤维素和木质素等的含量各不相同，从而导致其热解温度也呈现较大差异，这同时与植物材料的组织结构不同有关系，故不同种类的生物质具有不同的热解特性。柠条的热解过程大致可分为以下 4 个主要阶段。

第一阶段：干燥阶段，温度范围为 25~150℃（室温），该阶段主要为梓条内部自由水的蒸发。

第二阶段：预炭化阶段，温度范围 150~200℃，在这一阶段主要进行柠条颗粒的解聚及“玻璃化”转变过程。

第三阶段：炭化阶段，温度范围 200~580℃，在该阶段内，柠条的主要组成成分半纤维素、纤维素、木质素等发生分解。

第四阶段：580~700℃为煅烧阶段，主要进行木炭的煅烧。

柠条热解过程中，220℃时半纤维素开始分解；260℃时纤维素开始分解，且在 320℃时分解剧烈；少量木质素在 350℃开始分解，且在 470℃分解非常剧烈；580℃后分解反应结束，进入炭的燃烧阶段。柠条热解过程中水分的蒸发、小分子物质的逸出及半纤维素的分解反应热效应是吸热的，挥发分的生成反应热效应是放热的，柠条生物质炭的生成反应热效应是吸热的。

（三）柠条生物炭表观特征

与炭化前的柠条粉末原料相比，炭化后的柠条生物质炭外形有不同程度的收缩现象，表观体积缩小，炭化产物颜色有不同程度的加深，这与王秦超等（2012）对于生物质低温热解炭化试验的结果相似。随着炭化条件的不同，柠条生物质炭呈现出栋色、浅褐色、褐色、深褐色和黑色等几种不同颜色。

生物炭本身结构稳定，不易分解，复杂的表面结构和内部结构使得生物炭和周围的环境具有错综复杂的交互作用。从表 5-11 可以看出，柠条炭的固定碳含量在 51.16%以上，灰分含量 14.08%，H/C 比 0.73，生物炭在炭化过程（>500℃）中会部分产生芳香度较高的环状化合物，温度越高芳香化程度越高，其稳定性高于一般的碳质结构。柠条炭是在550℃炭化制得，因此，柠条炭的炭化保存对固碳减排、提高碳汇具有重要的意义。柠条炭 pH 值略显中性，因此对酸性土壤改良和喜碱环境作物具有积极意义。微生物自身的 C/N 比约为 5，微生物自身在分解有机物时，通过同化 5 份碳和同化 1 份氮来构成它自身的细胞体。从表 5-11 元素分析结果可知，生物炭含碳 52.56%，C/N 比 24.73，一般的生物炭 C/N 比较高，如：竹炭 C/N 比 165。说明柠条炭在微生物作用下分解矿化速度比其他生物炭容易，主要原因是柠条炭含有相对较高的 N 含量，可以为微生物分解矿化提供 N 源，加快柠条炭的分解。另外，由于生物炭在炭化过程中产生的酚类和脂类化合物等物质会抑制微生物的活性，这与柠条炭经 FTIR 分析发现含有酚和酯类化合物的结果相一致，同时，这也解释了生物炭 C/N 比较低，但其仍然具有较高的稳定性，能够保存千年而不易分解的原因。由此可见，柠条炭本身和在外界环境的作用下其稳定性有待进一步的探讨。

表 5-11　柠条炭的基本理化性质分析

物理性质	pH 值	含水量（%）	灰分（%）	挥发分（%）	固定碳（%）
	6.99	15.03	14.08	34.77	51.16
元素分析	C（%）	H（%）	N（%）	S（%）	H/C
	52.56	3.24	2.48	0.35	0.73

资料来源：（公丕涛，2014）

公丕涛（2014）研究：与一般的生物质同条件下测得的生物炭相比，柠条炭的比表面积较高，达到 264.6m^2/g，介孔孔容 0.16m^3/g，与竹炭、松木炭等的比表面积相近，但远高于农作物废弃物生产的生物炭，后者常小于 80m^2/g。从孔径分布状况看，柠条生物炭介孔（直径 2~50μm）所占的比例高达 56%，而大于 400μm 的孔径几乎没有。这一孔径分布同柠条材的结构及热解过程有密切关系，柠条为半环孔材，柠条早材和晚材的导管大小较为均匀，直径大多在 46~80μm，导管多为 2~6 个复管，柠条在裂解过程中，导管出现一定的收缩，最后形成了大小较为一致的介孔。

在保温时间相同的条件下，随着炭化湿度的升高，挥发分和炭化得率均呈现明显的下降趋势，灰分和固定碳含量则呈上升趋势。根据《木炭和木炭试验方法》（GB/T17664—1999）木炭质量指标，固定碳含量大于65%为合格品，大于70%为一级品，大于75%为优级品。为使柠条活性炭得率和碘吸附值均较好，采用水蒸气活化法制备时，活化温度不宜过高，且活化时间不宜延长，在该试验条件下，选择活化工艺条件为活化温度600℃、活化时间化2h。此条件下所得活性炭得率为65.59%，碘吸附值为221mg/g。

（四）生物质炭的应用及前景

一方面，生物质炭可用作制活性炭的原料。另一方面，生物质炭具有良好的肥力，可用作作物肥料，还可用于改良土壤。生物质炭中含有丰富的有机碳、土壤有机质和腐殖质及氮、磷、钾、钙、镁等植物生长所需要的营养元素，故施用生物炭可提高土壤有机碳含量、增加土壤养分、促进植物生长。同时由于生物炭具有吸水能力，故其还能影响土壤的透气性和水分含量等理化性质，提高土壤的蓄水能力。禽畜粪便生物炭中氮、磷、钾等矿质养分含量较高，其对于贫瘠土壤养分的补充和沙质土壤的改良也有显著作用。土壤微生物作为土壤中重要的养分周转因子，参与多种的物理化学反应过程，如矿化—同化、硝化—反硝化、氧化—还原等，是养分转化、植物吸收养分离子的驱动力，对土壤肥力的保持具有重要的作用。

近年来，围绕土壤微生物在土壤中的作用，研究者利用现代分子生物学技术（如PCR-DGGE、PCR-TGGE、BIOLOG、PLFA等）主要开展了物种、遗传、结构和功能多样性的研究，发现应用生物炭可以提高微生物数量和细菌种群结构多样性，主要原因：①生物炭具有完善的孔隙结构，其中能够贮存微生物活动所需要的水分和养分，从而生物炭为微生物栖息生活提高了良好的环境。②生物炭的加入提高了微生物利用的养分和碳源含量。③生物炭能够吸附土壤中一些不利于微生物生长的物质。生物炭还能改变土壤细菌、真菌和古菌的群落组成，在富含生物炭的亚马逊黑土中细菌的种类较对照土壤增加25%，采用PLFA技术研究生物炭应用到土壤后对土壤微生物群落结构的影响结果发现生物炭能够显著影响微生物的群落结构，但是对总体微生物量影响不大。另有研究表明，在温带土壤中添加生物炭后，古菌和真菌的多样性却有所下降，这表明生物炭在不同温度条件下不同种属的微生物种群的响应结果不一致。

土壤微生物也是土壤生态系统的重要组成部分，它们参与土壤有机质分解、腐殖质形成、土壤养分转化和循环等过程。土壤微生物的丰度和多样性对土壤功能以及生态系统稳定方面有重要影响，其变化与土壤环境密切相关，如土壤的质地和结构的稳定性、土壤通气保水保肥特性、土传病害的防治以及有机质含量的多少等均可影响土壤的微生物数量。生物炭本身的养分及性质能够对土壤微生物产生一定的影响，在没有施肥或者施肥很少的土壤中添加含有 AM 菌的生物炭，会显著增加小麦根被 AM 菌入侵的比率，但是当向土壤施用大量的养分后，这种现象不明显。生物炭的施入可引起的土壤 pH 值变化，在酸性土壤中尤为显著。不同菌对土壤 pH 值变化的反应不同，一定的 pH 值条件下，细菌随着 pH 值的增加而增加，沈菊培等研究发现在 pH 值变化较大的酸性土壤中，古菌和泉古菌的数量与 pH 值的变化呈正相关关系，因此生物炭输入对土壤微生物的影响研究仍需要全面考虑不同土壤类型以及不同环境条件的影响。

第三节　柠条化学成分及药理作用

锦鸡儿的根中药名为金雀根（异名土黄芪、白心皮、阳雀花根、板参），味甘微辛，性平，具有清肺益脾、活血通脉的功效。药用其根和花。根，味甘，性微温，有补血、活血、祛风，清肺益脾的功能，用以治疗虚损、劳热咳嗽、高血压、妇科疾患、关节炎、黄疸型肝炎、水肿等；花称为金雀花，性甘，味微温，有滋阴和血、健脾、祛风止咳的功能。用于头晕头痛、耳鸣眼花、肺虚久咳、小儿疳积。近来研究表明，该属植物除具有抗炎、降压作用以外，还具有较强的抗癌及抗病毒活性。我国民间主要用于治疗虚损劳热、咳嗽、高血压，关节痛风、跌打损伤等病症，在浙江一些地区用以治疗月经不调、血崩等妇科疾病。

一、柠条化学成分

目前国内研究人员从锦鸡儿属锦鸡儿、毛刺锦鸡儿、红花锦鸡儿、二连锦鸡儿、鬼箭锦鸡儿、狭叶锦鸡儿、甘蒙锦鸡儿、中间锦鸡儿、多刺锦鸡儿、昌都锦鸡儿、小叶锦鸡儿、白皮锦鸡儿、吐鲁番锦鸡儿、树锦鸡儿等 14 种植物中分离得到100余种化合物，目前从该植物中分离得到的化学成分主要有黄酮及其苷类、甾体及其苷类、萜类、苯丙素类、生物碱类、挥发油类、二苯乙烯类、香豆素类及其他类等。迄今为止，从锦鸡儿属植物中共分离得到78个化合物（不包括GS-MS分析的挥发油成分），其中：黄酮结构骨架4个，黄酮类化合物40个（苷元16个，其余为O苷）；二苯乙烯低聚体类化合物13个；三萜类化合物5个：oleanolic acid，caraganoside A，caraganoside B，araloside A，lupeol；甾醇类化合物6个：cholesterol，brassicasterol，campesterol，β-sitosterol，daucosterol。有机酸及其酯6个：3-palmitoyl-β-sitosterol；hexacosanoicacid，chaulmoogric acid，ethy1 chaul-moograte，α-palmitoleoyl glycerol，α-palmitoyl-sn-glycerol，succini-cacid；香豆素类化合物5个：umbelliferone，esculetin，scopole-tin，bergapten，xanthotoxin；生物碱1个：hypaphorine；烷烃1个：hentriacontane和酰胺1个：L-asparagine。

金雀根的化学成分国内外研究状况如下：Sung等从非皂化部分分离到一无色甾醇样物，经理化性质、波谱鉴定和GLC分析，证实为菜油甾醇、菜籽甾醇、β-谷甾醇、胆甾醇的混合物；Cho等从韩国产的金雀根中分得3种甾醇甙：β-sitosteryl-3-O-［6′-O-oleoyl］-β-D-glucopyranoside，6′-O-palmitoyl-β-D-glucosyl sitosterol和6′-O-stearoyl-β-D-glucosyl sitosterol；Lee YB等从其提取物的皂苷部分，分到5个皂苷：kalopanax saponin F，chikusetsu saponin IV，hemsloside Ma3，carагananoside A和araloside A；Kitanaka S等从韩国产的锦鸡儿地上部分化学成分研究3个二苯乙烯低聚体，具有抗炎活性的（+）-α-viniferin、kobophenol A和caraganaphenol A以及glycerol-α-cerotate、glycerol-α-lignocerate、glycerol-α-montanate的混合物。

张礼萍等（2000）从浙江产的金雀根中分离到10个化合物：蜡酸、β-谷甾醇、齐墩果酸、胡萝卜甙、下箴桐碱、Flemichapponin B、5-羟基-7-甲氧基-3′，4′-二氧亚甲基异黄酮、5-羟基-7-甲氧基-4′-甲氧基异黄酮、芒柄花素和Ψ-赝定素，同时发现金雀根中含有（+）-α-viniferin、kobophenol A等二苯乙烯化合物。张国庆等（2010）从小叶锦鸡儿种子中分离得到5个原小檗碱型生物碱，分别为去氢白莲叶碱、黄连碱、表小檗碱、脱氢卡维丁、刻叶紫堇明碱。郭世军等（2015）采用高效液相色谱法测得小叶锦鸡儿中含有甜菜碱和海帕刺桐碱。金亮华等（2007）应用超临界二氧化碳萃取技术提取小叶锦鸡儿挥发油成分，并采用气相色谱-质谱法鉴定出 10 种化合物，即橙花醛、香芹醇、里那醇、橙花醇、α-雪松醇、（E，E）-法尼基丙酮、亚麻醇、十八二烯酸、香叶醇基香叶醇和麝香内酯。骆宏丰等（2000）发现该部位主要的化学成分是二苯乙烯低聚体类化合物，体外细胞试验证明这类化合物如：kobophenol A、（+）-α-viniferin 和 miyabenol C 等确实有刺激成骨细胞增殖的活性。骆宏丰等从产于湖北钟祥的金雀根中得到一些已知的二苯乙烯类化合物外，同时又分到 5 个新二苯乙烯低聚体，carapenol A、carapenol B、carapenol C、（+）-isoampelopsin 和（-）-ampelopsin F。以后，马大友等（2008）从产于湖北钟祥的金雀根中分到 4 个新的二苯乙烯低聚体 carasinol A、carasinol B、carasinol C、carasinol D。运用 MTT 法进行体外成骨细胞培养试验发现化合物 carasinol A、carasinol B、carasinol C、carasinol D 和 leachianol C 具有一定的刺激成骨细胞增殖的活性。金雀根的植物资源丰富，适合开发成为治疗预防骨质疏松的新药。王曙光等（2004）以金雀根为原料，研制出治疗原发性骨质疏松的中药新药——卡拉酚胶囊。

二、锦鸡儿属药用植物药理作用

（一）抗炎作用

小叶锦鸡儿根茎的甲醇总提取物可明显对抗角叉菜胶、热烫及巴豆油所致的炎症。抑制小鼠毛细血管通透性、单核巨噬细胞系统的吞噬功能、肉芽组织增生及大鼠炎症部位 PEG2 的合成和释放；明显地抑制二甲苯所致的小鼠耳壳炎症。杜学武（1998）用锦鸡儿水煎剂治疗 54 例类风湿性关节炎，疗效明显。自金雀根中分得的化合物（+）-α-viniferin 能抑制全血中自由基的释放，并能抑制前列腺素 H2 合酶的活性，提示其可作为治疗炎症疾病的一种有利治疗剂。

金景姬等（1994）的实验结果表明，小叶锦鸡儿根的甲醇提取物可明显抑制由二甲苯所致的小鼠耳壳炎症及角叉菜胶引起的大鼠足胀，亦可抑制醋酸所致的小鼠腹腔毛细血管通透性增加及巴豆油所致的小鼠耳部肿胀和通透性增加，可显著降低炎症渗出物中的PGE2。乔丽君金雀根能减少踝关节的病理改变，降低关节炎评分，抑制sd大鼠足部肿胀，降低关节炎发生率；具有良好的抗炎、免疫调查作用。朴惠顺等（2005）的实验结果表明，小叶锦鸡儿醋酸乙酯提取物200mg/kg、100mg/kg和50mg/kg 3种剂量均对巴豆油与二甲苯所致耳廓炎症及棉球所致小鼠肉芽肿具有明显的抑制作用，提示小叶锦鸡儿醋酸乙酯萃取物对急慢性炎症有较好的抑制作用。有研究者认为，小叶锦鸡儿甲醇提取物可明显提高小鼠热痛阈，痛阈提高率为68.0%～175.8%，减少酒石酸锑钾所致小鼠扭体反应次数，镇痛率为65.6%和77.4%，提示小叶锦鸡儿甲醇提取物具有镇痛作用。小叶锦鸡儿醋酸乙酯提取物可明显延长小鼠扭体和舔足潜伏期，减少扭体和舔足次数，提高点刺激痛阈，亦提示小叶锦鸡儿有镇痛作用。

（二）抗肿瘤和抗病毒作用

蛋白激酶C（PKC）与人的多种疾病如肿瘤和各种炎症有联系，因此PKC抑制剂对这些疾病具有潜在的治疗价值。国外研究者从高等植物筛选PKC抑制剂时发现锦鸡儿95%乙醇提取液具明显的PKC抑制活性（IC50 12μg/mL）。对其化学成分的研究表明，化合物（+）-α-viniferin和miyabenolC在8～16μg/mL的浓度具有明显的抑制PKC同工酶的活性。在研究其细胞毒活性试验中，发现化合物（+）-α-viniferin在酵母多糖活化的全血白细胞中显示弱的活性。但能明显抑制NHEK细胞的增殖（IC50 0.4μg/mL）和MCF-7乳腺肿瘤细胞的增殖（IC50 3.6μg/mL）。化合物而miyabenol C具有抑制肺癌细胞株（A549）生长的活性。此外，金雀根的醋酸乙酯提取物（主要成分是二苯乙烯低聚体）还具有较好的抗疱疹病毒I型（HSV-1）和II型（HSV-2）的活性。

朴惠顺等（2005）的实验结果表明，小叶锦鸡儿乙醇提取物对小鼠S180肉瘤细胞生长有抑制作用。张国庆等（2010）研究表明，小叶锦鸡儿乙酸乙酯提取物具有一定的抗炎作用，对小鼠急慢性炎症有较好的治疗作用。杨国勋（2007）研究表明，从锦鸡儿中分离得到的化合物具有抗HIV活性作用。仇永鑫等（2010）的实验结果表明，从小叶锦鸡儿分离出的赝靛黄素对人乳腺癌细胞株、宫颈癌细胞株的增殖均具有明显的抑制作用，IC_{50}分别为20.2mg/L和16.9mg/L；高丽槐树-7-O-α-D-吡喃葡萄糖苷对乳腺癌细胞株、肝癌细胞的增殖均有明显的抑制作用，IC50 分别为 17.9mg/L 和 18.8mg/L；芒柄花素-7-O-β-D-吡喃葡萄糖苷对乳腺癌细胞株的增殖亦有抑制作用。

（三）对血液系统的作用

小叶锦鸡儿根茎甲醇提取物 iv100，200mg/kg 能明显降低家兔的全血黏度和血浆黏度及全血还原黏度，减少血浆中纤维蛋白原含量，缩小血小板电泳时间；同时明显抑制血小板黏附性；对家兔颈动静脉旁路中形成的血栓有抑制作用；还可抑制 Chandier 法形成的体外血栓，使血栓长度缩短，湿重、干重明显减轻。研究结果表明，经耳静脉注射给予家兔小叶锦鸡儿根茎甲醇提取物 100mg/kg 和 200mg/kg可以明显降低家兔的全血黏度、血浆黏度及全血还原黏度，减少血浆中纤维蛋白原含量，缩短血小板电泳时间，抑制血小板黏附性及家兔颈动脉旁路中血栓形成，亦可抑制 Chandler 法形成的体外血栓，缩短血栓长度，减轻湿质量及干质量。康亚男（2013）研究结果表明，小叶锦鸡儿总黄酮可提高 MACO 模型大鼠的学习记忆能力，降低血浆黏度、血小板聚集率、红细胞聚集指数及红细胞刚性指数，增加红细胞变形指数，对 MACO 模型大鼠具有脑保护作用，究其原因可能与小叶锦鸡儿总黄酮降低血液黏稠度有关。

（四）降压作用

屈松柏（1980）用锦鸡儿片剂治疗高血压 187 例，临床研究表明，总有效率为 72.77%，治疗后血压平均下降 3.85kPa/1.63kPa（29mmHg/12.3mmHg）。多次动物实验证明，该药的降压作用与中枢有关，主要是通过加强延髓的副交感中枢紧张度并减弱交感中枢紧张度所致。

（五）镇痛作用

有研究表明，小叶锦鸡儿的乙酸乙酯提取物对小鼠具有显著的镇痛作用。小叶锦鸡儿的甲醇提取物明显地提高小鼠热痛阈，痛阈提高率为 68.0%～175.8%；明显地提高酒石酸锑钾刺激腹膜致痛时的镇痛率，镇痛率为 65.6%和 77.4%，提示其具有明显的镇痛作用。

（六）对免疫功能的影响

实验证明，小鼠口服小叶锦鸡儿煎剂对脾脏 B 淋巴细胞溶血素的形成、血清中血凝素的形成、T 淋巴细胞转化率及淋巴细胞 ANAE 阳性细胞均有明显的抑制作用；患者用小叶锦鸡儿药剂治疗后 C3、IgG、IgA 和 IgM 明显下降，说明其对人体的体液免疫也有抑制作用。胡荫（1992）等灌胃给予小鼠 62.5%（质量分数）小叶锦鸡儿煎剂 20mL/kg，连续 5~7d，观察结果表明小叶锦鸡儿对脾脏 B 淋巴细胞溶血素的形成及血清中血凝素的形成具有明显的抑制作用，对小鼠 T 淋巴细胞转化率及淋巴细胞 ANAE 阳性细胞亦有明显的抑制作用。

（七）抗心律失常作用

李迎军（2012）等的实验结果表明，小叶锦鸡儿正丁醇提取物 2 个剂量均可明显提高大鼠发生室性早博、室性心动过速、心室颤动时的乌头碱用量，延长氯化钡诱发大鼠心律失常的出现时间，缩短维持时间，提示小叶锦鸡儿正丁醇提取物具有抗大鼠实验性心律失常的作用。

（八）对呼吸系统的影响

研究结果表明，口服给予小叶锦鸡儿根煎剂 12.5g/kg 可使豚鼠组胺喷雾引喘法引起的呼吸困难及抽搐倒伏的潜伏期明显延长，但对酚红排泄法及氨水喷雾引咳法引起的小鼠咳嗽无镇咳、祛痰作用。

（九）抗氧化活性

牛宇等（2012）的实验结果表明，小叶锦鸡儿根部粗提取物和不同极性组分在不同抗氧化体系中均表现出不同程度的抗氧化活性，粗提取物、正己烷层、二氯甲烷层、乙酸乙酯层和水层对 DPPH·清除能力的 EC_{50} 分别为 0.68g/L、6.12g/L、0.23g/L、0.07g/L 和 2.23g/L；不同极性组分羟自由基清除能力与总黄酮含量呈显著相关性，而 DPPH·和超氧阴离子清除能力及总抗氧化能力与总黄酮含量未表现出显著相关性。小叶锦鸡儿根部不同极性组分具有较强的抗氧化活性，是良好的天然抗氧化剂。高海峰等（2011）从锦鸡儿地上部分分离得到 3 种黄酮醇类化合物，并对其药理活性进行了测定。3-O-甲基山柰酚具有较强的抗菌活性。3-O-甲基槲皮素和槲皮素具有很强的抗氧化活性。宋萍等（2010）从鬼箭锦鸡儿得到 5 种紫檀烷类化合物，其中高丽槐素对 3 种念珠菌具有潜在的抗真菌活性。

（十）抗菌活性

牛宇等（2012）采用琼脂扩散法测定粗提取物及不同极性组分的体外抑菌效

果，结果表明小叶锦鸡儿花和根的不同极性组分对枯草芽孢杆菌和镰刀菌有抑制作用，但对金黄色葡萄球菌和大肠杆菌的抑制作用不明显。花的二氯甲烷层对枯草芽孢杆菌和镰刀菌的抑制活性最高，效价分别为 176.68U/mg 和 243.97U/mg。相关性分析结果表明，黄酮类和多酚类是小叶锦鸡儿抑制枯草芽孢杆菌和镰刀菌的主要活性成分。

（十一）降糖活性

从锦鸡儿中分离的倍半萜 4（15）-桉烯-1β，5α-二醇显示出一定的葡萄糖消耗活性。从大量药理研究文献来看，研究主要集中在锦鸡儿属的几种植物，如小叶锦鸡儿、鬼箭锦鸡儿等。而在藏区使用的 17 种锦鸡儿属药用植物中除鬼箭锦鸡儿研究较多外，其余品种均未见或少见相关研究。因此，研究和开发锦鸡儿属植物仍很有必要，特别是现行藏药标准中收载的二色锦鸡儿、云南锦鸡儿等品种，开展相关研究就显得更有必要。

三、药用方面的研究

李文亭等（1995）对锦鸡儿属植物的药理作用、临床应用等做了介绍，对不同化学成分的不同功能进行了研究，介绍了几种临床应用。首先介绍了化学成分，锦鸡儿属植物的根中含生物碱、内脂类化合物、黄酮苷类、酚性物质和树脂等，地上部分除了含有上述成分外，还含植物甾醇、香豆精、多糖。不同种所含成分及含量的差异很大。药理作用分为降压作用、抗炎作用、对免疫功能的影响、其他作用及毒性 5 个方面，每一种作用都结合实例进行了分析。临床作用分别介绍了高血压、慢性气管炎、红斑性狼疮的治疗实例统计，充分说明了锦鸡儿属植物的药用价值。朴惠顺等（2005）详细研究了锦鸡儿属植物提取出的不同化学成分及其药用功能，详细介绍了它的降压作用、抗炎作用、对免疫功能的影响、对血液的影响、对呼吸系统的影响、抑菌、抗肿瘤、抗病毒、抗老年性痴呆、镇痛、毒性及其他作用。介绍了治疗高血压、治疗类风湿性关节炎、治疗红斑性狼疮和治疗复发性口腔溃疡的临床应用。临床报道对多种类型高血压均有降压作用，尤以对高血压病Ⅱ期患者效果较好；与白果叶浸膏合用，除有协同降压作用外，胆甾醇与磷脂的比例亦有改善。其与决明子、青木香组成复方应用，或与利血平合用，疗效均有提高。对金雀根的药理学研究近年来有所发展，有研究者报道了金雀根中的二苯乙烯低聚体对蛋白激酶 C 的抑制作用，对肺癌细胞株生长的抑制作用进行研究。发现其可显著抑制 A549 细胞的生长；并研究了锦鸡维生素 C（miyabenol C）对两株人肺癌细胞株（A549 和 HCI-H446），蛋白激酶 C 和同工酶活性的影响。金雀根的乙酸乙酯部位具有较好的抗疱疹病毒Ⅰ型（HSV-1）和Ⅱ型（HSV-2）的活性。

第四节 柠条栽培基质应用

在设施蔬菜生产中，设施土壤质量退化成为影响蔬菜产品质量及土壤可持续利用的瓶颈。造成土壤质量退化的原因有多种，其中连作障碍是主因。随着连作年限的延长，土传病害发生严重，造成了农民收益的直接下降。因此，无土栽培技术是解决这些问题的重要途径之一。无土栽培技术是近年来发展最快的新技术之一，是不用土壤而用基质栽培的方法。现在，许多国家都有无土栽培设施，已广泛用于花卉、蔬菜和育苗等。它具有省地、省水、省肥、受环境影响小、作物生长快、高产、优质和病虫害少等诸多优点，是未来农业的理想模式。无土栽培不仅使农作物生产取得了显著的经济效益，还进一步应用到了一些园林观赏植物栽培中，起到了提高产量、增进品质、减少土传病害、净化栽培环境的效果，并且扩大了观赏植物的栽培范围。随着设施瓜菜种苗需求量急增，进而育苗基质原料——草炭需求量加大，目前宁夏设施农业面积已经突破 100 万亩，年需要种苗超过 12 亿株，需基质约 170 万袋，消耗草炭近 6 万 m^3，但草炭是一种资源十分有限的非可再生资源，大量开采会破坏湿地环境，加剧温室效应，而且草炭产地和使用地之间的长途运输也增加了草炭的使用成本，因此必须研究提出替代草炭的新型育苗基质。

固体基质的无土栽培类型由于植物根系生长的环境较为接近天然土壤，缓冲能力强，不存在水分、养分之间的矛盾，因此在生产管理中较为方便，且设备较水培和雾培简单，甚至可不需要动力，具有一次性投资少、成本低、性能相对较稳定、经济效益较好等特点，生产中普遍采用。近年来，随着具有良好性能的新型固体基质的开发利用以及在生产上工厂化育苗技术的推广，我国的固体基质栽培的面积不断扩大。从我国现状出发，基质栽培是最有现实意义的一种方式。无土栽培由营养液、基质、设施和设备几部分组成，经过多年的研究和试验，营养液的配方已基本形成，需要时可到相关材料中查找。对于设施和设备来说，可以长途调运。但对于基质，要根据不同条件、不同地区和不同资源因地制宜，应用不同的基质。

一、基质在育苗中的应用

有机基质，是指既不用天然土壤也不使用传统的营养液灌溉植物根系，而是采用农业废弃物等经腐熟发酵沤制和消毒而成的有机固态基质。近年来有机基质得到了较好的发展，与其他基质相比它有以下优点：可再生、节约资源和对环境无污染；各地可寻找适合本地推广的有机基质；废弃的有机基质仍具有丰富的养分，可直接施入田地作为土壤改良剂，恰当使用可减少施肥量，降低种植成本。

轻型育苗基质具有质轻、节约运输费用和提高造林成活率等优点，应用轻型基质育苗已经成为一种趋势。泥炭土作为轻型基质育苗在世界范围已应用广泛。由于我国的泥炭土资源匮乏，随着《湿地保护法》的出台，泥炭土的开发日益受到制约。目前，开发利用农业、林业废弃物作为育苗基质越来越受到重视，不仅利于保护环境，而且还具有良好的社会与经济效益。但是，农林废弃物本身理化性质不稳定，而且还含有酚类等一些有毒物质，不能直接用作育苗基质，需要对其进行预处理，使其易分解的有机物质分解，有毒物质去除，理化性质才能稳定，在育苗过程中才不会产生不良影响，经过处理后的农林废弃物才可以用作育苗基质。目前处理农林废弃物使其稳定的方法就是对其进行腐熟堆沤，也称发酵。堆肥方法处理有机固体废弃物是一种集处理和资源循环再生利用于一体的生物方法，很多经过堆肥处理的有机废弃物可作为良好的无土栽培基质，这也是目前有机废弃物资源化的一个研究热点。农林废弃物也属于有机废弃物范畴，故其堆肥腐化原理也适用于农林废弃物。

（一）柠条草粉作为育苗轻型基质的优势

有机基质栽培因其性能稳定、缓冲能力强、设备简单、投资少和技术容易掌握等优点而成为我国目前推广应用最多的一种无土栽培形式。发展基质无土栽培的关键在于如何开发一种理化性能稳定、原材料来源广泛、价格低廉、对环境无污染和便于规模化商品生产的基质。草炭是现代园艺生产中广泛使用的重要育苗及栽培基质，在自然条件下草炭形成约需上千年时间，过度开采利用，使草炭的消耗速度加快，体现出不可再生资源的特点。很多国家已经开始限制草炭的开采，导致草炭的价格不断上涨。因此，开发和利用来源广泛、性能稳定、价格低廉，又便于规模化商品生产的草炭替代基质的研究已成为热点。国外开发了椰子壳、锯末等替代基质，并应用于商业化生产，国内在以木糖渣、芦苇末、油菜秸秆、蚯蚓粪等工农业废弃物为原料开发草炭替代基质方面也做了较为深入的研究。这些原料主要是农林业副产品，来源比较丰富，各批次质量相对稳定。

另一方面，我国目前经济迅速发展，工农业生产力大大提高，各种固体有机废物急剧增加，废弃物的处理增加了环保的压力。据统计，全国乡镇企业排放的废渣总量达到 14×10^8t，工业固体废物累计堆存量达到 67.5×10^8t，农作物秸秆年产量约 8×10^8t。研究表明，利用这些工农业有机废弃物可以合成优质无土栽培有机基质。近年来，科研工作者利用各种有机废弃物研制合成了环保型无土栽培有机基质，在各种作物上的栽培应用效果良好。这不仅解决了有机废弃物的处理问题，还为无土栽培提供了优质有机基质，提高了自然资源的综合利用水平。由于柠条营林特点，3~5 年需要进行平茬，平茬枝条生物量比较丰富，也富含有各种营养成分，成为生物质栽培基质开发利用的一种良好选择。

柠条作为一种粉碎植物基质原料，其质地、粒径和性质等方面受到粉碎程度和腐熟度的影响（尚秀华等，2009），粉碎程度和腐熟度可以影响复合基质的容重、孔隙度、pH 值和 EC 值等。优良的基质在物理性质上固、液、气三相比例适当，容重为 0.1~0.8g/cm^{3}总孔隙度在 75%以上，大小孔隙比在 0.5 左右。化学性质上，阳离子交换量（CEC）大，基质保肥性好。pH 值在 6.5~7.0，并具有一定的缓冲能力，具一定的碳氮比（C/N）以维持栽培过程中基质的生物稳定性。以发酵柠条粉、珍珠岩和蛭石为材料，按照不同比例混配形成柠条粉复合基质，测定了不同配比的基质理化性质，结果表明，添加发酵柠条粉基质，提高了混配基质的总孔隙度和通气孔隙，降低了基质的持水孔隙，部分复合基质完全符合育苗基质要求，且育苗效果明显优于 CK；发酵柠条粉体积比在 50%~60%，总孔隙度在70%～90%，通气孔隙在9.5%～11.5%育苗效果更佳。孙婧(2011)在柠条基质理化性质和育苗效果研究中：在柠条粉碎程度一定的前提下，按照柠条含量为50.0%、66.7%和100.0%的比例同珍珠岩进行混合，结果发现，随着柠条比例的增加，基质的容重在一定程度上有所增加，充分说明柠条作为植物粉碎原料其比重较大，质地较紧密，因此含量越高混合基质整体的容重就越大；育苗后，柠条含量为50.0%和66.7%的基质总孔隙度、通气孔隙度和持水孔隙度显著低于柠条含量为100.0%的基质，但大小孔隙比差异不显著。

另外，柠条基质由于植物本身有机物和无机物的含量和成分较为复杂，其pH值和EC值均在适宜根系生长的范围内，出苗情况优于草炭基质，但在育苗前后基质理化性质变化均较大，没有对照稳定。因此，就理化性质方面来说，柠条基质具有一定的优势，但作为草炭基质的替代物还有待于在加工和配比方面进一步研究。

（二）柠条腐熟处理

柠条草粉是较好的栽培基质原料，但含有的不稳定物质及有害物质必须经过特定的工艺处理后，才能用于作物栽培。目前处理方法以堆制发酵即腐熟堆沤为主，该方法具有操作简单、处理时间短、有毒物质去除彻底、节约成本等优点。

1. 堆肥原理

堆肥化是一种传统的有机废弃物处理工艺，即在受控制的条件下，利用微生物的作用和酶活性加速有机物的生物降解和转化，最终使有机物达到腐熟化和稳定化的过程。堆肥过程不仅可以减少有机固体废弃物的体积、重量、臭味，杀灭病原菌、虫卵、植物种子等，同时会产生大量的腐殖质。堆肥技术应用于柠条草粉的处理，改善其理化性质，使其能作为良好的育苗基质。

堆肥化的基本原理是：有机物依靠自然界广泛分布的细菌、放线菌、真菌等微生物，在一定人工条件下，有控制地促进可被生物降解的有机物向稳定腐殖质转化的生物化学过程，其实质是一种发酵过程。在堆肥过程中，柠条草粉的溶解性有机物质透过微生物的细胞壁和细胞膜为微生物所吸收，固体和胶体的有机物质先附着在微生物体外，由生物所分泌的胞外酶分解为溶解性物质，再渗入细胞。微生物通过自身的生命活动——氧化、还原、合成等过程，把一部分被吸收的有机物氧化成简单的无机物，并放出生物生长活动所需要的能量；把另一部分有机物转化为生物体所必需的营养物质，合成新的细胞物质，于是微生物生长繁殖，产生更多的生物体。根据处理过程中起作用的微生物对氧气要求的不同，有机废弃物处理可分为好氧堆肥法（高温堆肥法）和厌氧堆肥法两种。前者是在通气的条件下借好氧性微生物使有机物得到降解，由于好氧堆肥温度一般在 50~60℃，极限温度可达 80~90℃，故亦称为高温堆肥。后者是利用微生物的发酵造肥。由于好氧堆肥相对于厌氧堆肥有高效性，目前常用的堆肥工艺多为高温好氧堆肥。一般情况下，利用堆肥温度变化来作为（好氧）堆肥过程的评价指标。

2. 堆肥过程

一个完整的堆肥过程一般可分为 3 个阶段。

（1）中温阶段

这是指堆肥化过程的初期，堆层基本呈 15~45℃的中温，嗜温性微生物较为活跃并利用堆肥中可溶性有机物进行旺盛的生命活动。这些嗜温性微生物包括真菌、细菌和放线菌，主要以糖类和淀粉类为基质。真菌菌丝体能够延伸到堆肥原料的所有部分，并会出现中温真菌的实体。

（2）高温阶段

当堆肥温度升至 45℃以上时即进入高温阶段，在这一阶段，嗜温微生物受到抑制甚至死亡，取而代之的是嗜热微生物。堆肥中残留的和新形成的可溶性有机物质继续被氧化分解，堆肥中复杂的有机物如半纤维素—纤维素和蛋白质也开始被强烈分解。在高温阶段中，各种嗜热微生物的最适宜温度也是不相同的，在温度上升的过程中，嗜热微生物的类群和种群是相互接替的。通常在 50℃左右最活跃的是嗜热真菌和放线菌；当温度上升到 60℃时，真菌则几乎完全停止，基于生物表面活性剂的堆肥微环境条件的改良活动，仅为嗜热性放线菌和细菌；温度升到 70℃以上时，对大多数嗜热性微生物已不再适应，从而大批进入死亡和休眠状态。现代化堆肥生产的最佳温度一般为 55℃，这是因为大多数微生物在 45~80℃范围内最活跃，最易分解有机物，同时，其中的病原菌及寄生虫大多数可被杀死。

(3) 降温阶段

在内源呼吸后期，剩下部分为较难分解的有机物和新形成的腐殖质。此时微生物的活性下降，发热量减少，温度下降，嗜温性微生物又占优势，对残余较难分解的有机物做进一步分解，腐殖质不断增多且稳定化，堆肥进入腐熟阶段，需氧量大大减少，含水率也降低。

从堆肥化原理和发酵过程可以看出经过一系列的微生物反应，经过处理的柠条草粉可以变成一种稳定的物质，在育苗过程中理化性质得到很大的改变，因此，经过腐熟堆沤后的柠条草粉可以作为良好的育苗基质。但是对柠条进行腐熟只是一个前期工作，怎样将几种基质混配成优良的复合基质还有待进一步研究。

二、柠条栽培基质在育苗应用方面的研究

有研究者以传统的草炭、珍珠岩混合基质做对照，分析配比不同比例柠条的混合基质的容重、总孔隙度、通气孔隙度、持水孔隙度、大小孔隙比及 pH 值、EC 值等理化性状，并对不同基质培育的黄瓜幼苗生长相关指标进行研究。曲继松等（2013）在以柠条粉作为育苗基质的探索性试验已经取得了初步成功，尤其是在西瓜、甜瓜、茄子、辣椒等育苗上取得较好表现。目前柠条基质配型筛选研究已经基本确定了柠条基质的复混配比类型，进而为丰富的可再生的柠条资源后续产业的开发提供理论基础，提高沙产业的经济效益和生态效益。

（一）柠条基质栽培樱桃番茄不同栽培模式的筛选研究

在栽培滴灌条件下，采用砖砌槽式栽培（长 5.5m，宽 0.84m，高 0.27m），箱式栽培（长 5.5m，宽 0.9m，高 0.19m），半地下式栽培（长 5.5m，宽 0.8m，深 0.3m），地下式栽培（长 5.5m，宽 0.8m，深 0.3m），袋装栽培（长 5.5m，宽 0.8m，高 0.3m），土壤起垄覆膜栽培（长 5.5m，宽 0.8m，高 0.3m）6 种模式进行番茄生长发育、产量试验研究。观测结果得出：箱式栽培、地下式栽培及半地下式栽培处理与土壤栽培处理相比，番茄的生长势均较好，生育期提前 3d 左右，总产量变化范围-0.71%~20.35%，经济效益在 0.94 万~1.21 万元/亩。

（二）设施番茄和辣椒柠条基质栽培适宜营养液的选择研究

在基质栽培滴灌条件下采用有机营养液（有机磷肥+有机钾肥+绿营高配制的发酵液），无机营养液（采用宁夏大学农学院研制的固体冲施肥），日本园式配方营养液，化学肥料粗配［选用尿素和氮磷钾复合肥（17∶17∶17）］4种营养液对柠条基质栽培番茄和辣椒产量和品质有较大的影响。在生长势和产量方面以无机营养液管理的番茄和辣椒优于其他营养液处理，产量比对照分别高23.91%和14.88%，在维生素C、可溶性糖含量及糖酸比方面以有机营养液处理最好，其次是无机营养液处理。综合评价，发现柠条基质栽培番茄和辣椒均以宁夏大学农学院研制的固体冲施肥冲施的无机营养液管理为最好，不仅产量高，而且品质也较好。

（三）柠条粉复配有机肥作为栽培基质对黄瓜栽培效应分析

采用复配基质以柠条粉和珍珠岩复合物为基础，添加鸡粪的比例（添加量占两者总体积的百分比）由10%增至40%，柠条粉的量作相应的递减，和以草炭为对照共5种配比，对黄瓜进行了栽培效应的试验研究，结果表明：柠条基质粉中添加20%~30%的有机肥在基质物理性状、黄瓜盛果期叶绿素含量及光合效率、Fv/Fm等指标方面均表现出良好效果。

（四）柠条栽培基质对番茄产量和品质的影响

滴灌条件下采用柠条基质栽培和土壤栽培两种栽培介质对设施番茄产量和品质的影响进行试验研究。结果得出：在滴灌条件下采用基质栽培和土壤栽培两种方式进行试验的研究，基质栽培番茄较土壤栽培有提早成熟的特性，即提早上市5~7d，产量增产35%，维生素C含量提高10个百分点，可溶性糖含量提高近0.7%，在一个生长季内总体节肥18.7%，节水近38%。

（五）柠条栽培基质对白灵菇的影响

通过对柠条木屑与玉米芯培养基配方进行筛选及栽培白灵菇试验，结果表明，用柠条、玉米芯组成的配方栽培白灵菇，其产量、形态、品质与棉籽壳栽培区别不大，但口味更好。因此，用柠条、玉米芯组成的复合培养基代替棉籽壳栽培白灵菇完全可行。

三、柠条发酵粉用于蔬菜育苗的试验效果

（一）在茄果类蔬菜育苗上的试验研究

以发酵柠条粉、珍珠岩和蛭石为材料，按照不同比例混配形成柠条粉复合基质，以普通商品育苗基质为对照，通过基质理化性状、幼苗生长发育、根系活力、壮苗指数等指标，比较分析混配基质育苗效果，研究其理化性状和在茄子育苗中的应用效果。结果表明，添加发酵柠条粉基质，提高了混配基质的总孔隙度和通气孔隙，降低了基质的持水孔隙，部分复合基质完全符合育苗基质要求，且育苗效果明显优于CK；发酵柠条粉体积比在50%～60%，总孔隙度在70%～90%，通气孔隙在9.5%～11.5%育苗效果更佳；通过茄子幼苗根系活力和壮苗指数的生理指标确定柠条粉：珍珠岩：蛭石=3：1：1（体积比）为茄子最佳育苗基质配比比例。在辣椒上育苗效果也同样优于对照。

（二）在黄瓜育苗上的试验研究

以黄瓜品种‘津育5号’为试材，以传统的草炭、珍珠岩混合基质做对照，对不同基质培育的黄瓜幼苗生长相关指标进行研究。结果表明使用柠条基质育苗的黄瓜幼苗出苗率、长势和质量均优于传统的草炭基质。以‘中农26号’黄瓜为试材，以传统的草炭蛭石混合基质做对照，探究了不同配比的柠条与蘑菇渣堆肥复配基质改善黄瓜育苗基质理化性状和幼苗质量的效果。结果表明：合理配比的柠条与蘑菇渣堆肥复配基质，在理化性状方面符合育苗要求，且育出的黄瓜幼苗质量优于传统的草炭基质。综合考虑，复配基质B2［柠条堆肥：蘑菇渣堆肥=3：2（体积比），替代60%草炭］和D4［柠条堆肥：蘑菇渣堆肥=1：4（体积比）；替代20%草炭］能大幅改善黄瓜育苗质量。在草炭资源匮乏而柠条、蘑菇渣资源丰富地区，可以按B2基质配方替代草炭进行育苗。孙婧（2015）经过合理配比的柠条基质在理化性质方面基本符合育苗要求，使用柠条基质育苗的黄瓜幼苗出苗率、长势和质量均优于传统的草炭基质；综合比较，以柠条：珍珠岩=1：1（体积比）的混合基质育苗效果最佳。

（三）在西瓜、甜瓜育苗上试验研究

将柠条粉中加入有机—无机肥料腐熟发酵90d，加入珍珠岩（柠条粉：珍珠

岩=5：1，体积比）后作为育苗基质使用，以宁夏地区较为广泛的台湾农友种苗股份有限公司生产的“壮苗二号”育苗基质为对照。研究柠条粉基质对甜瓜、西瓜幼苗的影响。结果表明：在育苗方面，两种基质幼苗株高、茎粗、根长、叶片数、地上部鲜质量、地下部鲜质量、全株鲜质量、地上部干质量、地下部干质量、全株干质量和根冠比等生长发育指标上均趋于一致，且柠条粉基质幼苗壮苗指数明显高于壮苗二号基质幼苗壮苗指数9.76%；而且通过荧光参数比较得出：两种基质幼苗对光能利用方面无明显差异。柠条粉基质基本具备取代以草炭为核心原料的现有育苗基质的潜能，这为西北内陆地区新型工厂化育苗基质开发利用提供了理论支持，同时对沙生植物柠条产业发展及荒漠化治理具有重要指导意义。

四、柠条基质发展方向

利用柠条作为栽培育苗基质不仅可以解决废弃物对环境的污染问题，而且还可以利用有机物中丰富的养分供应植物生长需要。作为栽培育苗基质应达到三项标准：一是易分解的有机物大部分分解，栽培使用中不产生氮的生物固定；二是通过降解除去酚类等有害化合物；三是消灭病原菌、虫卵和杂草种子。由于有些柠条物料堆制时间不够，仍含有许多对植物生长不利的物质，因此，必须充分堆制，完全腐熟分解，有些基质可以明显地促进苗木的生长。基质的颗粒度大小、形状、容重、总孔隙度、大小孔隙度比、pH值、EC值、CEC值等比较重要的理化性质，目前尚没有提出主要作物栽培基质的标准化参数。为适应标准化、规模化、工厂化生产的需要，制定育苗基质的标准参数，并按标准参数要求生产基质，形成标准化成型技术是目前有待解决的问题。

针对宁夏目前设施蔬菜生产体系中由于连作引起的设施土壤质量退化问题和非耕地设施蔬菜的发展需要基质栽培，集约化基质育苗的生产实际，研究者们在承担相关研究课题中，根据宁夏丰富的柠条资源，开展了大量的研究工作，不仅为无土栽培增添了新的基质种类，为宁夏设施农业乃至工厂化蔬菜生产，打造安全、优质、绿色产品品牌提供了技术支撑，也将通过柠条的开发利用，提高沙产业经济效益，走出一条沙漠治理的良性循环之路。

今后将在前期研究基础上，继续开展育苗及栽培不同用途开展基质配比的区别化研究；基于发酵柠条栽培蔬菜营养生理及施肥体系的研究；蔬菜生长发育及营养代谢与柠条基质养分释放的响应机制研究；柠条基质多茬栽培养分及理化性质变化情况研究，通过添加不同有机肥，研究柠条基质多年连续利用方案；研究主要蔬菜栽培和育苗需水需肥规律的灌溉、营养调控技术及机理，提出针对根际环境调控和养分合理补充的栽培模式和技术体系，为柠条基质商品化开发应用提供理论依据和技术支撑。

第五节　柠条其他经济效益

一、利用柠条枝栽培菌菇技术

柠条主要由纤维素、半纤维素和木质素三大部分组成，柠条中的有机成分以纤维素、半纤维素为主，其次为木质素、蛋白质、氨基酸、树脂、单宁等。利用微生物以纤维素为基质原料生产单细胞蛋白质是当今利用纤维素最为有效的方法之一，用柠条废物做培养基可栽培多种食用菌就是该原理的实际应用，食用菌可以分解纤维素、半纤维素和木质素并合成自身的植物蛋白和氨基酸。利用这一点，每千克柠条可生产平菇0.5~0.6kg。王海燕（2017）开展柠条粉栽培平菇的配方筛选，选取3个品种，配方设置添加23%、40%柠条粉两个处理，比较发菌效果、产量、发病率等。结果表明，基质中添加40%柠条粉适于栽培平菇。同时，3个供试品种中，引进品种‘灰美2号’综合表现最好。刘海潮（2005）开展柠条枝条培养平菇试验，柠条用量提高，满瓶时间延长，同时，出菇量和生物转化率也降低。赵世伟等（2019）建立了柠条枝栽培香菇技术规程如下，操作技术比较科学合理。

（一）场地与设施

香菇栽培必要的场地一般包括拌料装袋间、消毒灭菌间、接种室和培养间等，培养间要求通风且保温效果良好。设施一般包括拌料机、装袋机、灭菌灶、接菌器和粉碎机等。

（二）品种选择

香菇根据菇盖大小可以分为大叶、中叶和小叶品种，按照菇盖的厚薄可以分为厚肉、中肉和薄肉品种，按照出菇季节可以分为春栽、夏栽和秋栽品种，按照出菇温度可以分为高温型、中温型和低温型品种。在香菇栽培时，应综合考虑子实体分化的适宜温度和当地情况。

（三）菌种制备

香菇菌种分为母种、原种和栽培种。香菇母种也称为一级种，是培养于PDA试管斜面的菌种，主要用于香菇品种的保存与原种的制备。原种也称为二级种，是母种在培养基上的一次扩大培养物，主要用于栽培种的制备，也可以用作栽培种。栽培种也称为三级种，主要用来接种香菇栽培袋进行香菇生产。

（四）培养料配方

香菇代料栽培的原料有木屑、柠条粉、玉米芯、秸秆、棉籽壳、麸皮、石膏和石灰等。配方一为木屑78%、麸皮20%、石膏1%、石灰1%，含水率为60%；配方二为木屑39%、柠条粉39%、麸皮20%、石膏1%、石灰1%，含水率为60%。

（五）菌棒制作与管理

1. 拌料与装袋

原料与辅料充分混合均匀，干湿搅拌均匀，并调节至适宜酸碱度。培养料配制完成后，应及时装袋，做到当天拌料当天装袋灭菌。栽培筒袋一般采用规格为宽15cm、长55cm、厚0.005cm的折角聚乙烯筒袋，加水后湿料为2.5~2.6kg/袋，装袋后袋口要清理干净并扎紧。

2. 灭菌

将装好栽培料的菌袋分层摆于灭菌灶内，袋与袋之间装实，不能以“品”字形排列，行距为5cm，以防空气不流通。灭菌灶“上汽”后，料温达97~100℃的状态下保持12~16h，即可彻底灭菌。灭菌结束后，待锅内温度自然降至50~60℃时，趁热将菌棒转移至冷却室，冷却24~48h后降至常温即可接种。

（六）接种

接种包括三大过程。一是消毒。选用气雾消毒盒对接种室、接种箱的空间进行消毒，消毒时间为25~30min。接种用具、菌袋外表及接种者双手采用75%酒精擦洗消毒，菌袋擦完后即放进接种箱。二是打穴接种。用接种打孔棒在菌棒上均匀地打3个接种穴，直径1.5cm左右，深2.0~2.5cm。打接种穴要与接种相配合，打一穴接一穴。三是封口。接种后，接种穴采用套袋封口。

（七）养菌

1. 菌袋堆放

春季栽培早期温度较低，应以保温为主，菌袋顺码成堆，高1.2~1.5m，排与排之间预留人行道；当温度升高时，改变为“井”字形堆放，高度为5~6层。

2. 培养室条件

一是温度。温度是影响菌丝生长的关键因素，应控制在22~24℃。接种20d以后菌丝新陈代谢加强，温度应控制在28℃以下，可通过调节菌袋堆的高低、疏密及采取通风措施进行降温。二是湿度。空气相对湿度应控制在70%以下，湿度过大易引起杂菌污染，阴雨天可用生石灰除湿。三是通风。菌丝萌发期少通风（每天通风0.5h），生长期每天早晚通风1h，旺盛期需要全天通风。四是遮光。菌丝生长期间不需要光线，注意不能有直射光照射菌袋。

3. 倒堆

随着菌丝生长发育日趋旺盛和气温逐渐升高，培养场地的温度也不断升高，发菌期间需要适时疏散摆放菌棒以防“烧菌闷堆”。一般发菌7~10d内不要翻动菌袋；13~15d菌丝生长直径6~8cm时进行第1次翻袋，使菌袋堆放方式由墙式堆放改为“井”字形堆放。

4. 刺孔通气

在发菌过程中，结合翻堆倒垛进行3~4次刺孔通气。第1次是接种后15d左右，当接种孔周围菌丝长到8~10cm时，在接种口四周的菌丝末端2cm处刺4~6个孔，孔深1cm左右。第2次是接种30d左右，当菌丝圈相连后，在接种孔周围刺8~10个孔。第3次是菌丝发白时，用刺孔器在菌棒周围刺30~40个孔。应注意刺孔通气时气温不宜太高，室温25℃以上停止刺孔，28℃以上禁止刺孔；含水量多的可以多刺，污染区域、菌丝未长满区域不应刺孔；刺孔应分批进行，一次以400~500袋为宜，第1次刺孔后，刺孔部位侧放；注意通风降温。

5. 转色

转色期间温度要求为 18~22℃，高于 28℃或者低于 12℃转色较慢，注意通风降温；湿度要求为 70%~80%，湿度过大形成菌皮较厚、菌丝呼吸受阻，湿度较小难以转色。同时，在转色期间需要一定的散射光，光线太暗转色较慢；但光线太强时，菇颜色会较深。宁南山区夏季日均温为 23℃，越夏管理较容易。

（八）出菇

接种后 70~80d 开始出菇。香菇子实体形成可分成原基形成、子实体分化和生长发育 3 个阶段。香菇转色后，菌丝体积累大量养分，原基开始分化。

1. 脱袋

脱袋要选择在晴天早上或阴天进行，用刀片划破薄膜，将菌袋薄膜全部扒去。脱袋后可采用层架式排放菌袋，也可立式排放或横卧排放。排棒后，必须严盖塑料薄膜 3~5d，控制薄膜内温度在 23℃左右、相对湿度在 85%左右，以使菌棒逐渐适应环境；同时，采用石灰水对菇棚进行消毒。要求边脱袋、边排棒、边盖膜。

2. 催菇

催菇温度应在 18℃以下，若气温超过 20℃时催菇，产生的畸形菇较多。催菇方法包括自然出菇法、温差刺激法、蒸汽催菇法、补水法、拍打法，一般以自然出菇为好，除特殊情况外，尽量不采用拍打法。在高温条件下，香菇喷水后应加强通风，以防止污染，同时创造干湿交替条件，促进现蕾。

3. 育蕾

小棚架式栽培香菇主要采用不脱袋栽培，即割袋出菇，有利于保证培养基中的水分，在菇蕾长到 0.5cm 时，沿小菇四周开口较为适宜。由于温差刺激，可能会出现大量菇蕾，此时需要疏蕾。一般每袋只留下长势有力、朵型粗壮的菇蕾，间距 3~4cm，最多以 15~20 朵为宜。育蕾最适温度为 15~20℃，恒温条件下子实体生长发育最好；空气相对湿度要求在 85%~90%，还要有一定的散射光。

4. 注水

在第 1 茬菇采收后，菌棒水分和养分消耗很大，需养菌 7d 左右；整个一潮菇全部采收完后，要大通风 1 次，晴天气候干燥时可通风 2h。在此过程之后，菌袋含水率降低，需要进行注水，可采用注水器注水，注水后菌袋重量在2.5~2.6kg。

（九）采收及加工

鲜菇销售，应在香菇菌盖长至6~7cm，且菌膜呈未开裂时进行采收；干菇销售，应在香菇菌盖长至7~8cm，且呈铜锣边时进行采收，天气较好时，可预晒一段时间，菌柄朝上并于当天进行烘干。加工时，选择含水量低、色泽自然、朵型完整的香菇进行除湿排湿，使含水率在75%~80%，除湿排湿方法包括日晒法和热风烘干法。然后将菇分成3级：L级菌盖直径在6cm之上，M级菌盖直径为5~6cm，S级菌盖直径为4~5cm。去除开伞菇、破损菇和不符合规格的香菇后，按照等级过称、包装。

二、造纸应用

柠条的木纤维较长，韧性很强，是良好的造纸、纤维板原料。用柠条做原料可以造牛皮纸、瓦楞纸、黄板纸、包装纸、卫生纸、新闻纸等。

西北某轻工业院校对柠条用于制浆造纸的可能性做了大量的试验（薛富，2002），总结工艺技术条件如下：采用烧碱AQ法，用碱量16%（以Na_2O计）：最高温度170℃，时间3小时40分，粗浆得率40.5%，细浆得率36.3%，硬度12.8K；漂白为H单段漂，温度38℃，浓度5%，用氯量9.05%，漂白时间3小时30分，浆料白度65.6%；成浆打浆度31.5°SR，成纸裂数长4.25KM，耐破指数3.11（kPa·m^2）/g，撕裂指数3.06（mN·m^2）/g。试验表明柠条浆料杂细胞含量少，质量比麦草，滤水性较好，成纸强度稍高，只要工艺条件控制合理，可生产52g/m^2凸版纸。轻工业部造纸研究所测定柠条的出浆率为51.2%，漂白度为65.4%，断裂长度4.10m，耐折次数24次，耐破因子26.8，断裂因子84，可生产合格的新闻纸和上档次的纤维板。罗黎明（2004）对柠条制浆性能研究：柠条平均纤维长度为0.865mm，宽度0.022 7mm，长宽比为38.1。灰分为0.88%，苯醇抽出物3.36%，纤维素58.71%，木素22.45%。从纤维长度、宽度和长宽比的值水可以知道，柠条的平均纤维长度较阔叶木小，长宽比小。通过对柠条化学组成的分析可知，柠条的纤维素含量大于阔叶木的平均水平，木质素含量和阔叶木相差不多，苯醇抽出物的含量稍低。根据纤维形态和化学组成的分析以及制浆试验可知，柠条适合作为造纸原料。对其纸张物理强度的实验，说明柠条浆可以用来生产中低档文化用纸，或用来配抄胶印书刊纸、包装纸板等。也有用柠条生产强韧纸板的实践。

三、其他功能

柠条是很好的蜜源植物，宁夏地区柠条的花期从 5 月上中旬开始到 6 月上中旬，花期 30~40d，柠条连片集中，面积大，为养蜂业集约化规模化发展提供了可靠的密源。有的锦鸡儿植物种的种子含油率高达 13%，是工业用的上等润滑油。柠条锦鸡儿、蒙古锦鸡儿等高灌木型的植物种进行人工驯化定向培育后，还可培育小径级民用材。

第六章　宁夏灌木生态效益研究

第一节　灌木生态效益评估

一、灌木生态效益评估

按照林业建设主导思路，以宁夏灌木林自然生产为重点考量条件，准确掌握主要灌木的生态功能量化指标（防风固沙、固碳释氧、生物多样性保育、土壤改良、经济效益），明确林地功能提升示范区主要建设内容。在植被耗水、防风固沙、固碳释氧和生物多样性等林地生态系统指标量化、监测与功能评价基础上，结合国家退耕还林工程生态效益监测国家报告的林业生态效益综合效益计算方法，估算宁夏灌木的各类生态、经济与社会等功能综合效益。

（一）生态效益评估方法

评估指标主要依据《退耕还林工程生态效益监测与评估规范》（LY/T 2573—2016），采用北方沙化土地退耕还林工程生态连清体系，依托地区现有的退耕还林工程生态观测站，采取定位监测技术和分布式测算方法，参考森林生态服务功能及其价值评估相关研究方法与成果，从宁夏灌木林防风固沙、净化大气、固碳释氧、植物多样性保护、涵养水源、保育土壤和林木积累营养物质 7 项功能指标开展生态效益评价。将宁夏灌木林分林龄进行测算，而后依据研究目标以及对象分类叠加，获得森林生态系统服务功能评估的结果。上述 7 项功能指标物质量和价值量的评估公式与模型包参见《退耕还林工程生态效益监测与评估规范》（LY/T 2573—2016）。计算价值量所用参数为我国权威机构所公布的社会、经济公共数据。包括《中国水利年鉴》《中华人民共和国水利部水利建筑工程预算定额》、中国农业信息网（http：//www. agri. cn/）、中华人民共和国国家卫生健康委员会网站（http：//www. nhc. gov. cn/）、2003 年第 31 号令《排污费征收标准管理办法》（国家计委、财政部、环境保护总局、国家经贸委第 31 号令）等。

（二）森林生态功能修正系数

当用现有的野外实测值不能代表同一生态单元同一目标林分类型的结构或功能时，就需要采用森林生态功能修正系数（forest ecological function cor-rection coefficient，简称 *FEF-CC*）。其理论公式为：

$$FEF-CC=Be/Bo=BEF\times V/Bo$$

式中：*FEF-CC* 为森林生态功能修正系数；*Be* 为评估林分的生物量（kg/m^3）；*Bo* 为实测林分的生物量（kg/m^3）；*BEF* 为蓄积量与生物量的转换因子；*V* 为评估林分的蓄积量（m^3）。实测林分的生物量可以通过人工林生态功能指标的实测手段来获取，而评估林分的生物量通过评估林分蓄积量和生物量转换因子来测算评估。

二、土壤保育价值评价

地表植被是土壤养分的主要来源之一。植被根系能够固定土壤，改善土壤结构，降低土壤的裸露程度，能够增加地表粗糙程度，减弱风的强度和挟沙能力，降低风速，阻截风沙。减少因风蚀水蚀而导致的土壤流失和风沙危害；植被凭借强壮且成网状的根系截留大气降水，减少或免遭雨滴对土壤表层的直接冲击，有效地固持了表层土体，降低了地表径流对土壤的冲蚀，使土壤流失量大大降低。而且植被的生长发育及其代谢产物不断地在土壤中产生物理及化学影响，参与土体内部的能量转换与物质循环，加速了地表成土过程，增加了地表养分物质，促进了环境生物多样性、土壤微生物环境活动等生态循环过程，使土壤肥力提高。为此，评价植被保育土壤功能选用两个指标，即固土指标和保肥指标，以反映该区域植被保育土壤功能价值。

（一）固土指标

1. 年固土量

林分年固土量公式为：

$$G_{固土}=A\cdot(X_2-X_1)\cdot F$$

式中：$G_{固土}$为实测林分年固土量（t/a）；X_1为林地土壤侵蚀模数［t/（hm^2·a）］；X_2为造林前土壤侵蚀模数［t/（hm^2·a）］；A为林分面积（hm^2）；F为森林生态功能修正系数。

2. 年固土价值

由于土壤侵蚀流失的泥沙淤积于水库中，减少了水库蓄积水的体积，因此，根据蓄水成本（替代工程法）计算林分年固土价值，公式为：

$$U_{固土}=A\cdot C_{土}\cdot(X_2-X_1)\cdot F/\rho\cdot d$$

式中：$U_{固土}$为实测林分年固土价值（元/a）；X_1为林地土壤侵蚀模数［t/（hm^2·a）］；X_2为林地土壤侵蚀模数［t/（hm^2·a）］；$C_{土}$为挖取和运输单位体积土方所需费用（元/m^3）；ρ为土壤容重（g/cm^3）；A为林分面积（hm^2）；F为森林生态功能修正系数；d为贴现率。

（二）保肥指标

1. 年保肥量

林分年保肥量公式为：

$$G_N=A\cdot N\cdot(X_2-X_1)\cdot F$$

$$G_P=A\cdot P\cdot(X_2-X_1)\cdot F$$

$$G_K=A\cdot K\cdot(X_2-X_1)\cdot F$$

$$G_{有机质}=A\cdot M\cdot(X_2-X_1)\cdot F$$

式中：G_N为森林植被固持土壤而减少的氮流失量（t/a）；G_P为森林植被固持土壤而减少的磷流失量（t/a）；G_K为森林植被固持土壤而减少的钾流失量（t/a）；$G_{有机质}$为森林植被固持土壤而减少的有机质流失量（t/a）；X_1为林地土壤侵蚀模数［t/（hm^2·a）］；X_2为造林前土壤侵蚀模数［t/（hm^2·a）］；N为森林植被土壤平均含氮量（%）；P为森林植被土壤平均含磷量（%）；K为森林植被土壤平均含钾量（%）；M为森林植被土壤平均含有机质量（%）；A为林分面

积（hm^2）；F 为森林生态功能修正系数。

2. 年保肥价值

年固土量中氮、磷、钾物质量换算成化肥价值即为林分年保肥价值。林分年保肥价值以固土量中氮、磷、钾数量折合成磷酸二铵化肥和氯化钾化肥价值来体现。公式为：

$$U_{肥}=A\cdot(X_2-X_1)\cdot\left(\frac{N\cdot C_1}{R_1}+\frac{P\cdot C_1}{R_2}+\frac{K\cdot C_2}{R_3}+M\cdot C_3\right)\cdot F\cdot d$$

式中：$U_{肥}$ 为实测林分年保肥价值（元/a）；X_1 为林地土壤侵蚀模数［t/（$hm^2\cdot a$）］；X_2 为林地土壤侵蚀模数［t/（$hm^2\cdot a$）］；N 为森林植被土壤平均含氮量（%）；P 为森林植被土壤平均含磷量（%）；K 为森林植被土壤平均含钾量（%）；M 为森林植被土壤平均含有机质量（%）；R_1 为磷酸二铵化肥含氮量（%）；R_2 为磷酸二铵化肥含磷量（%）；R_3 为磷酸二铵化肥含钾量（%）；C_1 为磷酸二铵化肥价格（元/t）；C_2 为氯化钾化肥价格（元/t）；C_3 为有机质价格（hm^2）；A 为林分面积（hm^2）；F 为森林生态功能修正系数；d 为贴现率。

三、净化大气环境功能

对各类型固定监测样地，采用便携式空气颗粒物监测设备分别进行监测评价，分别评价不同植被类型生态环境颗粒物浓度分布，为量化评价不同植被对环境颗粒物影响提供评价依据。

（一）负粒子监测与评价

$PM_{2.5}$和 PM_{10}连续监测系统的测量方法为 β 射线吸收法。监测仪器将^{14}C 作为辐射源，同时以恒定流量抽气，空气中的悬浮颗粒物被吸附在 β 源和探测器之间的滤纸表面，抽气前后探测器计数值的改变反映了滤纸上吸附灰尘的质量，由此可以得到单位体积悬浮颗粒物的浓度。$PM_{2.5}$和 PM_{10}连续监测系统包括样品采集单元、动态加热单元、样品测量单元、数据采集和传输单元及其他辅助设备。充分依托现有固定小型观测场、数据采集仪、GPRS 远距离数据传输模式等，将不同监测场原位 $PM_{2.5}$/ PM_{10}自动监测仪数据收集整理后，统一分析评价。

1. 年提供负离子量

$$G_{负离子}=5.256\times10^{15}\cdot Q_{负离子}\cdot A\cdot H\cdot F/L$$

式中：$G_{负离子}$为实测林分年提供负离子个数（个/a）；$Q_{负离子}$为实测林分负离子浓度（个/cm^3）；H为林分高度（m）；L为负离子寿命（min）；A为林分面积（hm^2）；F为森林生态功能修正系数。

2. 年提供负离子价值

国内外研究证明，当空气中负离子达到600个/cm^3以上时，才能有益于人体健康，所以林分年提供负离子价值采用如下公式计算：

$$U_{负离子}=5.256\times10^{15}\cdot A\cdot H\cdot K_{负离子}\cdot(Q_{负离子}-600)\cdot F/L\cdot d$$

式中：$U_{负离子}$为实测林分年提供负离子价值（元/a）；$K_{负离子}$为负离子生产费用（元/个）；$Q_{负离子}$为实测林分负离子浓度（个/cm^3）；L为负离子寿命（min）；H为林分高度（m）；A为林分面积（hm^2）；F为森林生态功能修正系数；d为贴现率。

（二）TSP 指标

鉴于近年来人们对PM_{10}和$PM_{2.5}$的关注，在评估 TSP 及其价值的基础上，将PM_{10}和$PM_{2.5}$进行了单独的物质和价值量核算。

1. 纳 TSP 量

$$G_{TSP}=Q_{TSP}\cdot A\cdot F/1\,000$$

式中：G_{TSP}为实测林分年滞纳 TSP（t/a）；Q_{TSP}为单位面积实测林分年滞纳 TSP 量［kg/（$hm^2\cdot a$）］；A为林分面积（hm^2）；F为森林生态功能修正系数。

2. 年滞纳 TSP 量

本研究中，用健康危害损失法计算林分滞纳PM_{10}和$PM_{2.5}$的价值。其中，PM_{10}采用的是治疗因为空气颗粒物污染而引发的上呼吸道疾病的费用，$PM_{2.5}$采用的是治疗因为空气颗粒物污染而引发的下呼吸道疾病的费用。林分滞纳 TSP 采用降尘清理费用计算。

$$U_{TSP}=[(G_{TSP}-G_{PM10}-G_{PM2.5})]\cdot K_{TSP}\cdot F\cdot d+U_{PM10}+U_{PM2.5}$$

式中：U_{TSP}为实测林分年滞纳 TSP 价值（元/a）；G_{TSP}为实测林分年滞纳 TSP 量（t/a）；G_{PM10}为实测林分年滞纳PM_{10}量（kg/a）；$G_{PM2.5}$为实测林分年滞纳

$PM_{2.5}$量（kg/a）；U_{PM10}为实测林分年滞纳PM_{10}价值（元/a）；$U_{PM2.5}$为实测林分年滞纳$PM_{2.5}$价值（元/a）；K_{TSP}为降尘清理费用（元/kg）；F为森林生态功能修正系数；d为贴现率。

（三）滞纳PM_{10}指标

1. 年滞纳PM_{10}量

$$G_{PM10}=10Q_{PM10}\cdot A\cdot n\cdot F\cdot \mathrm{LAI}$$

式中：G_{PM10}为实测林分年滞纳PM_{10}量（kg/a）；Q_{PM10}为实测林分单位叶面各滞纳PM_{10}量（g/m^2）；A为林分面积（hm^2）；n为年洗脱次数；F为森林生态功能修正系数；LAI为叶面积指数。

2. 年滞纳PM_{10}价值

$$U_{PM10}=10C_{PM10}\cdot Q_{PM10}\cdot A\cdot n\cdot F\cdot \mathrm{LAI}\cdot d$$

式中：U_{PM10}为实测林分年滞纳PM_{10}价值（元/a）；C_{PM10}为由PM_{10}所造成的健康危害经济损失（治疗上呼吸道疾病的费用）（元/kg）；Q_{PM10}为实测林分单位叶面积滞纳PM_{10}量（g/m^2）；A为林分面积（hm^2）；n为年洗脱次数；F为森林生态功能修正系数；LAI为叶面积指数；d为贴现率。

（四）滞纳$PM_{2.5}$指标

1. 年滞纳$PM_{2.5}$量

$$G_{PM2.5}=10Q_{PM2.5}\cdot A\cdot n\cdot F\cdot \mathrm{LAI}$$

式中：$G_{PM2.5}$为实测林分年滞纳$PM_{2.5}$量（kg/a）；$Q_{PM2.5}$为实测林分单位叶面各滞纳$PM_{2.5}$量（g/m^2）；A为林分面积（hm^2）；n为年洗脱次数；F为森林生态功能修正系数；LAI为叶面积指数。

2. 年滞纳$PM_{2.5}$价值

$$U_{PM2.5}=10C_{PM2.5}\cdot Q_{PM2.5}\cdot A\cdot n\cdot F\cdot \mathrm{LAI}\cdot d$$

式中：$U_{PM2.5}$为实测林分年滞纳$PM_{2.5}$价值（元/a）；$C_{PM2.5}$为由$PM_{2.5}$所造成的健康危害经济损失（治疗下呼吸道疾病的费用）（元/kg）；$Q_{PM2.5}$为实测林分单位叶面积滞纳$PM_{2.5}$量（g/m^2）；A为林分面积（hm^2）；n为年洗脱次数；F为森林生态功能修正系数；LAI为叶面积指数；d为贴现率。

四、固碳释氧功能评价

随着大气温度日益变暖，多年来，二氧化碳一致被认为是大气环境增温的主导因素之一。林木植被与大气的物质交换主要是二氧化碳与氧气的交换，植物生长与生产能力对维持大气中二氧化碳和氧气平衡、减少温室效应以及为人类提供生存的基础都有巨大的、不可替代的作用。研究不同区域、各类植被的固碳释氧功能是评价生态功能主要热点之一。为此选用固碳、释氧两个指标反映林地固碳释氧功能。根据光合作用化学反应式，森林植被每积累 1. 00g 干物质，可以吸收 1. 63g 二氧化碳，释放 1. 19g 氧气。

（一）固碳指标

1. 植被和土壤年固碳量

$$G_{碳}=A\cdot(1.63R_{碳}\cdot B_{年}+F_{土壤碳})\cdot F$$

式中：$G_{碳}$为实测年固碳量（t/a）；$B_{年}$为实测林分年净生产力［t/（hm^2·a）］；$F_{土壤碳}$为单位面积林分土壤年固碳量［t/（hm^2·a）］；$R_{碳}$为二氧化碳中氧的含量，为 27. 27%；A 为林分面积（hm^2）；F 为森林生态功能修正系数。

公式得出森林植被的潜在年固碳量，再从其中减去由于林木消耗造成的碳量损失，即为森林植被的实际年固碳量。

2. 年固碳价值

鉴于欧美发达国家正在实施温室气体排放税收制度，并对二氧化碳的排放征税。为了与国际接轨，便于在外交谈判中有可比性，采用国际上通用的碳税法进行评估。公式得出森林植被的潜在年固碳价值，再从其中减去由于林木消耗造成的碳量损失，即为森林植被的实际年固碳价值。土壤年固碳价值的计算公式为：

$$U_{碳}=A\cdot C_{碳}\cdot(1.63R_{碳}\cdot B_{年}+F_{土壤碳})\cdot F\cdot d$$

式中：$U_{碳}$为实测林分年固碳价值（元/a）；$B_{年}$为实测林分年净生产力［t/（hm^2·a）］；$F_{土壤碳}$为单位面积林分土壤年固碳量［t/（hm^2·a）］；$C_{碳}$为固碳价格（元/t）；$R_{碳}$为二氧化碳中碳的含量，为 27. 27%；A 为林分面积（hm^2）；F 为森林生态功能修正系数；d 为贴现率。

（二）释氧指标

1. 年释氧量

$$G_{氧气} = 1.19A \cdot B_{年} \cdot F$$

式中：$G_{氧气}$为实测林分年释氧量（t/a）；$B_{年}$为实测林分年净生产力［t/（hm^2·a）］；A为林分面积（hm^2）；F为森林生态功能修正系数。

2. 年释氧价值

因为价值的评估属经济的范畴，是市场化、货币化的体现，因此采用国家权威部门公布的氧气商品价格计算森林植被的年释氧价值。计算公式为：

$$U_{氧} = 1.19C_{氧} \cdot A \cdot B_{年} \cdot F \cdot d$$

式中：$U_{氧}$为实测林分年释氧价值（元/a）；$B_{年}$为实测林分年净生产力［t/（hm^2·a）］；$C_{氧}$为制造氧气的价格（元/t）；$R_{氧}$为二氧化氧中氧的含量，为27.27%；A为林分面积（hm^2）；F为森林生态功能修正系数；d为贴现率。

五、生物多样性保护功能评价

生物多样性维护了自然界的生态平衡，并为人类的生存提供了好的环境条件。生物多样性是生态系统不可缺少的组成部分，对生态系统服务的发挥具有十分重要的作用。Shannon-Wiener 指数是反映森林中物种的丰富度和分布均匀程序的经典指标。传统 Shannon-Wiener 指数对生物多样性保护等级的界定不够全面。采用濒危指数、特有种指数及古树年龄指数进行生物多样保护功能评估，其中濒危指数和特有种指数主要针对封山育林。生物多样性保护功能评估公式如下：

$$U_{生物} = \left(1 + 0.1\sum_{m=1}^{x} E_m + 0.1\sum_{n=1}^{y} Bn + 0.1\sum_{r=1}^{z} O_r\right) \cdot S_I \cdot A \cdot d$$

式中：$U_{生物}$为实测林分年生物多样性保护价值（元/a）；E_m为实测林分或区域内物种 m 的濒危分值；B_n为评估林分或区域内物种 n 的特有种；O_r为评估林分（或区域）内物种 r 的古树年龄指数；x 为计算濒危指数物种数量；y 为计算特有种指数物种数量；z 为计算古树年龄指数物种数量；S_I为单位面积物种多样性保育价值量［元/（hm^2·a）］；A为林分面积（hm^2）；d为贴现率。

根据 Shannon-Wiener 指数计算生物多样性价值，共划分 7 个等级。

当指数<1 时，S_I为 3 000 元/（$hm^2 \cdot a$）；当指数 1≤指数≤2 时，S_I为5 000 元/（$hm^2 \cdot a$）；当 2≤指数≤3 时，S_I为 10 000元/（$hm^2 \cdot a$）；当 3≤指数≤4 时，S_I为20 000元/（$hm^2 \cdot a$）；当 4≤指数≤5 时，S_I为 30 000元/（$hm^2 \cdot a$）；当 5≤指数≤6 时，S_I为 40 000元/（$hm^2 \cdot a$）；当指数≥6 时，S_I为 50 000元/（$hm^2 \cdot a$）。

六、林木积累营养物质功能评价

森林植被不断从周围环境吸收营养物质固定在植物体中，成为全球生物化学循环不可缺少的环节。本次评价选用林木积累氮、磷、钾指标来反映林木积累营养物质功能。

（一）林木年营养物质积累量

$$G_{氮}=A \cdot N_{营养} \cdot B_{年} \cdot F$$

$$G_{磷}=A \cdot P_{营养} \cdot B_{年} \cdot F$$

$$G_{钾}=A \cdot K_{营养} \cdot B_{年} \cdot F$$

式中：$G_{氮}$为植被固氮量（t/a）；$G_{磷}$为植被固磷量（t/a）；$G_{钾}$为植被固钾量（t/a）；$N_{营养}$为林木氮元素含量（%）；$P_{营养}$为林木磷元素含量（%）；$K_{营养}$为林木钾元素含量（%）；$B_{年}$为实测林分年净生产力［t/（$hm^2 \cdot a$）］；A 为林分面积（hm^2）；F 为森林生态功能修正系数。

（二）林木年营养物质积累价值

采取把营养物质折合成磷酸二铵化肥和氯化钾化肥方法计算林木营养物质积累价值，公式为：

$$U_{营养}=A \cdot B_{年} \cdot \left(\frac{N_{营养} \cdot C_1}{R_1}+\frac{P_{营养} \cdot C_1}{R_2}+\frac{K_{营养} \cdot C_2}{R_3}\right) \cdot F \cdot d$$

式中：$U_{营养}$为实测林分氮、磷、钾年保肥价值（元/a）；$N_{营养}$为实测林木含氮量（%）；$P_{营养}$为实测林木含磷量（%）；$K_{营养}$为实测林木含钾量（%）；R_1为磷酸二铵化肥含氮量（%）；R_2为磷酸二铵化肥含磷量（%）；R_3为磷酸二铵化肥含钾量（%）；C_1为磷酸二铵化肥价格（元/t）；C_2为氯化钾化肥价格（元/t）；$B_{年}$为实测林分年净生产力［t/（$hm^2 \cdot a$）］；A 为林分面积（hm^2）；F 为森林生态功能修正系数；d 为贴现率。

七、林地生态系统服务功能总价值量评估

生态系统服务功能总价值量为上述分项之和，公式为：

$$U_{总} = \sum_{i=1}^{15} U_i$$

式中：$U_{总}$为林地生态系统服务功能总价值量（元/a）；U_i为林地生态系统服务功能各项价值量（元/a）。

八、宁夏灌木林地生态系统服务功能总价值量评估

（一）宁夏灌木林生态服务价值

宁夏特殊的地区环境形成了以水分因素为主导的植物生态条件的差异和不同类型的植被带，因此宁夏在树种选择方面侧重于树种的抗逆性、耐旱性、抗寒冷、耐盐碱、抗病虫害等。灌木是一种具有木质化茎干但没有发展成明显主干的植物。茎干从土壤表面上部或下部的基部进行分枝，通常包括矮灌木、半灌木和爬地植物。灌木在植物物种多样性方面扮演着重要角色，因为它扩大物种生产力来源，增加了多种用途的机会，增强了生态稳定性。

根据国家退耕还林工程生态效益监测 2014—2016 年报告汇总（表 6-1），对宁夏灌木林进行生态效益监测及评估，该地区灌木林防护、涵养水源、保育土壤、固碳释氧、林木积累营养物质和净化大气环境以及生物多样性功能等 7 个类别 18 个分项系统服务功能总价值量的评估，总价值为 49 943.29元/hm^2。灌木林涵养水源价值最大为 13 994.08元/hm^2，占 28.02%；其次为净化大气环境为 10 951.51元/hm^2，占 21.93%；生物多样性第三为 6 564.50元/hm^2，占 13.14%；森林防护第四为 6 427.26元/hm^2，占 12.87%；固碳释氧第五为 6 184.81元/hm^2，占 12.38%；林木积累最小为 690.76 元/hm^2，占 1.38%。宁夏灌木林生态系统各项服务价值比例充分体现出该地区的人工林生态系统服务特征，宁夏灌木林特殊的土壤质地，容易发生风蚀沙化和水土流失，所以人工灌木林营造可以很好地缓解风蚀造成的水土流失，同时还能更好地改善环境，增加生物多样性。

表 6-1　宁夏灌木生态系统服务物质量评估

项目		灌木（t/a）	柠条（t/a）	灌木效益价值（元/hm^2）	柠条效益价值（元/hm^2）
涵养水源（万 m^3/a）		$1\ 255.28\times10^4$	168.28×10^4	13 994.08	1 733.28
保育土壤	固土（t/a）	223 032.94	217 775.83	5 130.37	4 837.68
	固氮（t/a）	590.12	88.19		
	固磷（t/a）	80.05	662.64		
	固钾（t/a）	4 158.28	383.40		
	固定有机质（t/a）	4 364.14	66.79		
固碳释氧	固碳（t/a）	16 431.84	950.13	6 184.81	6 027.30
	释氧（t/a）	35 381.98	225.61		
林木积累营养物质	氮（t/a）	260.75	227.52	690.76	586.91
	磷（t/a）	22.87	11.37		
	钾（t/a）	82.34	72.05		
净化大气环境	负离子（t/a）	49 043.92	49 250.00	77.77	78.10
	吸收污染物（t/a）	1 916.74	3 036.24	4.57	7.24
	TSP（t/a）	163 650.50	1 419.53	331.66	2.88
	PM_{10}（t/a）	20 455.17	1 111.40	4 897.07	266.07
	$PM_{2.5}$（t/a）	8 181.61	129.01	5 640.44	88.94
森林防护	固沙量（万 t/a）	80.00×10^4	65.13×10^4	6 427.26	5 232.59
生物多样性				6 564.50	6 564.50
合计				49 943.29	25 425.49

由表 6-2 可知，随着宁夏天然林资源保护、退耕还林、三北防护林、野生动植物保护及自然保护区、天然林保护五大重点林业工程的实施，为宁夏林业实现跨越式发展创造了有利条件，宁夏的灌木林面积得到了明显提高。宁夏灌木林生态效益从 1990 年的 61.03 亿元增加到 2018 年的 301.01 亿元，增加了 239.98 亿元，年增长 8.57 亿元。宁夏生态效益价值与年份之间回归方程：

$$y=8.717\ 5x-17\ 293\ \ (R^2=0.987\ 7)$$

表 6-2　宁夏灌木面积及生态效益价值

年份	灌木面积（万 hm^2）	生态效益价值（亿元）
1990	12.22	61.03
1995	17.46	87.20
2000	27.91	139.39
2005	39.98	199.67
2010	43.70	218.25
2018	60.27	301.01

（二）宁夏柠条林生态服务价值

根据国家退耕还林工程生态效益监测 2014—2016 年报告，宁夏柠条林防护、涵养水源、保育土壤、固碳释氧、林木积累营养物质、净化大气环境和生物多样性功能 7 个类别 18 个分项系统服务功能总价值量的评估，总价值为 25 425.49 元/hm^2。柠条生态服务价值仅为全区灌木林平均服务价值一半。最主要的差别在于涵养水源，南部山区山桃、山杏以及中部枸杞等对宁夏南部山区涵养水源发挥了重要作用。柠条主要是宁夏沙区，主要目的以防风固沙为主，所发挥的涵养水源价值相对较低，这也是柠条林生态服务价值低于其他灌木的最主要作用。

生物多样性最大为 6 564.50 元/hm^2，占 25.82%；其次固碳释氧第二为 6 027.30元/hm^2，占 23.71%；森林防护第三为 5 232.59元/hm^2，占 20.58%；保育土壤第四为 4 837.68元/hm^2，占 19.03%；涵养水源第五为 1 733.28元/hm^2，占 6.82%；林木积累第六为 586.91 元/hm^2，占 2.31%；净化大气环境 443.23 元/hm^2，占 1.74%。柠条生态系统各项服务价值比例充分体现柠条在宁夏中部干旱带的人工林生态系统服务特征，宁夏中部干旱带土壤质地，容易发生风蚀沙化，所以柠条林营造可以很好地缓解风蚀造成的水土流失，同时还能更好地改善环境，增加生物多样性。柠条林土壤沙化严重土壤养分较低，植被建植不仅能防风固沙同时改善土壤养分条件，而且能更好地固定空气中的二氧化碳释放氧气。

由表 6-3 可知，柠条林生态效益从 2004 年的 97.94 亿元增加到 2018 年的 219.50 亿元，增加了 121.56 亿元，年增长 8.68 亿元。如果以地上生物量全部用来制作饲料价值，直接经济价值由 2004 年的 8.22 亿元增加到 2018 年的 19.49 亿元，增加了 11.27 亿元。生态价值与直接经济价值比值平均为 12.17：1。

表 6-3　宁夏柠条林面积及生态服务价值

年份	面积（万 hm^2）	饲料量（万 t）	直接经济价值（亿元）	生态效益价值（亿元）	生态价值与直接价值比
2004	19.61	74.73	8.22	97.94	11.91：1
2010	40.76	145.08	15.96	203.57	12.76：1
2016	45.36	161.39	17.75	226.54	12.76：1
2018	43.95	177.17	19.49	219.50	11.26：1

第二节　灌木碳汇效益研究

柠条在宁夏林业生态物种多样性方面扮演着重要角色。截至 2018 年，全区柠条资源面积已达 43.95 万 hm^2，生物量为 131.62 万 t。根据林分、林龄、资源量的区域分布来看，具有开发利用面积大、生物贮量多和可持续利用的优势和特点。

一、灌木碳汇研究

灌丛植被能丰富群落多样性、蓄土保水、降碳降温，从而改善生态环境，对森林生态系统的补充有重要意义。灌丛在森林生态系统中还有其他乔木不能比拟的功能，与乔木林相比，虽植株矮小，但根系发达、生命力强、繁殖快。灌木 3~5 年就能形成的灌丛，因此灌木林对改善生态环境等具有重要作用，其碳汇能力的大小也更值得深入研究。为系统全面地评价我国森林生态系统对于全球碳平衡及固碳量的大小及作用，我国诸多学者先后估算了中国森林植被、灌丛植被以及草地植被的碳储量和固碳率。我国西北干旱、半干旱荒漠区是典型的荒漠生态系统。在西北部的荒漠化地区，植被的主要组成部分是灌丛，它对于维持这些特定区域内生态系统的稳定有重要作用，包括生物多样性、物质与能量的循环、生态服务功能、CO_2的固定等都离不开灌木。

全国灌木林地总面积占全国林地总面积的 16.02%，灌木林主要集中在内蒙古、西藏、新疆3省，占全国特殊灌木林总数的48.90%。研究表明，全国灌丛碳储量有（16.8±1.2）亿t，占森林碳储量的27%~40%，灌木层植物生物量及碳储量占到整个森林生态系统的10%~30%，对灌木生物量及碳储量的估算是森林生态系统研究的重要组成部分。众多学者对荒漠植被上的代表性灌木做了深入研究。宁夏灌丛碳储量76.25万~272.69万t（李欣，2014），内蒙古灌丛碳储量0.2亿t，甘肃灌丛碳储量0.11亿t，西藏灌丛碳储量0.73亿t，可见灌丛碳储量在西北地区各省的生态系统中都占有重要地位，且中国灌丛的碳汇总量对全球的气候变化也有着重要的影响。郑朝晖等（2011）对克拉玛依地区的灌木碳储量研究发现柠条为5.185t/(hm^2·a)。有学者在宁夏隆德县退耕还林实施区，选择七年生沙棘、柠条和山毛桃灌木林，设置样地，分析各组分及土壤碳密度的变化，结果表明沙棘、柠条、山毛桃灌木林生态系统碳密度分别为63.29t/hm^2、52.82t/hm^2和77.78t/hm^2。

二、灌木生态系统中碳汇的主要测定方法

由于国内柠条灌木的生物量和资料较少，大多数关于灌木的碳储量研究都参照森林项目的计算方法。吴林世（2016）对灌木碳汇测定方法进行整理认为：灌木林作为森林生态系统的主要下层结构，除了能够丰富林下植被外，还能够为大量动植物提供天然的安全屏障及恶劣环境的庇护所，对于区域生态安全及全球气候变化也起到了重要作用。早期进行的灌木碳汇研究方法分为3类，包括样地清查法、生物量法和蓄积量方法。随着人们对生态系统碳汇研究的深入，对植被群落的碳储能力及碳汇量的估算方法越来越多元化，针对不同类型的生态系统有不同的估算方法，不同测算方法的优缺点不同，统计后将不同灌丛植被碳储量的测定方法主要有以下6种。

（一）样地清查法

灌丛植被样地清查法：先设立标准样地，调查样地中的灌丛植被、凋落物及土壤等碳库的碳储量，其后通过不间断观测及调查，获取定期内的碳储量变化情况进行推算的方法。这种方法一般应用于小尺度森林生态系统的研究。首次使用该方法进行碳汇估算的是刘存琦等用样地清查法测定了一定面积上植被的生物

量，该方法能精确地测定生物量，但费时费力，现采用率低。

（二）生物量法

生物量法是目前碳汇测定运用范围最广的一种测定方法，主要是根据单位面积生物量、灌丛面积、不同器官生物量的分配比例及各器官平均碳含量等参数计算而成。具体应用如姜凤岐（1982）在国内最先利用数量化理论建立易测因子的估测模型；通过灌木生物量测定碳储量受国际社会上一致认可，所以是目前生态学测定碳储量应用最为频繁的方法。方精云（2000）通过采用生物量法对中国森林植被碳储量进行推算，结果表明：我国陆地植被的总碳量为 6.1×10^9t，碳储量含量最高的为森林 4.5×10^9t，其次就是疏林灌木丛 0.5×10^9t，且荒漠的碳储量含量也有 0.2×10^9t。蓄积量法是通过测定以样地范围内灌丛蓄积量数据为基础的一种碳汇估算方法。其主要原理就是在灌丛中对优势树种抽样实测，计算出灌丛中优势种的平均容重（t/m^3），在根据前期测定的总蓄积量以求出对应生物量，最后根据生物量与固碳量的转换系数求出灌丛的总固碳量。

（三）生物量清单法

灌丛植被生物量清单法就是通过实地调查的生态学资料与全国森林普查资料的数据结合运算的一种方法。首先算出样地内灌木植被的碳密度，在结合灌丛植被的生物量与该生态系统中总的生物量的比例，最终得出该区域总固碳量。王效科（2000）利用生物量清单法对中国森林生态系统中的幼龄林、中龄林、近熟林、成熟林和过熟林 5 种不同林分的碳贮存密度进行估算，得出现有森林生态系统的碳贮量为 3.255~3.724PgC。

（四）模型模拟法

该方法主要是通过采用数学模型对森林生态系统的生物量及碳储量进行估算。目前，通过不同的模型，可以将模型模拟法分为碳平衡模型、生物生理模型、生物地理模型和生物地球化学模型 4 种。

（五）遥感估算法

利用地面遥感、航空遥感、航天遥感等遥感手段获得各种植被状态参数，将 ArcGIS、ENVI/IDL 等遥感图像处理软件的应用与地面调查的外业数据相结合，通过内业分析，估算图片中大范围内陆地生态系统的碳储量。这一方法通常结合了数据模型模拟法进行。这一方法多用在乔木林。

（六）基于微气象学法

基于微气象学的方法估算森林生态系统中碳储量的方法主要有 4 种，这些方法的主要共同点都是对 CO_2通量直接进行动态测定，其后将结果代入相关数学公式使估算量尽可能精确。

三、宁夏柠条碳储量及其价值估算

（一）宁夏柠条存林面积

20 世纪 80 年代，宁夏造林逐步增大了灌木林的比例，特别是 2000 年实施退耕还林工程中，灌木林占较大的比例。截至 2002 年，共完成退耕还林面积 18.93 万 hm^2。其中，以柠条、沙棘等为主的灌木林面积达 14.93 万 hm^2 以上，占 78.8%。2000—2003 年，宁夏退耕还林区新发展以柠条为主的灌木林 23.3 万 hm^2。根据宁夏林草局森林资源（表 6-4），宁夏柠条面积由 2004 年 19.61 万 hm^2增加到 2018 年的 43.95 万 hm^2。14 年增长了 24.34 万 hm^2，年增长 1.74 万 hm^2，未成林比例占总面积的 37%左右。

表 6-4 宁夏柠条林面积 （单位：万 hm^2）

年份	面积		比例		总计
	柠条林地	未成林地	柠条林地	未成林地	
2004	12.73	6.89	64.92	35.08	19.61
2010	22.87	17.90	56.11	43.89	40.76
2016	25.44	19.91	56.08	43.92	45.36
2018	31.94	12.01	72.67	27.33	43.95
平均	23.25	14.18	62.45	37.56	37.42

（二）柠条碳汇估算方法

根据宁夏地理条件的特殊性、柠条灌木林类型的多样性及灌木林内部组成结构的差异化程度，结合文献中的参数，依此作为计算柠条灌木林生物量的标准，初步估算宁夏灌木碳储量，并在此基础上，利用市场价值法估算灌木碳储量价值。根据所检索到的文献资料（表 6-5）假设同一柠条灌木林单位生物量的各研究数据是从同一总体中随机抽取的一个独立样本，用简随机抽样估计方法计算出宁夏柠条林平均单位面积生物量及标准差。

表 6-5　柠条生物量及其分配　（单位：t/hm^2）

研究区域	生物量（t/hm^2）		分配率（%）		生物量合计（t/hm^2）	资料来源
	地上	地下	地上	地下		
延安	5.47	4.46	55.09	44.91	9.93	马海龙
定边	5.13	3.53	59.24	40.76	8.66	景宏伟
定边	1.91	1.97	49.23	50.77	3.88	景宏伟
内蒙古 5 个盟市	5.04	8.71	36.65	63.35	13.75	曾伟生
朔州市	5.75	2.25	71.88	28.13	8.00	李刚
兴安盟	4.74	1.72	73.37	26.63	6.46	魏江生
固原市	12.50	3.69	77.21	22.79	16.19	李璐
盐池县	4.96	2.03	70.96	29.04	6.99	徐荣
盐池县	5.12	5.67	47.45	52.55	10.79	徐荣
盐池县	2.90	2.36	55.13	44.87	5.26	徐荣
平均	4.81	3.19	60.13	39.87	8.00	
标准差	2.643 0	2.077 3	12.656 5	12.655 6	3.607 4	

10 个研究区域中有 3 个距离宁夏较远，其他几个样地在宁夏或周边。样地有沙地、黄土丘陵区、荒漠草原，所调查样本可以代表宁夏柠条生物量信息。柠条林地上生物量平均为 4.81t/hm^2，地下生物量 3.19t/hm^2。分配率地上为 60.13%，地下为 39.87%。

表 6-6 中调查到 7 个样地柠条含碳率，柠条林地上生物量含碳率平均为 44.91%，地下生物量含碳率为 41.42%。

表 6-6　柠条含碳率　（单位：%）

研究区域	地上生物量	地下生物量	平均	资料来源
陕北	42.04	38.43	40.24	马海龙

（续表）

研究区域	地上生物量	地下生物量	平均	资料来源
科尔沁右翼前旗	45.09	37.57	41.33	石亮
科尔沁右翼中旗	45.36	40.29	42.83	石亮
兴安盟	45.24	39.73	42.49	魏江生
新疆维吾尔自治区	49.26	40.26	44.76	郑朝晖
固原市	36.70	43.48	40.09	李璐
盐池县	50.70	50.20	50.45	何建龙
平均	44.91	41.42	43.17	

（三）宁夏柠条碳储量及变化

未成林生物量主要是以5年以下柠条为主，生物量要比成林相低，根系发展也是不是完善。生物量的测算上，成林按照文献结果4.81t/hm^2，地下生物量平均为3.19t/hm^2。未成林生物量根据我们在实际调查结果进行，未成林地上生物量平均为1.96t/hm^2，地下生物量平均为2.03t/hm^2。

测算结果见表6-7。与2004年相比，宁夏柠条碳汇量由2004年的56.18万t增加到2018年的131.87万t，14年共增长了75.69万t。2000年以来，宁夏实施的生态移民工程，有效缓解了人口对当地土地和环境资源的压力；封山禁牧使宁夏局部地区的生态环境得到明显的改善，水土流失和沙化面积逐渐减少。天然林资源保护、退耕还林、三北防护林、野生动植物保护及自然保护区、天然林保护五大重点林业工程的实施，为宁夏林业实现跨越式发展创造了有利条件，宁夏的柠条碳汇潜力得到了明显提高（表6-8）。

表6-7　宁夏柠条林面积及碳储量变化　（单位：万hm^2、万t）

年份	面积	地上生物量	地下生物量	生物总量	地上碳储量	地下碳储量	碳储总量
2004	19.61	74.73	54.6	129.33	33.56	22.62	56.18
2010	40.76	145.08	109.3	254.38	65.16	45.27	110.43
2016	45.36	161.39	121.57	282.96	72.48	50.35	122.83
2018	43.95	177.17	126.27	303.44	79.57	52.30	131.87

表 6-8　柠条碳密度及其分配　（单位：t/hm²、%）

年份	碳储量		分配率		碳储总量
	地上	地下	地下	地下	
2004	1.71	1.15	59.79	40.21	2.86
2010	1.60	1.11	59.04	40.96	2.71
2016	1.60	1.11	59.04	40.96	2.71
2018	1.81	1.19	60.33	39.67	3.00
平均	1.68	1.14	59.55	40.45	2.82

柠条碳密度地上部分、地下部分分别为 1.68t/hm²、1.15t/hm²，分配率地上部分、地下部分分别为 59.55%、40.45%。与文献中（表 6-9）相比，柠条碳储量估算值低于前人研究中计算的量，主要是估算中柠条未成林生物量相对较小，并且占总面积 37%。从而影响了碳密度。

表 6-9　柠条碳密度及其分配　（单位：t/hm²、%）

区域	碳储量		分配率		碳储总量	资料来源
	地上	地下	地下	地下		
陕北	4.29	2.61	62.17	37.83	6.90	马海龙
科尔沁右翼前旗	2.42	0.51	82.59	17.41	2.93	石亮
科尔沁右翼中旗	3.19	0.90	78.00	22.00	4.09	石亮
兴安盟	2.17	0.77	73.81	26.19	2.94	魏江生
隆德	4.37	1.56	73.69	26.31	5.93	李璐
平均	3.29	1.27	72.15	27.85	4.56	

（四）各县市柠条碳储量及变化

从表 6-10 中可以看出，各市县碳储量以盐池县最多为 50.653 万 t，占全区柠条碳储量的 38.41%，其次依次为：同心县、灵武市、海原县、原州区、沙坡头的碳储量分别为：15.645 万 t、13.787 万 t、11.952 万 t、9.988 万 t、9.868 万 t；分别占 11.86%、10.46%、9.06%、7.57%、7.48%。这 6 个县市柠条总碳储量为 111.893 万 t，占全区柠条总碳储量的 84.86%。

表 6-10　2018 年各县市柠条林面积、生物量及碳储量变化

（单位：万 hm^2、万 t）

县市	柠条林地面积	地上生物量	地下生物量	总生物量	地上碳储量	地下碳储量	总碳储量
银川市	0.024	0.050	0.050	0.100	0.023	0.021	0.043
永宁县	0.006	0.022	0.017	0.039	0.010	0.007	0.017
贺兰县	0.036	0.075	0.075	0.150	0.034	0.031	0.065
灵武市	5.218	18.009	13.760	31.769	8.088	5.699	13.787
大武口区	0.003	0.008	0.007	0.015	0.004	0.003	0.007
惠农区	0.013	0.037	0.031	0.068	0.016	0.013	0.029
利通区	0.586	1.472	1.321	2.793	0.661	0.547	1.208
红寺堡区	2.959	12.518	8.742	21.260	5.622	3.621	9.243
盐池县	16.209	68.612	47.899	116.511	30.814	19.840	50.653
同心县	5.697	20.620	15.413	36.033	9.261	6.384	15.645
青铜峡市	0.003	0.015	0.010	0.025	0.007	0.004	0.011
原州区	2.911	13.765	9.190	22.955	6.182	3.806	9.988
西吉县	0.927	4.153	2.832	6.986	1.865	1.173	3.038
隆德县	0.002	0.011	0.008	0.019	0.005	0.003	0.008
彭阳县	1.388	6.468	4.343	10.811	2.905	1.799	4.704
沙坡头区	3.539	13.051	9.673	22.724	5.861	4.006	9.868
中宁县	0.507	2.161	1.504	3.665	0.971	0.623	1.593
海原县	3.919	16.111	11.387	27.498	7.235	4.716	11.952
合计	43.947	177.162	126.261	303.423	79.563	52.297	131.861

从表 6-11 中，可以看出。各市县碳密度最大为隆德县为 4.00t/hm^2，最小为银川市 1.79t/hm^2，最大最小极差为 2.21t/hm^2；盐池县为 3.12t/hm^2，全区合计为 3.00t/hm^2。碳储量分配率地上碳储量最大为青铜峡市为 63.49%，最小是贺兰县为 51.93%；极差 11.56%；盐池县为 60.90%，全区合计为 60.33%。

表 6-11　2018 年宁夏各市县柠条碳密度及其分配　（单位：t/hm^2、%）

县市	柠条林地	碳密度			分配率	
		地上	地下	总量	地上	地下
银川市	0.024	0.96	0.88	1.79	53.63	46.37

（续表）

县市	柠条林地	碳密度			分配率	
		地上	地下	总量	地上	地下
永宁县	0.006	1.67	1.17	2.83	59.01	40.99
贺兰县	0.036	0.94	0.86	1.81	51.93	48.07
灵武市	5.218	1.55	1.09	2.64	58.71	41.29
大武口区	0.003	1.33	1.00	2.33	57.08	42.92
惠农区	0.013	1.23	1.00	2.23	55.16	44.84
利通区	0.586	1.13	0.93	2.06	54.85	45.15
红寺堡区	2.959	1.90	1.22	3.12	60.90	39.10
盐池县	16.209	1.90	1.22	3.12	60.90	39.10
同心县	5.697	1.63	1.12	2.75	59.27	40.73
青铜峡市	0.003	2.33	1.33	3.67	63.49	36.51
原州区	2.911	2.12	1.31	3.43	61.81	38.19
西吉县	0.927	2.01	1.27	3.28	61.28	38.72
隆德县	0.002	2.50	1.50	4.00	62.50	37.50
彭阳县	1.388	2.09	1.30	3.39	61.65	38.35
沙坡头区	3.539	1.66	1.13	2.79	59.50	40.50
中宁县	0.507	1.92	1.23	3.14	61.15	38.85
海原县	3.919	1.85	1.20	3.05	60.66	39.34
合计	43.95	1.81	1.19	3.00	60.33	39.67

（五）宁夏柠条碳储量价值估算

森林碳汇是指森林生态系统吸收大气中的 CO_2，并将其固定在植被和土壤中，从而减少大气中 CO_2 浓度的过程，森林碳汇价值是森林固碳量和碳汇市场价格的乘积。而根据植被光合作用的定义：绿色植物通过叶绿体，利用光能，把 H_2O 和 CO_2 转化成储存能量的有机物（主要是糖类），释放出 O_2 的过程。因此，生态系统吸收 O_2 仅考虑植被地上部分。根据文献，采用市场价值法对宁夏柠条碳储量和氧气价值进行估算，具体方法如下：

吸收 CO_2 量＝总碳储量×（44/12）；

$$释放\ O_2量=植被碳储量\times(32/12)$$

采用国际 CO_2价格 3 美元/t，则每吨碳的价格为 3×（44/12）= 11 美元，O_2价格采用工业 O_2售价人民币 1 200元/t。美元与人民币汇率按 1：7. 080 8计算。

根据宁夏柠条多年来的固碳量（表 6-10），计算出近 14 年宁夏柠条林的碳储量和氧气的价值（表 6-12）。固碳总价值从 2004 年的 11. 28 亿元增加到 2018 年的 26. 49 亿元。增加了 15. 21 亿元，年增加 1. 086 4 亿元。

表 6-12　柠条碳密度及其分配　　（单位：万 t、亿元）

年份	碳储总量	吸收 CO_2	释放 O_2	总价值
2004	56. 18	0. 44	10. 85	11. 28
2010	110. 43	0. 86	21. 32	22. 18
2016	122. 83	0. 96	23. 71	24. 67
2018	131. 87	1. 03	25. 46	26. 49
平均	105. 33	0. 82	20. 33	21. 15

对柠条固碳价值与年份之间进行线性回归后：

$$y=1.0252x-2041.5\ (R^2=0.9048)$$

研究结果表明，每年宁夏柠条固碳价值在 1. 025 2亿元左右。预测值与实际值误差在 5. 97%。

本研究使用的数据来自公开发表的文献，还有一些采用了与宁夏自然环境相近生态区的观测数据。因此这部分数据不一定完全真实地反映宁夏的实际情况，可能对宁夏柠条碳储量的估算结果会有些影响。因此，如何科学合理地完善宁夏生态环境监测体系，结合遥感等技术，开展碳汇监测评估的方法研究，深入理解气候变化对生态环境的影响和生态环境改变对宁夏气候变化的反馈作用，均有待于进一步研究和讨论。

四、宁夏柠条碳储量与气象之间关系

（一）宁夏的气候概况及特点

宁夏深居内陆，位于我国西北东部，处于黄土高原、蒙古高原和青藏高原的交汇地带，大陆性气候特征十分典型。在我国的气候区划中，固原市南部属中温带半湿润区，原州区以北至盐池、同心一带属中温带半干旱区，引黄灌区属中温带干旱区。宁夏的基本气候特点是：干旱少雨、风大沙多、日照充足、蒸发强烈，冬寒长、春暖快、夏热短、秋凉早，气温的年较差、日较差大，无霜期短而多变，干旱、冰雹、大风、沙尘暴、霜冻、局地暴雨洪涝等灾害性天气比较频繁。

1. 气温

宁夏年平均气温为5.3~9.9℃，呈北高南低分布。兴仁、麻黄山及固原市在7℃以下，其他地区在7℃以上，中宁、大武口分别是9.5℃和9.9℃，为全区年最高。宁夏冬季严寒、夏季炎热，各地气温7月最高，平均为16.9~24.7℃，1月最低，平均为-9.3~-6.5℃，气温年较差大，达25.2~31.2℃。

2. 降水

宁夏年平均降水量166.9~647.3mm，北少南多，差异明显。北部银川平原200mm左右，中部盐池同心一带300mm左右，南部固原市大部地区400mm以上，六盘山区可达647.3mm。宁夏降水季节分配很不均匀，夏秋多、冬春少、降水相对集中。春季降水仅占年降水量的12%~21%；夏季是一年中降水次数最多、降水量最大、局部洪涝发生最频繁的季节；秋季降水量略多于春季，约占年降水量的16%~23%；冬季最少，大多数地区不超过年降水量的3%。

3. 蒸发

宁夏各地年平均蒸发量1 312.0~2 204.0mm，同心、韦州、石炭井最大，超过2 200mm；西吉、隆德、泾源较小，在1 336.4~1 432.3mm。蒸发量夏季最大，冬季最小。

4. 太阳辐射及日照

宁夏海拔较高、阴雨天气少、大气透明度好，辐射强度高，日照时间长。年平均太阳总辐射量为4 950~6 100MJ/m^2，年日照时数2 250~3 100h，日照百分率50%~69%，是全国日照资源丰富地区之一。

5. 柠条存林面积较多县市气象统计

通过文献、年鉴等资料对宁夏柠条林较多的18个县市气象条件进行统计如

表 6-13。

表 6-13　宁夏各市县多年气象因子平均值

县市	辐射（MJ/m^2）	日照（h）	气温（℃）	降水量（mm）	蒸发量（mm）
银川市	6 053.39	2 845.7	9.0	186.3	1 593.1
永宁县	5 932.94	2 990.4	8.9	179.6	1 684.3
贺兰县	5 903.55	2 734.1	9.0	178.8	1 694.9
灵武市	6 056.20	3 191.0	8.9	192.9	1 762.9
大武口区	6 035.90	2 815.8	9.9	173.6	2 156.8
惠农区	6 035.90	3 175.7	8.8	167.8	2 192.1
利通区	5 955.80	3 080.9	9.3	184.6	1 813.3
红寺堡区	5 865.54	2 881.2	9.0	266.1	2 364.5
盐池县	5 713.51	2 873.6	8.3	273.5	2 041.8
同心县	6 029.20	3 182.8	9.1	267.7	2 201.9
青铜峡市	5 876.63	3 230.1	9.2	175.9	1 864.5
原州区	5 348.76	2 599.4	6.4	435.2	1 550.0
西吉县	5 165.17	2 537.4	5.5	397.8	1 356.0
隆德县	5 001.26	2 219.1	5.3	502.1	1 336.4
彭阳县	5 247.76	2 249.1	8.9	416.7	1 398.1
沙坡头区	5 872.99	3 106.7	8.8	179.6	1 829.6
中宁县	5 932.23	3 066.7	9.5	202.1	1 947.1
海原县	5 642.21	2 778.7	7.3	367.4	1 884.7
合计	5 759.39	2 864.4	8.4	263.8	1 815.1

（二）宁夏的气象因子与碳密度之间关系分析

1. 灰色关联分析

通过灰色关联分析（表 6-14）：对地上碳密度、地下碳密度以及总碳密度影响排序一致，大小依次为：降水量>气温>蒸发量>日照>辐射。说明在气象条件中降水量对柠条生长影响最大，其次为气温，其他 3 项较弱。

灰色关联度只能看出相关性的程度，但不能反映出是正向促进，还是逆向抑制。对柠条碳密度与气象因子之间进行相关性分析后，可以发现：辐射大小对柠条碳密度差异极显著，是逆向抑制作用，辐射越大柠条碳密度就会越小。降水量对柠条碳密度差异极显著，是正向促进作用，降水量越大柠条碳密度越大（表6-15）。

表 6-14　柠条碳密度与气象因子之间关联分析

关联矩阵	辐射	日照	气温	降水量	蒸发量
地上碳密度	0. 308 6	0. 318 8	0. 390 8	0. 457 6	0. 368 1
地下碳密度	0. 330 8	0. 340 8	0. 402 0	0. 494 1	0. 378 6
总碳密度	0. 312 0	0. 328 4	0. 392 8	0. 466 8	0. 372 5

表 6-15　柠条碳密度与气象因子显著性分析

因子	辐射	日照	气温	降水量	蒸发量	总碳储量	地上碳储量	地下碳储量
辐射	—	0	0. 470 2	0	0. 001 3	0. 001 0	0. 001 3	0. 000 5
日照	0. 864 2	—	0. 416 6	0	0. 002 6	0. 094 7	0. 105 9	0. 063 4
气温	0. 181 9	0. 204 1	—	0. 444 4	0. 560 3	0. 769 2	0. 751 5	0. 778 5
降水量	0. 933 0	0. 824 7	0. 192 4	—	0. 018 1	0. 001 4	0. 001 8	0. 000 7
蒸发量	0. 698 3	0. 665 2	0. 147 1	0. 549 8	—	0. 259 3	0. 269 8	0. 204 7
总碳储量	0. 708 8	0. 405 9	0. 074 4	0. 692 4	0. 280 7	—	0	0
地上碳储量	0. 697 7	0. 393 8	0. 080 3	0. 681 8	0. 274 8	0. 999 4	—	0
地下碳储量	0. 736 7	0. 446 3	0. 071 3	0. 723 4	0. 313 8	0. 995 1	0. 992 1	—

注：左下是相关系数，右上是显著性

2. 降水量与碳密度之间关系

通过以上关联性分析后，降水量对宁夏柠条碳密度之间存在差异极显著（图6-1）。对宁夏地上、地下碳密度与降水量之间进行线性回归后：

$$y=0.0028x+0.9707\ (R^2=0.4648)$$

$$y=0.0011x+0.8585\ (R^2=0.5233)$$

数学模型表明，降水水每增加 1mm，地上碳密度增加 2. 8kg/hm^2，地下碳密度增加 1. 1kg/hm^2。

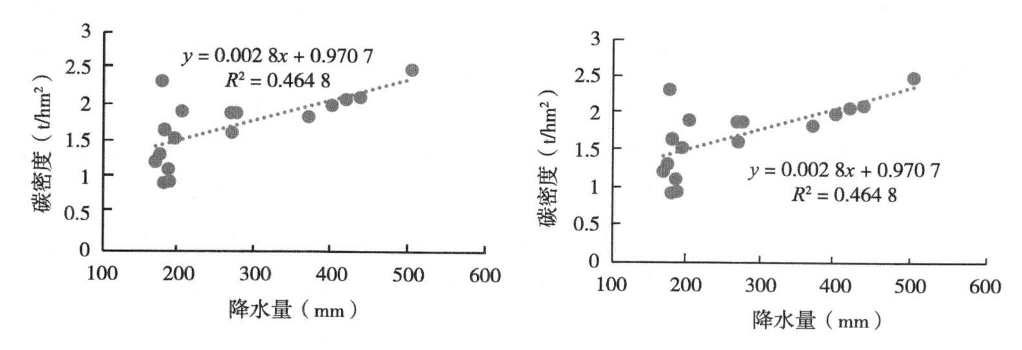

图 6-1　碳密度与降水量之前关系（左为地上，右为地下）

从图 6-2 中，可以看出，柠条碳密度波动曲线与降水量曲线变化一致，对宁夏柠条总碳密度与降水量之间进行线性回归后：

$$y=0.003\ 9x+1.821\ 8\ (R^2=0.479\ 4)$$

降水量每增加 1mm，总碳密度增加 2. 8kg/hm^2，地下碳密度增加 1. 1kg/hm^2。

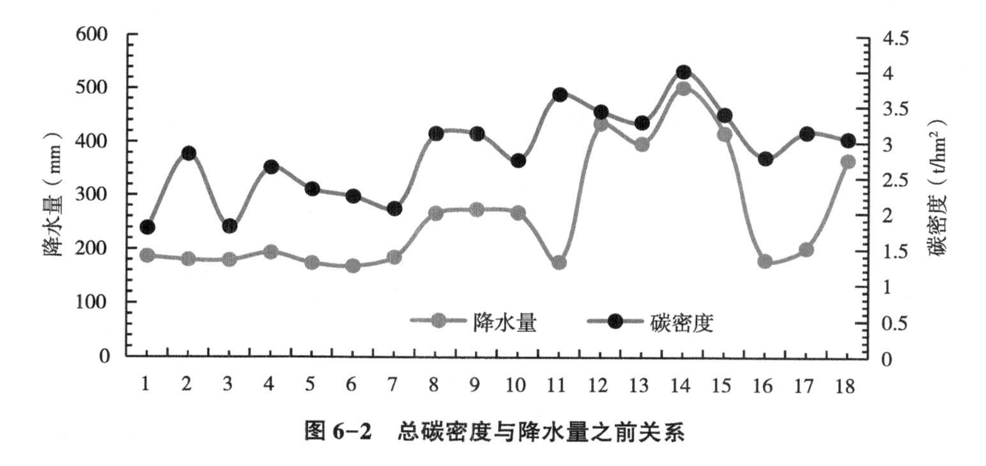

图 6-2　总碳密度与降水量之前关系

（三）应用主成分回归分析柠条碳密度

主成分分析，也称主量分析或 Karhunnen-loeve 变换，首先是由英国的 Karl Pearson 于 1901 年在生物学理论研究中针对非随机变量引入的，而后美国数理统计学家 Harold Hotelling 在 1933 年将此方法推广到随机向量的情形。主成分分析法是一种数学变换的方法，它把给定的一组相关变量通过线性变换转成另一组不相关的变量，这些新的变量按照方差依次递减的顺序排列。在数学变换中保持变量的总方差不变，使第一变量具有最大的方差，称为第一主成分，第二变量的方差次大，并且和第一变量不相关，称为第二主成分。依次类推，I 个变量就有 I 个主成分。其中 Li 为 p 维正交化向量（$Li \times Li=1$），Zi 之间互不相关且按照方差由大到小排列，则称 Zi 为 X 的第 I 个主成分。设 X 的协方差矩阵为 Σ，则 Σ 必为半正定对称矩阵，求特征值 λi（按从大到小排序）及其特征向量，可以证明，λi 所对应的正交化特征向量，即为第 I 个主成分 Zi 所对应的系数向量 Li，而 Zi 的方差贡献率定义为 $\lambda i/\sum \lambda j$，通常要求提取的主成分的数量 k 满足 $\sum \lambda k/\sum \lambda j>0.85$。

1. 显著性分析

从表 6-16 中可以看出：各气象因子与碳密度相关系数排列为：降水量>蒸发量>日照>气温>辐射。柠条碳密度与降水量之间呈正相关，差异极显著；柠条碳密度与其他 4 项呈负相关；柠条碳密度与辐射之间差异极显著，与气温之间差异显著。

表 6-16　柠条碳密度与气象因子相关系数

	辐射	日照	气温	降水量	蒸发量	碳密度
辐射		0.000 0	0.000 0	0.000 0	0.001 3	0.001 0
日照	0.864 2		0.004 2	0.000 0	0.002 6	0.094 7
气温	0.849 9	0.640 0		0.000 0	0.007 7	0.015 3
降水量	−0.933 0	−0.824 7	−0.832 5		0.018 1	0.001 4
蒸发量	0.698 3	0.665 2	0.606 2	−0.549 8		0.259 3
碳密度	−0.708 8	−0.405 9	−0.561 7	0.692 4	−0.280 7	

2. 特征值和特征向量

计算特征值的贡献率和累积贡献率，并根据累积贡献率≥85%的原则取得主成分（表 6-17），提取了两个主成分，各主成分方差贡献率分别为 80.13%，10.24%累积贡献率达 90.36%超过 85%，它们已代表了碳密度指标 90.36%的信息。

表 6-17　主成分分析

No	特征值	百分率（%）	累计百分率（%）
1	4.006 3	80.13	80.13
2	0.511 8	10.24	90.36
3	0.350 6	7.01	97.37
4	0.085 5	1.71	99.08
5	0.045 8	0.92	100.00

利用特征向量写出两个主因子的方程（表 6-18）：

$$z_1=0.4879x_1+0.4477x_2+0.4405x_3-0.4669x_4+0.3866x_5$$

$$z_2=-0.1192x_1+0.0730x_2-0.2720x_3+0.4030x_4+0.8626x_5$$

表 6-18　特征向量

特征向量	辐射 x_1	日照 x_2	气温 x_3	降水量 x_4	蒸发量 x_5
z_1	0.487 9	0.447 7	0.440 5	-0.466 9	0.386 6
z_2	-0.119 2	0.073 0	-0.272 0	0.403 0	0.862 6
z_3	-0.048 0	-0.691 5	0.679 3	0.106 8	0.216 3
z_4	-0.316 5	0.556 1	0.516 2	0.540 1	-0.180 3
z_5	0.803 3	-0.083 3	-0.063 9	0.562 6	-0.165 0

从图 6-3 中可以看出，横轴宽度为 10 个单位，纵轴跨度为 4 个单位。横坐标主要反映出降水量的大小，反映出水分充足的条件下，柠条的生长相对更好。左边主要是宁夏原州区的几个县市，降水量相对较大些。右边主要是中部干旱带的几个县市。距离的大小也反映了降水量大小的差异。纵轴主要反映了蒸发量和辐射复合大小，横轴以上县市地区相对蒸发量、辐射较大，横轴以下部分相对蒸发量、辐射较小。因此，第一个可以命名为水分因子，第二因子可以命名为热量因子。

从 4 个象限进行分类：第一象限为红寺堡、盐池县、同心县、大武口区、惠

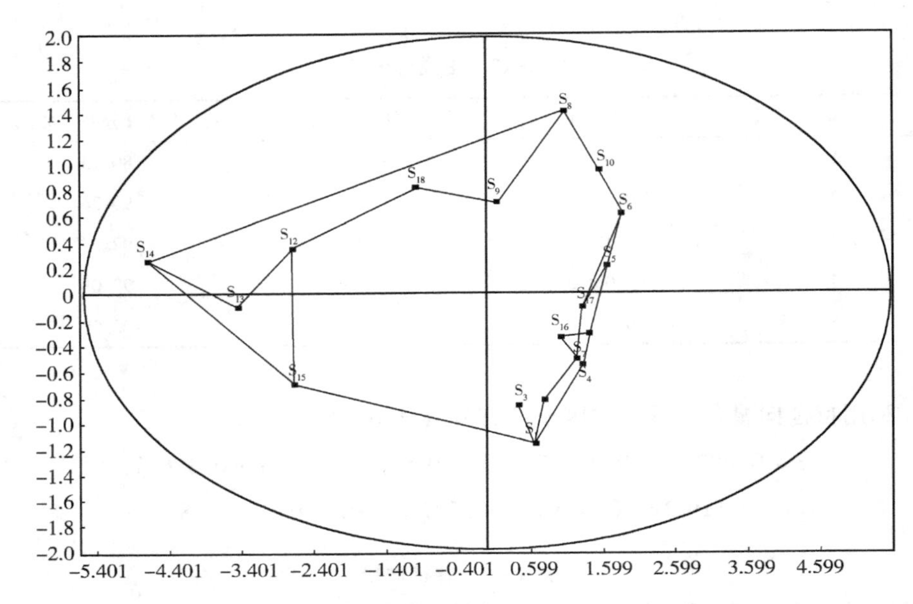

图 6-3　主成分分析

农区 5 个县市，主要是中部干旱带气候。第二象限为隆德县、原州区、海原县 3 个县市，表现为冷量气候。第三象限为西吉县、彭阳县两个县。第四象限为银川、永宁、贺兰、灵武市、利通区、青铜峡、沙坡头区、中宁县 8 个县市，这 8 个县市也是宁夏引黄灌区，引黄灌区表现出与其他 3 类不同的气候特点。

3. 方程显著性检验

方程方差分析见表 6-19，$F=7.4511$，$P=0.0024$，方程差异极显著，可以预测各因子与柠条碳密度之间的关系。方程回归系数显著性检验见表 6-19，主成分回归系数及标准化见表 6-20。

表 6-19　方差分析

方差来源	平方和	自由度	均方	F 值	p 值
回归	4.608 7	4	1.152 2	7.451 1	0.002 4
剩余	2.010 2	13	0.154 6		
总的	6.619 0	17	0.389 4		

相关系数 $R=0.8344$，决定系数 $R^2=0.6963$，调整相关 $R=0.7764$。

表 6-20　回归系数检验

变量 z	回归系数	标准回归系数	偏相关	标准误	t 值	p 值
b_0	2.857 2			0.092 7	30.826 9	0.000 0
b_1	−0.188 0	−0.602 9	−0.738 1	0.047 6	−3.944 6	0.001 5
b_2	0.298 2	0.341 9	0.527 2	0.133 3	2.237 0	0.042 1
b_3	−0.095 5	−0.090 6	−0.162 3	0.161 1	−0.592 9	0.562 7
b_4	0.972 7	0.455 7	0.637 3	0.326 2	2.981 4	0.009 9

4. 主成分分析

对各主因子成分进行回归得到主成分回归方程：

$$y=1.7617-0.0013x_1+0.0018x_2+0.2031x_3+0.0066x_4-0.0001x_5$$

从数学模型系数来看，影响宁夏柠条碳密度分布的大小气象因子分布为：气温>降水量>日照>蒸发量>辐射。气温、降水量、日照 3 项为正向促进作用，蒸发量、辐射为逆向抑制作用。

从表 6-21 和图 6-4 中可以看出，主成分得分与碳密度之间波动基本保持一致，固原市的 4 个县市，碳密度最高，但主成分得分较低，主要是固原市的几个县市降水量大，蒸发量相对较小，从而造成了得分较低。

表 6-21　主成分分析得分

区域	$y(i, 1)$	$y(i, 2)$	$y(i, 3)$	$y(i, 4)$	$y(i, 5)$	总得分
银川市	0.641 3	−1.147 8	0.071 9	−0.325 3	0.402 1	−0.357 8
永宁县	0.790 4	−0.814 9	−0.228 8	−0.075 6	−0.003 5	−0.332 4
贺兰县	0.423 6	−0.858 4	0.410 2	−0.484 3	−0.018 6	−0.527 5
灵武市	1.305 5	−0.537 8	−0.629 3	0.190 6	0.260 9	0.589 9
大武口区	1.641 6	0.230 9	0.986 9	−0.416 3	−0.046 7	2.396 4
惠农区	1.876 3	0.618 4	−0.359 7	−0.235 5	−0.141 0	1.758 5
利通区	1.230 1	−0.496 0	−0.137 0	0.168 0	−0.037 4	0.727 7
红寺堡区	1.068 9	1.419 9	0.647 8	−0.153 0	−0.068 1	2.915 5

（续表）

区域	γ（i，1）	γ（i，2）	γ（i，3）	γ（i，4）	γ（i，5）	总得分
盐池县	0.164 7	0.719 8	0.109 6	−0.063 8	−0.181 2	0.749 1
同心县	1.563 9	0.955 6	−0.119 5	0.383 0	0.332 1	3.115 1
青铜峡市	1.402 9	−0.298 1	−0.484 2	0.401 1	−0.334 2	0.687 5
原州区	−2.700 0	0.356 8	−0.374 4	0.139 7	0.209 1	−2.368 8
西吉县	−3.440 2	−0.101 5	−0.837 9	−0.213 2	−0.254 1	−4.846 9
隆德县	−4.674 8	0.247 1	−0.111 0	−0.189 4	−0.004 9	−4.733
彭阳县	−2.654 7	−0.697 3	1.564 6	0.558 5	−0.066 9	−1.295 8
沙坡头区	1.026 3	−0.331 3	−0.428 9	0.066 5	−0.252 5	0.080 1
中宁县	1.337 6	−0.085 7	0.112 0	0.247 2	−0.082 8	1.528 3
海原县	−1.003 5	0.820 3	−0.192 4	0.002 0	0.287 8	−0.085 8

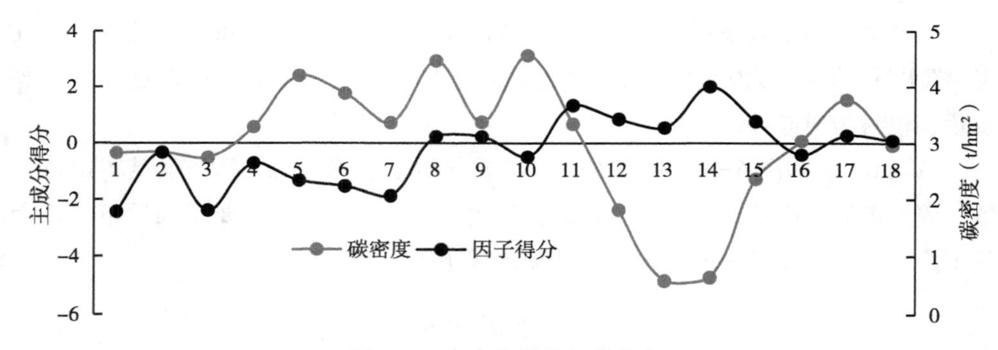

图 6-4　主成分得分与碳密度

5. 误差分析

图 6-5 中，观测值与误差波动趋势一致，观测之中越大或者越小，造成的误差率也越大。

总体来说，利用主成分分析法，可以很方便地定量分析宁夏柠条碳密度分布情况，利于揭示引起碳密度高低差异的主导因素，可为林业部门柠条资源可持续发展管理和决策提供科学的依据。然而柠条碳密度分布是一个复杂的动态系统，受到多种因素所影响的综合结果，特别是立地类型、种植方式以及不同树龄等所

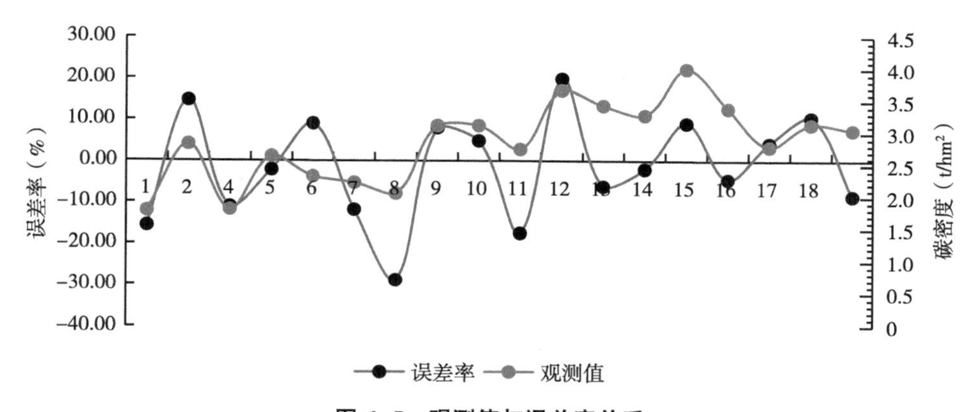

图 6-5　观测值与误差率关系

造成的柠条固碳效果也不同，具有多层次性和多面性。本次分析只是以大尺度，在气象因素的条件下分析，具有一定的局限性。在今后的研究中，可进一步加强对其他因素的情况下柠条碳密度分布结果进行深入系统化研究。

第七章　基于文献分析国内柠条的研究进展

一、文献计量学

（一）文献计量学的发展

文献计量学是指用数学和统计学的方法，定量地分析一切知识载体的交叉科学。它是集数学、统计学、文献学为一体，注重量化的综合性知识体系。其计量对象主要是：文献量（各种出版物，尤以期刊论文和引文居多）、作者数（个人集体或团体）、词汇数（各种文献标识，其中以叙词居多）。文献计量学最本质的特征在于其输出的是量。文献计量学是以文献体系和文献计量特征为研究对象，采用数学、统计学等计量方法，评价和预测科学技术的现状与发展趋势的图书情报学分支学科，目前已广泛用于评价科学生产率，其方法主要根据在核心期刊上发表论文的数量和期刊的等级，计量评价某个国家或地区、研究机构、科学家的科研绩效与影响力。

文献计量学的研究，可以回溯到20世纪初。1917年F. J. 科尔和N. B. 伊尔斯首先采用定量的方法，研究了1543—1860年所发表的比较解剖学文献，对有关图书和期刊文章进行统计，并按国别加以分类。1923年E. W. 休姆提出“文献统计学”一词，并解释为：通过对书面交流的统计及对其他方面的分析，以观察书面交流的过程及某个学科的性质和发展方向。1969年文献学家A. 普里查德提出用文献计量学代替文献统计学，他把文献统计学的研究对象由期刊扩展到所有的书刊资料。文献计量学已成为情报学和文献学的一个重要学科分支。同时也展现出重要的方法论价值，成为情报学的一个特殊研究方法。在情报学内部的逻辑结构中，文献计量学已渐居核心地位，是与科学传播及基础理论关系密切的学术环节。全世界每年发表的文献计量学学术论文约为400~500篇。

文献计量学在我国的真正兴起和传播是从20世纪70年代后期开始的。经过20多年的艰苦努力，我国文献计量学的发展已经初具规模，基本形成了研究、教育和实际应用全面发展的良好局面，并不断取得新的进展，已成为图书情报与科学评价领域中一种重要的工具。随着信息技术在我国林业中的广泛应用，大大提高了林业的科技水平和生产效益，加快了林业现代化的进程，同时信息技术的应用和信息网络的建设也成了连接宏观和微观经济决策的桥梁。自20世纪80年代起，有关林业信息学的研究工作就有零星报道，至90年代末，我国陆续出现了专门探讨林业信息学理论的学者和文献，对林业信息工作的研究开始受到关注。图书馆作为信息资源的收集、整理、存贮和提供利用的中心，在建设我国林业信息学的过程中，有着极为重要和特殊的位置。

文献计量学是以几个经验统计规律为核心的。例如：表征出科技文献作者分布的洛特卡定律（1926）；表征文献中词频分布的齐普夫定律（1948）；确定某一学科论文在期刊中分布的布拉德福定律（1934）等。文献计量学一直围绕这几个定律，沿着两个方向发展：其一是验证与完善这些经验定律的理论研究；其二是扩大与推广这些经验定律的实际应用。文献计量学应用十分广泛。微观的应用有确定核心文献，评价出版物，考察文献利用率，实现图书情报部门的科学管理。宏观的应用有设计更经济的情报系统和网络，提高情报处理效率，寻找文献服务中的弊端与缺陷，预测出版方向，发展并完善情报基础理论等。由于存在影响文献情报流的人为因素，很多文献问题尚难以定量化。特别是由于文献系统高度的复杂性和不稳定性，我们不可能获得足够的、有效的信息，来揭示文献的宏观规律。文献计量学的发展有赖于数学工具和统计学技术的支持，移植或利用更有效的数学工具和统计学方法，将是其重要的发展方向。

现代社会已步入了数据量大、价值密度低的大数据时代，人们检索和分析信息的能力面临着巨大挑战。近年兴起的文献计量学研究方法为可视化综述研究提供了全新的支撑。利用可视化工具可以将非数值类的信息以视觉图像形式呈现，帮助人们挖掘隐藏在数据背后信息的含义。文献计量学是采用数字统计方法，对各类文献的计量特征进行统计分析，进而揭示和研究文献情报规律、文献情报科学管理以及学科发展趋势的一门科学。研究的主要方法有：统计分析法、引文分析法、文摘分析法及词频统计分析法等，其中，引文分析法是文献计量学最常用的研究方法之一。文献计量是采用数理统计学方法来定量描述、评价和预测学术现状与发展趋势的图书情报学研究分支（邱均平等，2008）。知识谱图是在文献计量学的基础上出现的，相比之下，对海量数据的挖掘处理并将其转化为可视化图像成为其最独特的优势，能够清晰勾勒出某特定研究领域的总体图景和研究热点（张一楠，2015）。科学发展史可以通过其足迹从已经发表的文献中提取，在当前大数据时代，给我们使用已有数据进行新知识的生产提供了可能。

（二）文献计量法和 CiteSpace 知识图谱分析

文献计量法是一种以各种文献外部特征为研究对象的量化分析方法，借助文献的各种数量特征，采用数学与统计学方法来描述，评价和预测科学技术的现状与发展趋势。近年来，文献计量法的应用领域不断拓宽，其内容包括作者分析、文献增长分析、关键词分析等。

知识图谱分析是科学计量学的一种分析方法。CiteSpace 是 Citation Space 的简称，可译为“引文空间”。CiteSpace 软件是使用 Java 语言开发的分析科学文献中蕴含的潜在知识，并在科学计量学、数据和信息可视化背景下逐渐发展起来的引文可视化分析软件，得到的图形称为“科学知识图谱”（mapping knowledge domains）。CiteSpace 软件是一款着眼于分析科学文献中蕴含的潜在知识，并在科学计量学、数据和信息可视化背景下逐渐发展起来的多元、分时、动态的引文可视化分析软件。CiteSpace 由德雷塞尔大学终身教授陈超美先生开发。该软件借助可视化知识图谱直观地呈现相关信息和信息实体间的相互关联，通过相关信息的会聚情况，了解和预测研究热点、前沿、交叉学科和未知领域，全面揭示该领域科学知识的发展状况。在国内，CiteSpace 的应用领域主要集中在图书馆与档案管理、管理科学与工程及教育学方面，分析的数据源主要为 WOS、CSSCI 和 CNKI。CiteSpace 的主要功能是对文献数据进行分析，主要包括作者、机构或者国家合作网络分析，主题、关键词或者 CNKI 分类的共现分析，文献共被引分析、作者共被引分析以及期刊共被引分析，文献耦合分析等。通过对文献的挖掘分析，以了解研究领域的发展趋势、研究现状与研究热点，并将其研究主题的演化展现在图谱上。这些图谱用于揭示科学研究的发展现状及变化、前沿分析、领域分析和科研评价等。目前柠条植物的研究进展快速，但缺乏系统全面的多层次分析。因此采用文献计量学方法，利用 CiteSpace 软件对 CNKI 数据库收录的柠条植物文献进行计量研究，掌握其研究概况和前沿动态，以期为相关科研工作提供数据参考。从文献大数据中提取能反映柠条研究变迁的关键知识信息并加以系统分析，对从整体把握我国柠条研究的发展态势和演化规律具有重要意义。

二、数据来源

数据来源于中国知网，知网的概念是国家知识基础设施（National Knowledge Infrastructure，NKI），由世界银行于 1998 年提出。CNKI 工程是以实现全社会知识资源传播共享与增值利用为目标的信息化建设项目，由清华大学、清华同方发起，始建于 1999 年 6 月。经过多年努力，CNKI 工程集团采用自主开发并具有国际领先水平的数字图书馆技术，建成了世界上全文信息量规模最大的“CNKI 数字图书馆”，并正式启动建设《中国知识资源总库》及 CNKI 网格资源共享平台，通过产业化运作，为全社会知识资源高效共享提供最丰富的知识信息资源和最有效的知识传播与数字化学习平台。

以柠条为研究对象，数据来源于 CNKI，时间选取为 1960—2020 年，对检索结果中报纸、会议征稿、卷首语、个人学术成果介绍进行删除，对重复文献进行筛选。在 CNKI 数据库中以：“主题＝柠条” 为检索式，最终确定5 434篇相关文献，下载的文献保存为纯文本文档，为后续分析做准备，数据最后更新时间为 2020 年 5 月 20 号。研究运用文献计量学研究方法，借助科学知识图谱展示柠条的研究热点和前沿，利用 CNKI 在线平台对获得的数据创建引文报告；并通过 CNKI 中的计量可视化分析对研究内容、热点及其发展趋势进行深度剖析，以及对重要文献进行补充分析，探究文献间的引用关系。

三、柠条发文量分析

（一）发文量、被引量统计

通过对 CNKI 数据库检索，共获得 60 年柠条的研究文献5 434篇，年平均

83.6 篇，通过相关文献表明国外对于柠条的研究始于 19 世纪 60 年代，国内相对较晚，始于 20 世纪 50 年代。国内期刊关于柠条的文献最早出现于 1955 年，汪培林在《新黄河》上发表的《陕北用柠条造林的经验和成效》，首次就柠条种子采集、造林技术以及管护措施等进行总结。其次是王掌勤（1959）在《林业科学技术快报》中发表的文章《柠条籽可以榨油》，主要研究了试用柠条籽油，柠条油的制作过程以及柠条油的形态、用处。

如图 7-1 所示，国内外关于柠条的文献数量总体呈指数上升（$y = 9E-84e^{0.0978x}$，$R^2 = 0.8882$），1955—1980 年，国内期刊的发文量从 1 篇逐步增长到 15 篇，这是我国关于柠条研究的初始阶段；1981—2001 年整体呈现出平缓的趋势，平均 33.7 篇/年；2001 年至今呈波动增长，平均 158 篇/年，可以反映出 20 世纪后，尤其是近十几年间呈现出较为迅猛的发文趋势，这可能与国家出台《中华人民共和国防沙治沙法》，以及在防沙治沙、植树造林、退耕还林还草、“三北”防护林工程等方面的一系列措施取得一定成效有关。而在此期间，国外发文量远远少于国内。这可能与柠条的分布区域以及相应的国家政策有关，使得国内学者对柠条的

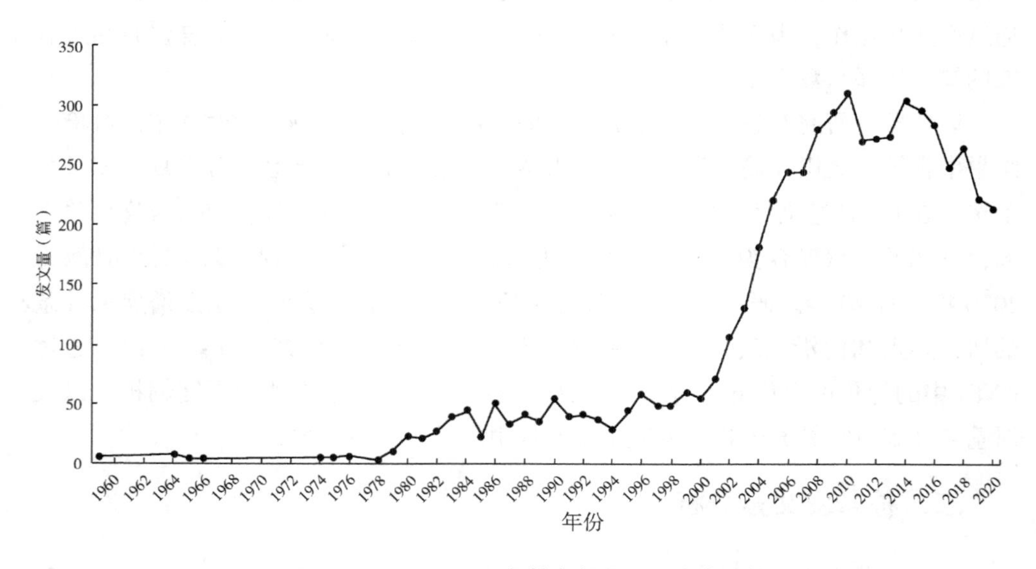

图 7-1　1960—2020 年柠条相关文献发表趋势

研究和关注度在不断增加。2014—2020 年相对逐年下降，我国北方防沙治沙、水土流失等生态治理项目取得的长足的发展，生态环境日益好转。一方面，与柠条有关方面的研究项目也随着减少；另一方面，通过几十年的不同研究部门的科研积累，关于柠条生态保护的科研成果得到积累，对技术的需求也逐渐减少。

柠条被引用总次数达到4 027次，篇均被引数达到 201. 35%，但这些文章的被引次数不像发文量一样整体呈现上升趋势，总体呈抛物线。如图 7-2 所示，在 1996—2020 年被引用次数呈现上升趋势，在 2009 年达到最高为 309 篇。但是在 2015 年以后具有下降趋势，这可能与对柠条生态研究渐入平缓，以及科学热点的转移有关。

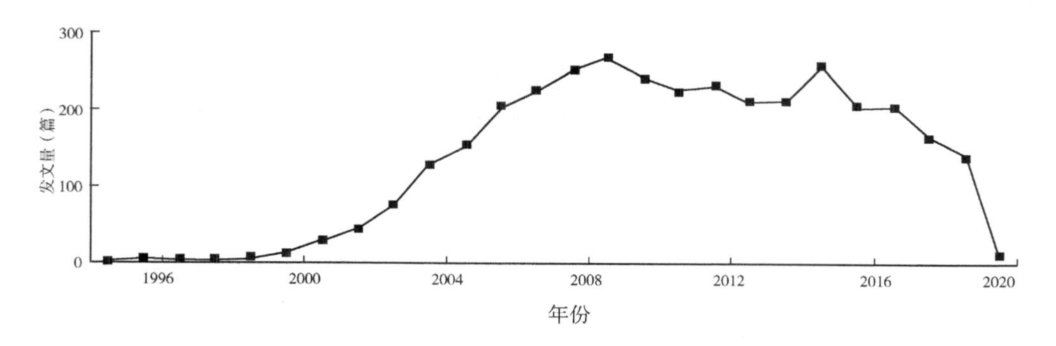

图 7-2　1996—2020 年柠条文献引用趋势

（二）文献来源分布分析

文献来源区域主要集中在陕西、内蒙古、宁夏、甘肃等地，这些地区也是我国柠条林主要分布区域。柠条文献来源前 20 名文献比例总和占文献总量的 82. 77%。排名前三的分别是：西北农林科技大学，文献贡献量达到最高，为 256 篇文献，占总文献来源的 11. 57%；其次为内蒙古林业，文献量为 180 篇文献，占总文献量的 8. 13%；内蒙古农业大学第 3，文献量为 133 篇，占总文献量的 6. 01%。而宁夏农林科技第 9，文献量为 83 篇，占总文献量的 3. 75%（表 7-1）。

表 7-1　柠条文献来源前 20 名的数量及比例　　（单位：篇、%）

排名	来源	数量	比例	排名	来源	数量	比例
1	西北农林科技大学统计	256	11.57	11	现代农业科技	72	3.25
2	内蒙古林业统计	180	8.13	12	内蒙古林业科技	72	3.25
3	内蒙古农业大学统计	133	6.01	13	陕北林业科技	71	3.21
4	水土保持研究	120	5.42	14	水土保持学报	65	2.94
5	生态学报	105	4.74	15	西北林学院学报	59	2.67
6	水土保持通报	97	4.38	16	内蒙古林业调查设计	57	2.58
7	中国沙漠统计	90	4.07	17	西北植物学报	55	2.49
8	北京林业大学统计	86	3.89	18	干旱区资源与环境	54	2.44
9	宁夏农林科技	83	3.75	19	林业实用技术统计	53	2.39
10	中国商报	79	3.57	20	西安科技大学统计	45	2.02

文献类型主要是期刊为主，共有4 014篇，占总文献量的 73.87%。硕士论文 792 篇，占总发文量的 14.57%；报纸 232 篇，占总发文量的 4.27%，博士论文 182 篇，占总发文量的 3.35%。其余为特色期刊和国际会议占 3.94%（图 7-3）。

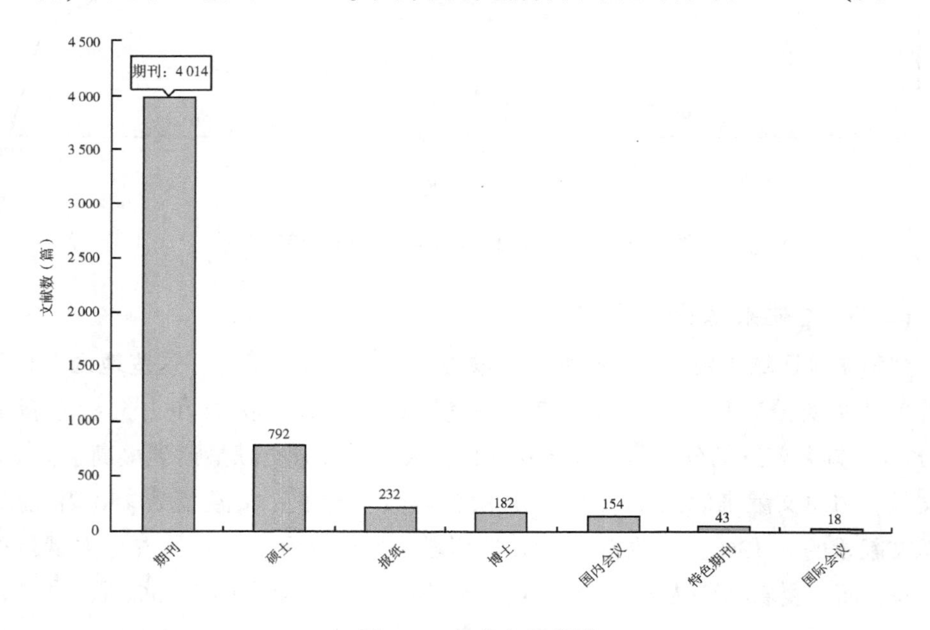

图 7-3　柠条文献类型

（三）机构发文量分析

1960—2020年柠条相关研究的发文量居前20名机构发文量总和为2 737篇，占总发文量的50.37%。发文量居前40名共发文3 317篇，占总发文量的61.00%。将发文量居前20名机构进行分析，可以看出机构发文量与文献来源分布基本相符。发文机构所处的研究环境也是我国柠条林主要分布区域。主要省区有6个（图7-4）：陕西省、内蒙古、甘肃省、宁夏、山西省、青海省。将发文量居前20名机构进行排序分析：西北农林科技大学第一，发文量为599篇；第二为内蒙古农业大学发文量为375篇；宁夏大学发文量第三为242篇；其他依次为：北京林业大学发文量232篇；中国科学院水利部水土保持研究所发文量223篇；甘肃农业大学发文量107篇；山西大学发文量94篇；山西农业大学发文量94篇；兰州大学发文量85篇；中国科学院寒区旱区环境与工程研究院发文量81篇；内蒙古大学发文量74篇；宁夏农林科学院荒漠化治理研究所发文量73篇；

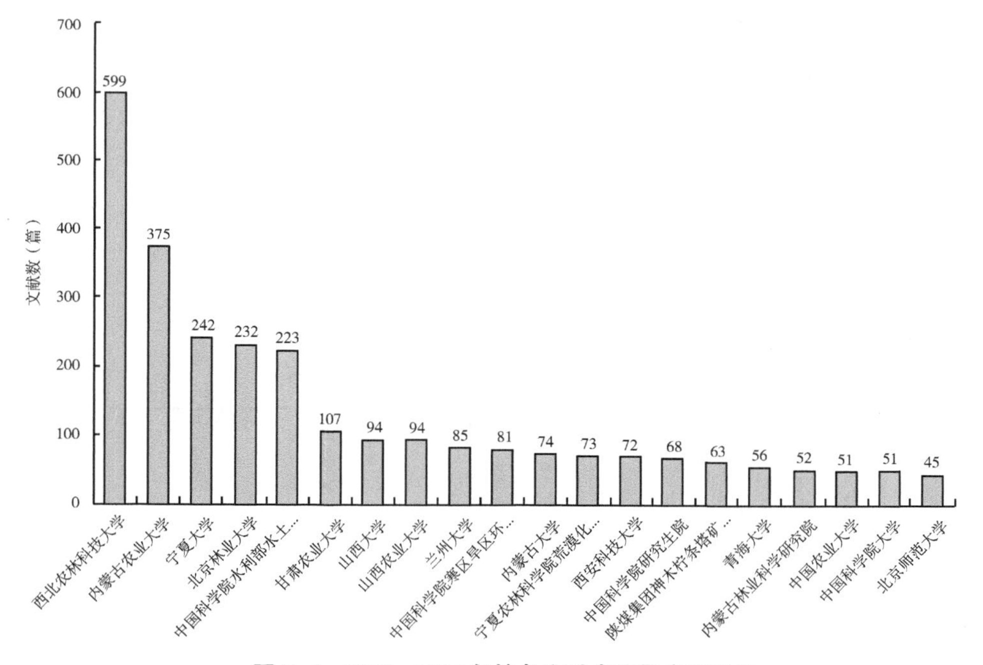

图7-4　1960—2020年柠条文献发文量主要机构

西安科技大学发文量72篇；中国科学院研究生院发文量68篇；青海大学发文量56篇；内蒙古林业科学研究院发文量52篇；中国科学院大学发文量51篇；中国农业大学发文量51篇。由于高校每年都有研究生毕业，需要发表论文达到毕业标准，也就比研究机构发文数量较多。

近年来，宁夏主要的科研单位紧抓生态环境治理及保护、柠条资源利用等方面研究，做了一些积极的贡献。宁夏大学第一，发文量242篇；宁夏农林科学院荒漠化治理研究所发文量73篇，第二；宁夏农林科学院林业研究所发文量第三，为26篇；宁夏农林科学院种质资源研究所发文量第四，为24篇。宁夏累计发文量为365篇，仍低于西北农林科技大学和内蒙古农业大学。宁夏在柠条研究方面与其他省区之间存在一定的差距。

（四）文献作者分析

科研人员所发表的文章学术成果可以彰显研究人员的科研水平。发文量最多的前20位的学者排名见表7-2，共发文523篇，人均26.15篇。发文前5名的是：胡夏嵩34篇，牛西午31篇，杨新国31篇，宋乃平30篇，刘静29篇；篇均被引次数最高前5名是：王孟本（62.81），邵明安（55.86），李新荣（47.17），郭忠升（39.48），王新平（39.12）；篇均下载次数最高前5名是：邵明安（613.86），李新荣（591.00），王新平（549.68），郭忠升（530.32），李国荣（476.08）。下载被引比后5名是：王孟本（4.79），牛西午（6.97），程积民（8.19），温学飞（10.20），邵明安（10.99）。

表7-2　柠条研究发文量前20名作者情况

作者	工作单位	数量	篇均被引	篇均下载	下载被引比
胡夏嵩	青海大学	34	20.80	387.50	18.61
牛西午	山西省农业科学院	31	30.26	210.84	6.97
杨新国	宁夏大学生态中心	31	12.65	267.90	21.19
宋乃平	宁夏大学生态中心	30	15.87	315.90	19.91
刘　静	内蒙古农业大学沙漠治理学院	29	11.45	176.66	15.43
邵明安	中国科学院地理科学与资源研究所	28	55.86	613.86	10.99
王建文	陕煤集团神木柠条塔矿业有限公司	28	7.82	199.36	25.49
陈　林	宁夏大学生态中心	27	11.00	260.07	23.64
王孟本	山西大学黄土高原研究所	27	62.81	300.67	4.79
李国荣	青海大学	26	28.27	476.08	16.84

（续表）

作者	工作单位	数量	篇均被引	篇均下载	下载被引比
程积民	西北农林科技大学水土保持研究所	25	35.00	286.48	8.19
郭忠升	西北农林科技大学水土保持研究所	25	39.48	530.32	13.43
王新平	中国科学院寒旱所沙坡头沙漠试验站	24	39.12	549.68	14.05
刘任涛	宁夏大学生态中心	24	7.83	255.96	32.68
温学飞	宁夏农林科学院荒漠化治理所	23	13.26	135.26	10.20
李新荣	中国科学院寒旱所沙坡头沙漠试验站	23	47.17	591.00	12.53
姚云峰	内蒙古农业大学沙漠治理学院	23	4.43	169.61	38.25
朱海丽	青海大学	23	29.25	474.25	16.21
张大治	宁夏大学生命科学学院	21	5.67	149.71	26.42
刘国彬	西北农林科技大学水土保持研究所	21	33.00	407.48	12.35
合计		523	511.00	6 758.59	348.17

文献作者工作单位主要有：西北农林科技大学水土保持研究所、青海大学、宁夏大学生态中心、内蒙古农业大学沙漠治理学院、中国科学院寒旱所沙坡头沙漠试验站。属于中科院系统单位有：西北农林科技大学水土保持研究所、中国科学院寒旱所沙坡头沙漠试验站、中国科学院地理科学与资源研究所。中国科学院的研究员人员 6 人，占 30%。

宁夏农林科学院荒漠化治理研究所主要从事柠条相关课题研究的科研工作人员共有 7 名发文 73 篇，平均累计统计发文数量 141 篇（表 7–3），每篇论文作者数 1.93 个。篇均被引用 15.43 次，篇均下载次数 190.93 次，下载被引比为 12.37。所有参数之间差异不大。

表 7–3　宁夏农林科学院荒漠化治理研究所发文量作者情况

作者	数量	篇均参考数	篇均被引	篇均下载	下载被引比
温学飞	23	5.61	13.26	135.26	10.20
左　忠	21	5.19	13.52	158.24	11.70
蒋　齐	20	12.25	14.05	230.50	16.41
郭永忠	20	7.55	17.50	195.90	11.19
潘占兵	20	5.95	16.75	221.00	13.19
王　峰	19	6.00	15.58	163.47	10.49
王占军	18	9.22	17.33	232.17	13.39
合计	141	51.77	107.99	1336.54	86.57
平均	20.14	7.40	15.43	190.93	12.37

（五）研究主题

关键词是论文作者用于表达文献主题内容的标识词，能直观地表述文章的主题，使读者在未看论文的正文之前便能一目了然地知道论文主题。关键词可以准确地表达文章研究的主旨，统计和分析关键词可以把握某一领域的研究热点以及未来的研究方向。通过对关键词的分析，可以全面把握该学科发展的动态过程，了解一篇论文所要表述的主要内容并反映该领域未来的发展趋势。基于CNKI检索到的5 434篇文章中提取关键词，对柠条研究进行分析。

某一关键词在不同的期刊中重复出现的次数是柠条研究领域研究多少的体现，通过对关键词出现频率的分析（图7-5），发现频次较高的关键词前20位依次为：柠条（828）、土壤水分（226）、黄土高原（182）、柠条锦鸡儿（173）、植被恢复（162）、黄土丘陵区（147）、灌木（94）、退耕还林（83）、植被类型（72）、荒漠草原（72）、土壤养分（71）、生物量（67）、水土保持（66）、黄土丘陵沟壑区（60）、毛乌素沙地（59）、锦鸡儿属（57）、平茬（56）、人工林（54）、物种多样性（54）、抗旱性（50）。

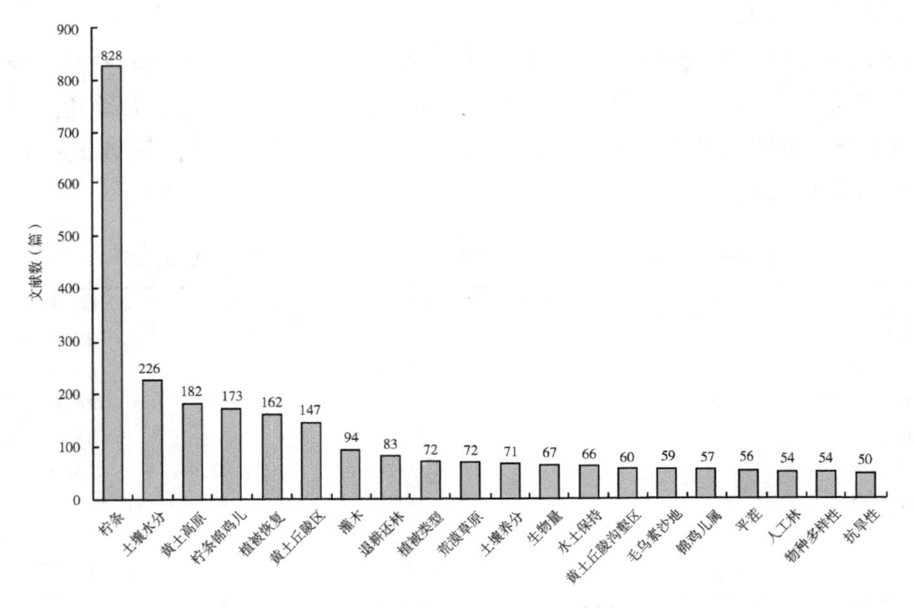

图7-5　柠条研究前20位关键词

从图 7-6 中可以看出，柠条节点最大，所有关键词的节点大小和出现的频次有关，频次越高节点越大。柠条与外周的关键词之间连接得最多，其次为土壤水分、黄土高原、植被恢复。这些主要节点向外相互连接形成网状。表明柠条研究的不同研究方向和主题。只有一个连接的是退耕还林是和黄土高原连接，说明退耕还林在黄土高原相关研究较多。

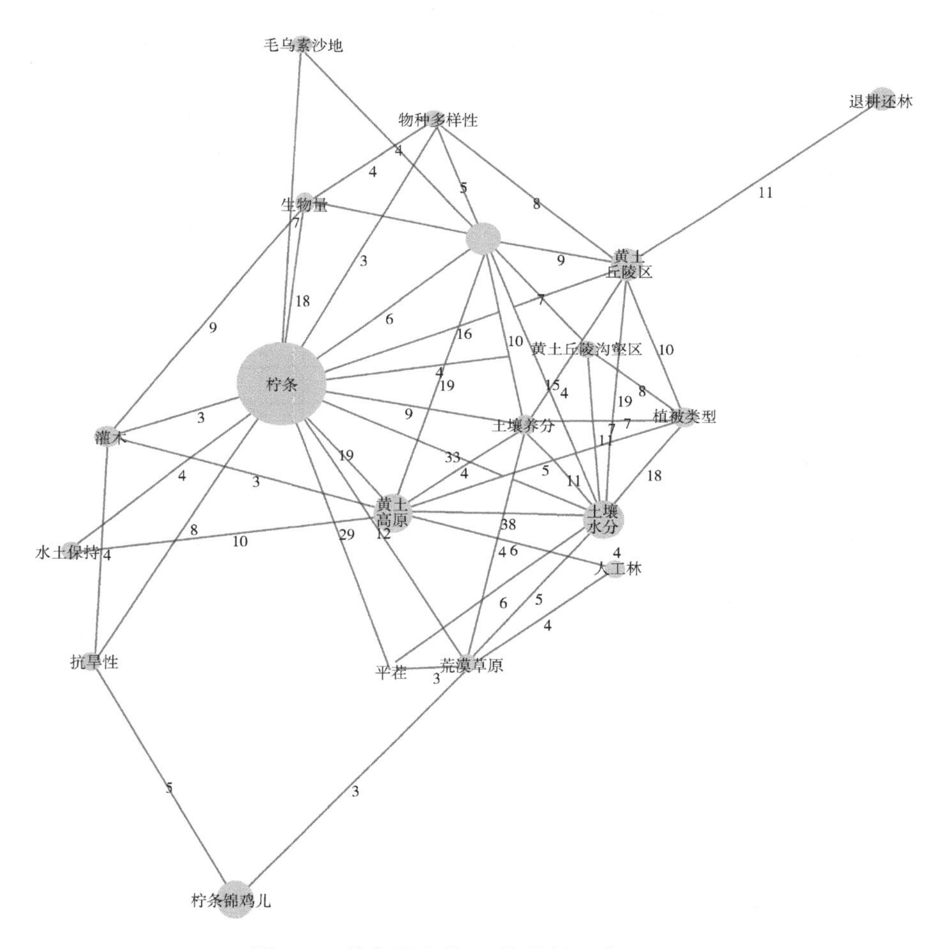

图 7-6　柠条研究前 20 位关键词共现网络

频次与中心性并不是一一对应的，中心性表示关键词在所有关键词中的地位。把关键词两两关联后：从图 7-7 中可以看出，与柠条有关联的关键词有 14 个；与土壤水分关联的关键词有 10 个；与黄土高原关联的关键词有 8 个。与土壤养分关联的关键词有 7 个。出现频次来看：黄土高原土壤水分出现次数最多为 38 次，柠条水分 33 次，柠条平茬出现 29 次，黄土丘陵区土壤水分出现 19 次，黄土高原植被恢复出现 19 次。

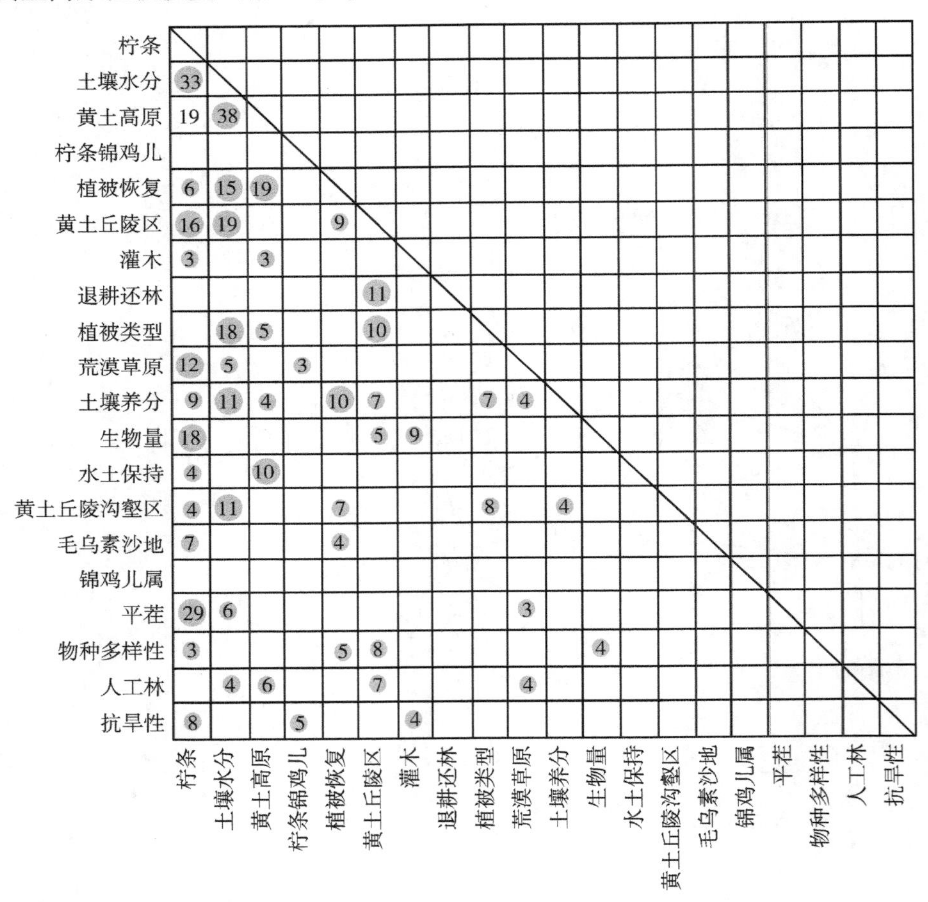

图 7-7　柠条研究前 20 位关键词分布共现矩阵

从表 7-4 中可以看出，柠条研究关注度最高的前 10 位文章，以王孟本的《树种蒸腾作用、光合作用和蒸腾效率的比较研究》占第一位。10 篇文章被引次数最高为 332 次，最低为 220 次；下载次数最高为 1 790次，最低为 636 次。10 篇文章主要以生态研究为主，研究了柠条的光合作用、土壤水分、水土保持等方面。

表 7-4　柠条研究关注度最高前 10 位文章

题名	作者	来源	年/期	下载	被引
树种蒸腾作用、光合作用和蒸腾效率的比较研究	王孟本	植物生态学报	1999/05	1 194	332
半干旱区人工林草地土壤旱化与土壤水分植被承载力	郭忠升	生态学报	2003/08	1 790	317
干旱胁迫对苗木蒸腾耗水的影响	李吉跃	生态学报	2002/09	968	264
北方主要造林树种苗木蒸腾耗水特性研究	周　平	北京林业大学学报	2002/Z1	830	263
沙冬青抗旱机理的探讨	蒋志荣	中国沙漠	2000/01	662	255
植被盖度对水土保持功效影响的研究综述	张光辉	水土保持研究	1996/02	1 392	242
黄土坡耕地退耕还林后土壤性质变化研究	彭文英	自然资源学报	2005/02	1 582	237
晋西北黄土区人工林土壤水分动态的定量研究	王孟本	生态学报	1995/02	636	229
几种旱生灌木种子萌发对干旱胁迫的响应	曾彦军	应用生态学报	2002/08	905	228
不同植被对土壤侵蚀和氮素流失的影响	张兴昌	生态学报	2000/06	1 030	220

综上所述，目前柠条以基础研究为主，研究方向以生态保护为主。柠条生态适应性强，具有很强的防风固沙能力，是干旱半干旱地区重要的固沙灌木造林树种之一。柠条作为我国北方干旱、半干旱地区优良的水土保持、防风固沙和荒漠草原植被恢复重建的优势灌草兼用树种，多年来对其生物学特性、经济利用的理论研究对支撑西部脆弱生态植被恢复与重建的作用有目共睹。因此，深入研究柠条生态价值，将对我国北方生态脆弱地区进行植被恢复，提供一定的理论依据和技术支持。

（六）资助基金项目分布

从图 7-8 中可以看出，第一是国家自然基金项目，发文量 930 篇，占总发文量的 44.01%，也反映出柠条研究以基础研究为主。国家自然基金项目支持科技工作者结合国家需求，把握世界科学前沿，针对我国已有较好基础和积累的重要研究领域开展深入、系统的创新性研究工作。第二是国家科技支撑计划，发文量为 228 篇，占总发文量的 10.79%。国家科技支撑项目以重大工艺技术及产业共性技术研究开发与产业化应用示范为重点，主要解决综合性、跨行业、跨地区的重大科技问题，突破技术瓶颈制约，提升产业竞争力。第三是国家重点基础研究发展规划 (973 计划)，发文量为 161 篇，占总发文量的 7.62%。第四是国家科技攻关计划，发文量为 122 篇，占总发文量的 5.77%。国家科技攻关项目以促进产业技术升级和结构调整、解决社会公益性重大技术问题为主攻方向，通过重大关键技术的突破、引进技术的创新、高新技术的应用及产业化，为产业结构调整、社会可持续发展提供技术支撑。第五是宁夏自然科学基金发文量为 96 篇，占总发文量的 4.54%。第六是中国科学院“西部之光”人才培养计划和国家高技术研究发展计划（863）计划，发文量为 71 篇。从图中也反映出，对柠条研究资助的项目主要以国家层次研究项目较多，基金项目资助前 20 位，共有 14 个类型基金项目，占 70%。

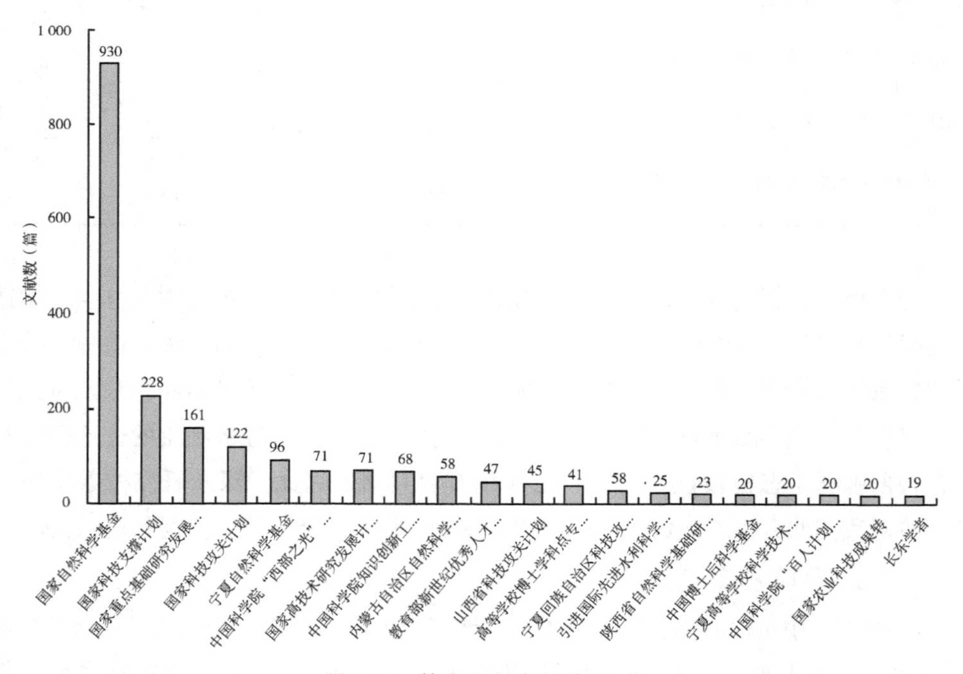

图 7-8　基金项目资助前 20 位

地方政府资助主要6个省自治区，宁夏在柠条项目研究方面资助比其他省区要高，这与宁夏在生态治理方面投入也有一定关系。宁夏在柠条研究方面资助项目主要有3个方面：宁夏自然科学基金、宁夏回族自治区科技攻关计划、宁夏高等学校科学技术研究项目，累计发文量为144篇。其次依次为：内蒙古自治区、陕西省、山西省、青海省、甘肃省。

（七）研究层次分布

从研究层次来看（图7-9），柠条研究共涉及20个层次。自然科学占大多数，共有7个，占35%；发文量最多为4 885篇，占89.90%。社会科学共有5个，占25%；发文量最多为400篇，占7.36%。其他类8个共发文149篇2.74%。柠条研究主要以基础与应用基础研究为主，发文量为2 749篇，占总发文量的51.55%。工程技术发文量第二，为1 575篇，占总发文量的29.53%。行业技术指导第三，发文量为367篇，占总发文量的6.88%。行业指导第四，发文量为367篇，占总发文量的5.68%。前四个层次占总发文量的93.64%。

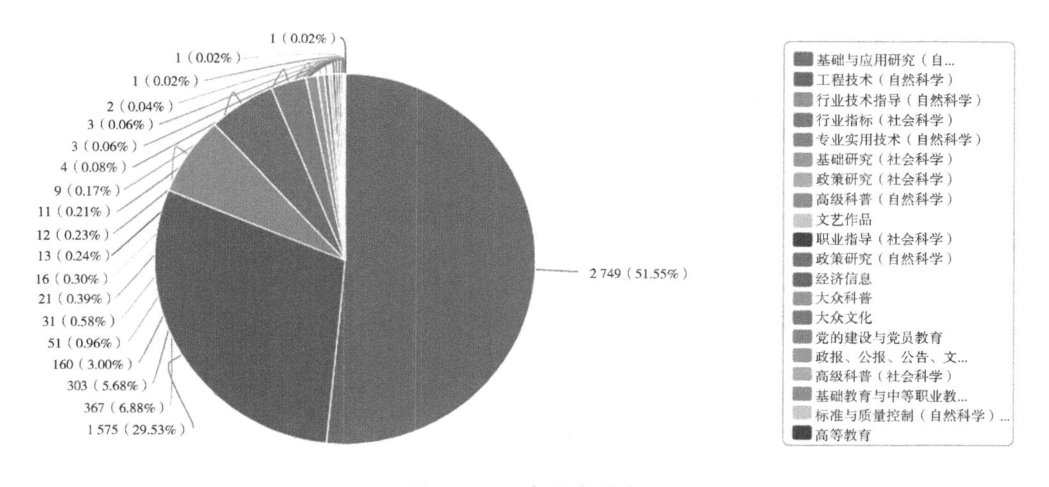

图7-9　研究层次分布

（八）学科分类

从研究学科分布来看（图7-10），共涉及40个学科。林业类发文量为2 511

篇，占总发文量的34.02%；柠条属灌木，近年来，退耕还林、三北防护林等林业工程中应用柠条进行生态环境治理。农业基础学科发文量1 048篇，占总发文量的14.20%。农业基础学科主要是以土壤水分动态、生理特征、土壤理化性质以及土壤质量评价等研究为主。农艺学发文量为662篇，占总发文量的8.97%。生物学619篇，占总发文量的8.39%。畜牧与动物医学发文量为406篇，占总发文量的5.50%。柠条具有较高的粗蛋白，营养价值较好，主要以饲料化利用、加工、开发等方式开展研究。

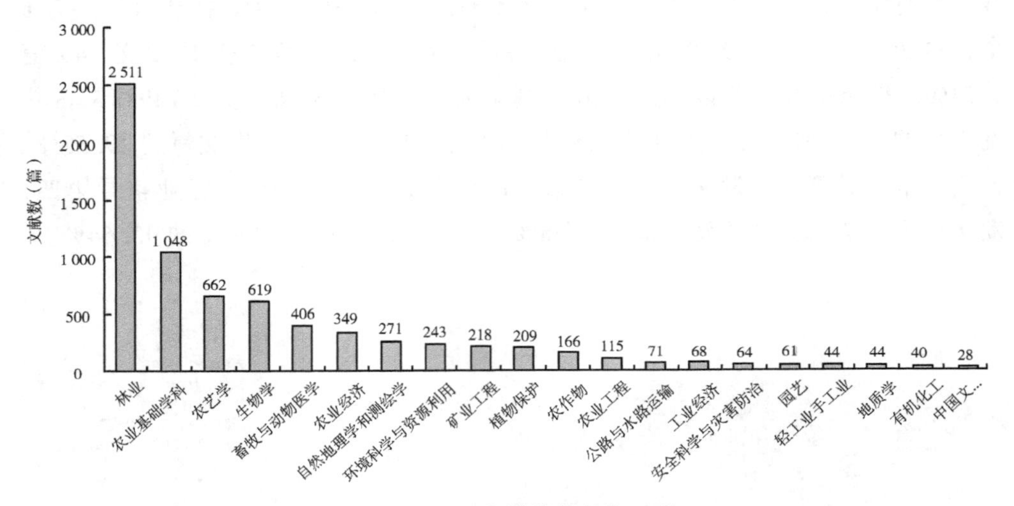

图7-10　研究学科分布前20位

四、柠条科研成果研究

（一）成果登记

由于成果登记作为报奖材料的重要支撑，通过CNKI查阅到科研成果研究登记86项。涉及14省区：内蒙古28项、山西省13项、甘肃省8项、青海省7项、陕西省7项、宁夏回族6项、北京市4项、河北省2项、黑龙江省2项、上海市2项、新疆1项、山东省1项、福建省1项、天津市1项。成果登记最早为1985年；最多为2015年，数量为15项。

（二）专利技术

专利技术共348条，排名前5的主题有：锦鸡儿属142条，占26.44%；制备方法73条，占13.59%；组合物37条，占6.89%；红花锦鸡儿33条，占6.15%；小叶锦鸡儿28条，占5.21%。其他主题主要有：藏锦鸡儿、锦鸡儿、鬼箭锦鸡儿、柠条锦鸡儿、实用新型、药物组合物、原料药、提取物、补气药、权利要求、锦鸡儿根、清热解毒药、中药制剂、功能主治、柠条草粉、提取方法、柠条种子、沙地治理等。

专利技术从2006年开始发布（图7-11），2006—2011年，基本保持在每年10条以内。从2011—2016年，专利申请数量呈直线逐年上升，年平均增长近14条。2016年以后又呈逐年直线下降，2017—2019年，年专利申请数量下降近一半。

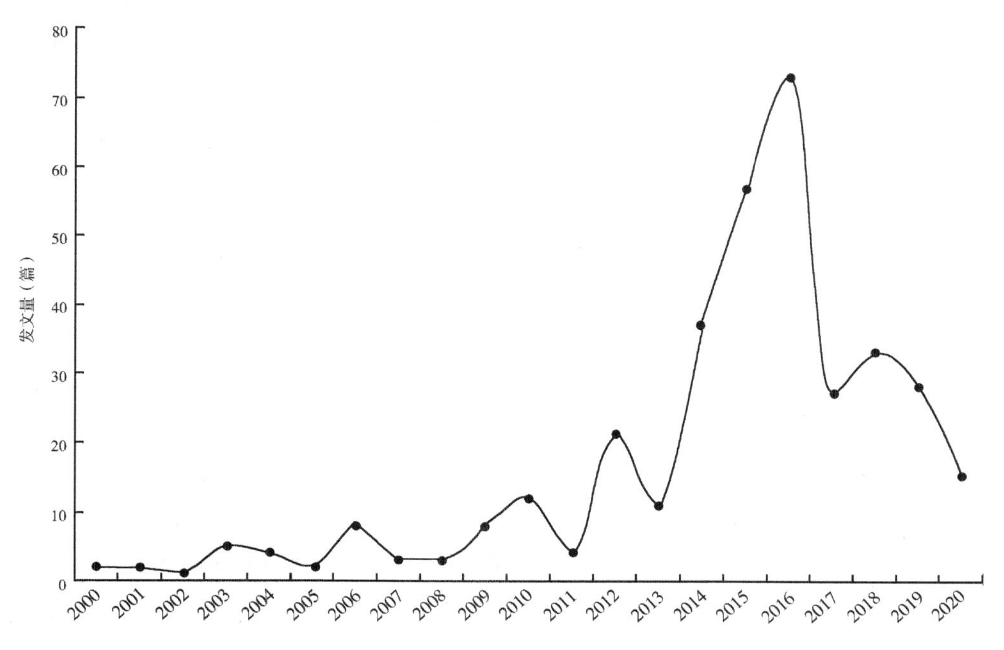

图7-11　柠条专利发布趋势

五、柠条饲料研究

检索到“柠条饲料”为检索词，共有393条。

（一）作者单位及作者分布

检索到柠条饲料393条，从1964—2020年时间跨度为57年。柠条饲料研究发文共涉及39个研究机构：内蒙古研究机构有11个，山西省研究机构有9个，宁夏研究机构有8个，国家层次研究机构有6个，陕西省研究机构有2个，甘肃省1个，天津市1个，河北省1个。发文量居前10名机构发文量为182篇占总发文量的46.31%。发文量前10的机构：内蒙古农业大学最多，发文量为43篇；宁夏农林科学院荒漠化治理研究所第二，发文量为25篇；宁夏大学第三，发文量为24篇；山西省农业机械化科学研究院第四，发文量为20篇；山西农业大学第五，发文量为18篇；西北农林科技大学第六，发文量为14篇；山西省农业科学院畜牧兽医研究所第七，发文量为12篇；山西省农业科学院第八，发文量10篇；北京林业大学第九，发文量为9篇；宁夏畜牧兽医总站第十，发文量为7篇。

发文量前10位的作者（图7-12），共发文98篇，占总发文量的24.94%。宁夏农林科学荒漠化治理研究所，共有4名，共发文52篇，占总发文量的13.23%。温学飞发文18篇，王峰、左忠各发文13篇，郭永忠发文8篇。内蒙古农业大学贾玉山发文量为10篇，格根图发文6篇。宁夏畜牧兽医总站共有2名，张凌青发文7篇，陈亮发文6篇。山西省农业科学院共2名，牛西午发文11篇，任克良发文6篇。

宁夏农林科学院荒漠化治理研究所在着力多学科发展过程中，突出以荒漠化治理、沙旱生植物资源保护与合理开发利用为节点，先后在毛乌素沙区主持完成了宁夏《盐池沙漠土地综合整治试验》、宁夏《盐池荒漠化土地综合整治及农业可持续发展研究》、自治区林业重点项目《柠条饲料开发利用技术研究》、自治区科技厅《中部干旱带柠条饲料加工产业开发创业示范》、自治区林业局《柠条饲料基地建设》、自治区成果转化《柠条饲料加工示范点建设》、中央林业财政《沙地适生乔灌草》《林木剩余物加工与利用技术示范推广》等

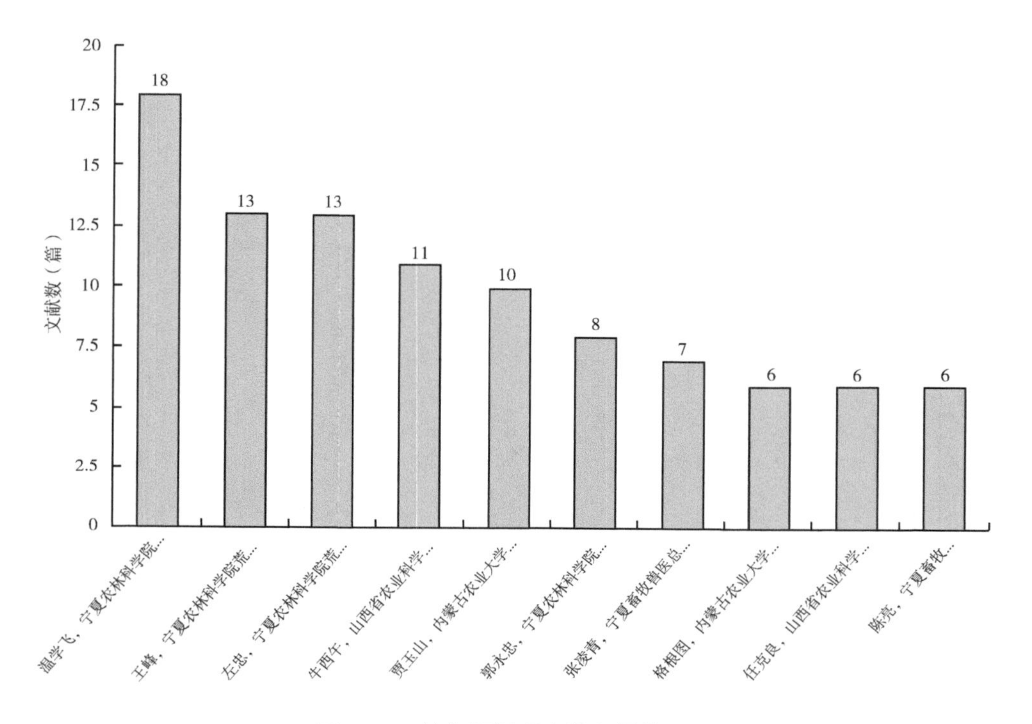

图 7-12 柠条饲料研究发文量前 10 位

多项与柠条饲料有关的项目攻关研究。在《柠条饲料开发利用技术研究》项目中，柠条饲料开发利用方面具有良好的技术基础，通过多年的研究，研究集成柠条饲料系列产品和专用机械产品，申报三项专利技术，制定一项柠条铡粉机械地方标准。形成了一整套从柠条生态管护到柠条资源合理利用等技术的柠条科学利用技术体系。

（二）研究主题

基于 CNKI 检索到的 393 文章中提取关键词，对柠条饲料研究进行分析，通过对关键词出现频率的分析，发现频次较高的关键词前 10 位依次为（图 7-13）：柠条（184）、营养成分（26）、饲用价值（19）、饲料（15）、颗粒饲料（10）、平茬（10）、青贮（10）、降解率（10）、生物量（9）、柠条锦鸡儿（9）。

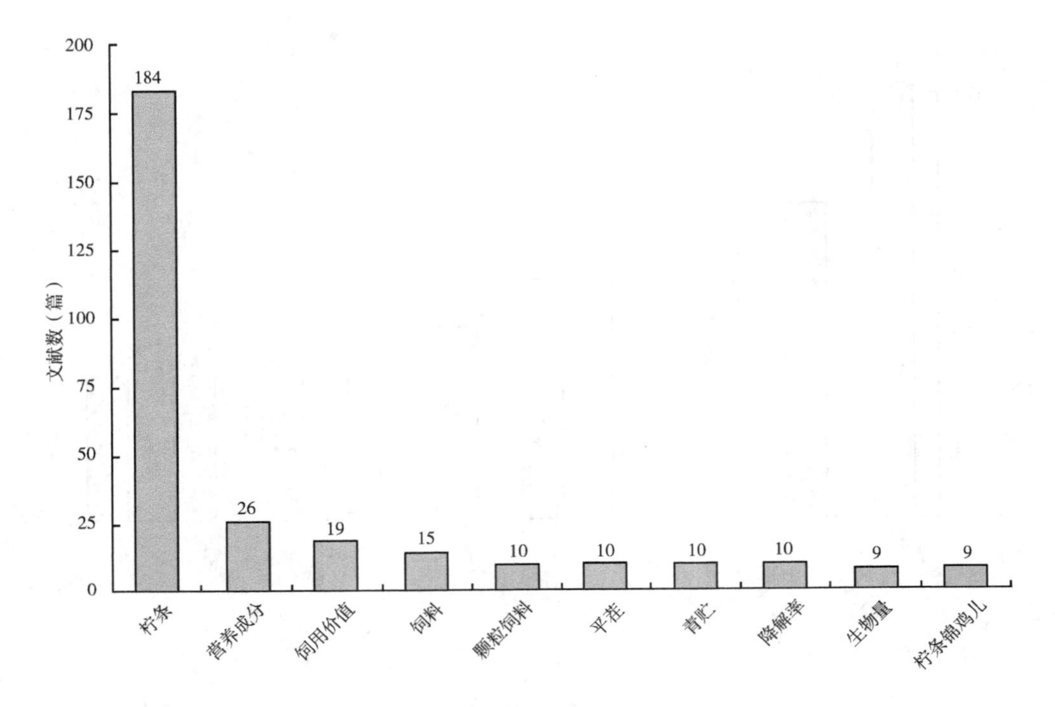

图 7-13　柠条饲料研究发文量前 10 位

把关键词两两关联后：从图 7-14 中可以看出，与柠条有关联的关键词有 18 个；与饲用价值关联的关键词有 5 个；与营养价值关联的关键词有 4 个。出现频次来看：柠条营养价值、柠条饲用价值、柠条饲料出现次数最多均为 13 次；柠条颗粒饲料为 10 次。最少的为饲料饲喂效果、灌木青贮为 1 次。目前柠条饲料研究以营养成分、饲用价值为主。

六、小结

（一）研究趋势

目前柠条植物的研究进展快速，但缺乏系统全面的多层次分析。因此本研究采用文献计量学方法，利用 CiteSpace 软件对 CNKI 核心数据库收录的柠条植物文献进行计量研究，掌握其研究概况和前沿动态，以期为相关科研工作提供数据参

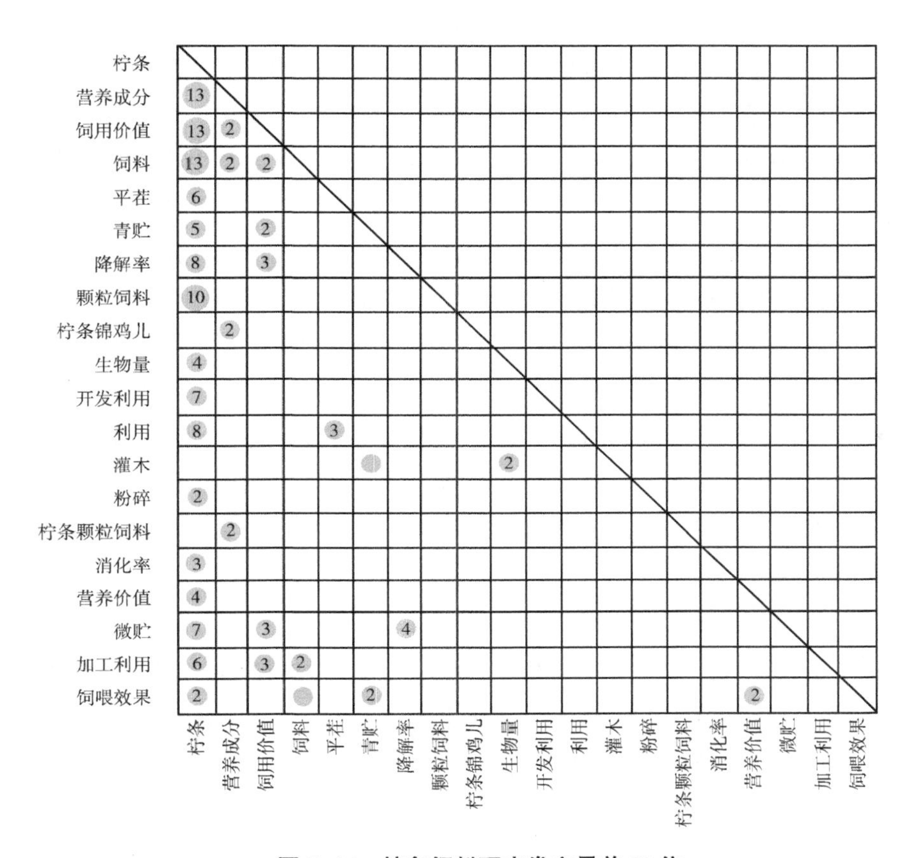

图 7-14　柠条饲料研究发文量前 10 位

考。从文献大数据中提取能反映柠条研究变迁的关键知识信息并加以系统分析，对我们从整体把握我国柠条研究的发展态势和演化规律具有重要意义。

1960—2020 年，65 年间柠条研究发文量总体呈上升趋势，研究文献 5 434 篇，年平均 83. 6 篇，发文数量呈指数上升。发文机构所处的研究环境也是我国柠条林主要分布区域，主要省区有 6 个：陕西省、内蒙古、甘肃省、宁夏、山西省和青海省。西北农林科技大学、内蒙古农业大学和宁夏大学发文量位居前三位。宁夏主要科研单位累计发文量为 365 篇，低于西北农林科技大学和内蒙古农业大学。

柠条研究在中国起步较晚，但发展迅速，研究学者多，研究方向丰富且分散。科研人员所发表的文章学术成果可以彰显研究人员的科研水平。发文量最多前20名的是，主要有5个团队：青海大学的研究团队胡夏嵩、李国荣、朱海丽人均发文量在27.67篇，篇均被引频次为25.48次。宁夏大学生态中心团队宋乃平、杨新国、陈林、刘任涛人均发文量28篇，篇均被引频次为12.08次。西北农林科技大学团队程积民、郭忠升、刘国彬人均发文量在23.67篇，篇均被引频次为35.99次。中国科学院寒旱所沙坡头沙漠试验站团队李新荣、王新平人均发文量在23.50篇，篇均被引频次为43.15次。内蒙古农业大学沙漠治理学院刘静、姚云峰人均发文量在26.00篇，篇均被引频次为8.35次。从发文量、研究机构、作者和期刊影响力综合看出，这5个团队在柠条研究方面具有数量和研究机构上的领先优势，多发表在优秀期刊上的高质量。因此我国各院校及科研机构应注重培养符合创新要求的人才队伍，提升科研创新水平，不断增强我国在柠条研究方面的影响力。

（二）研究热点

从研究层次来看，柠条研究共涉及20个层次。自然科学占35%；社会科学占25%。柠条研究主要以基础与应用基础研究为主占51.55%。工程技术占29.53%。行业技术指导占6.88%。行业指导占5.68%。从研究学科分布来看，共涉及40个学科。前6位的学科是：林业、农业基础学科、农艺学、生物学、畜牧与动物医学。柠条属于灌木，近年来，退耕还林、“三北”防护林等工程中应用柠条治理生态环境。研究方向主要是以土壤水分动态、生理特征、土壤理化性质以及土壤质量评价等研究为主。

对关键词的分析，通过对关键词出现频率的分析，发现频次较高的关键词前5位依次为：柠条、土壤水分、黄土高原、柠条锦鸡儿、植被恢复。所有关键词中柠条节点最大，所有关键词的节点大小和出现的频次有关。柠条与外周的关键词之间连接的最多，其次为土壤水分、黄土高原、植被恢复。表明柠条研究的主要研究方向和主题。目前柠条以基础研究为主，研究方向以生态保护为主。柠条作为我国北方干旱、半干旱地区优良的水土保持、防风固沙和荒漠草原植被恢复重建的优势灌草兼用树种。因此，深入研究柠条生态价值，将对我国北方生态脆弱地区进行植被恢复，提供一定的理论依据和技术支持。

（三）基金资助

对柠条研究资助的项目主要以国家层次研究项目较多，基金项目资助前 20 位，共有 14 个类型基金项目，占 70%。柠条研究国家自然基金项目最多，也反映出柠条研究以基础研究为主，可以很好地支持柠条基础研究领域开展深入、系统的创新性研究工作。其次是国家科技支撑计划以重大工艺技术及产业共性技术研究开发与产业化应用示范为重点，主要解决柠条综合性、跨行业、跨地区的重大科技问题，提升产业竞争力。国家重点基础研究发展规划（973 计划）、国家科技攻关计划促进柠条产业技术升级和结构调整，为产业结构调整、社会可持续发展提供技术支撑。地方政府资助主要 6 个省自治区，宁夏在柠条项目研究方面资助比其他省区要高，这与宁夏在生态治理方面投入也有一定关系。

（四）柠条科研成果

科研成果研究登记 86 项。成果登记最早为 1985 年；最多 2015 年为 15 项。涉及 14 省区，内蒙古最多为 28 项。专利技术共 348 条，专利技术从 2006 年开始发布，2006—2011 年，基本保持在每年 10 条以内。2011—2016 年，专利申请数量呈直线逐年上升，年平均增长近 14 条。

（五）柠条饲料研究

从 1964—2020 年柠条饲料研究发文共涉及 39 个研究机构：内蒙古自治区研究机构最多有 11 个。宁夏农林科学荒漠化治理研究所发文量第一，共发文 52 篇。柠条饲料研究关键词出现频率的分析前 5 位依次为：柠条、营养成分、饲用价值、饲料、颗粒饲料。目前柠条饲料研究以营养成分、饲用价值为主。

基于文献计量学的柠条研究态势分析来看，目前应以基础研究方向和生态学领域为研究热点，同时以社会需求为导向，增强应用类工程科学成果产出，增加科研成果转化能力，健全产业链，促进产业化结构升级，再由升级后的前沿机构支持科研发展，促进研究的不断深入，才是健康的可持续发展道路。

主要参考文献

阿拉塔，赵书元，李敬忠，1997. 三种锦鸡儿生物学特征及栽培利用的研究［J］. 内蒙古畜牧科学（4）：8-11.

安韶山，黄懿梅，2006. 黄土丘陵区柠条林改良土壤作用的研究［J］. 林业科学，42（1）：70-74.

安守芹，于卓，孔丽娟，等，1995. 花棒等四种豆科植物种子萌发及苗期耐盐性的研究［J］. 中国草地（6）：29-32.

安守芹，于卓，1995. 四种固沙灌木苗期抗热抗旱性的研究［J］. 干旱区资源与环境，9（1）：72-77.

安珍，田金芳，2010. 刀具前角与切削量对柠条材切削力影响的研究［J］. 林业机械与木工设备，38（2）：22-27.

白永强，王力，李得庆，1996. 沙地饲料灌木林营造技术研究［J］. 干旱区研究，13（3）：65-68.

白永强，1998. 盐池沙地灌木种的物候及生长规律研究［J］. 干旱区资源与环境，12（2）：82-86.

白元生，闫柳生，刘建宁，等，2001. 牧草与饲料作物栽培与利用［M］. 北京：中国农业出版社.

保平，2002. 柠条的开发和利用［J］. 农村牧区机械化（3）：51.

鲍婧婷，王进，苏洁琼. 不同林龄柠条（*Caragana korshinskii*）的光合特性和水分利用特性［J］. 中国沙漠，36（1）：199-205.

毕建琦，杜峰，梁宗锁，等，2006. 黄土高原丘陵区不同立地条件下柠条根系研究［J］. 林业科技研究（2）：225-230.

毕建琦，2006. 陕北黄土丘陵区柠条生理生态特性研究［D］. 咸阳：西北农林科技大学.

蔡继琨，朱纯广，黄云善，等，2001. EM 对柠条生长及天然草场改良的应用研究［J］. 内蒙古畜牧科学，5（22）：9-11.

蔡杰，张倩，雷苗，等，2016. 木质纤维类农产品加工废弃资源能源化利用技术研究进展［J］. 27（17）：7-9.

曹宛虹，张新英，1991. 锦鸡儿属 6 种沙生植物次生木质部解剖［J］. 植物学报，33（3）：181-187.

常朝阳，张明理，1997. 锦鸡儿属植物幼茎及叶的解剖结构及其生态适应性［J］. 植物研究，17（1）：65-71.

常庆瑞，安韶山，刘京，1999. 黄土高原恢复植被防止土地退化研究［J］. 土壤侵蚀与水土保持学报，5（4）：6-9.

常兆丰，韩富贵，仲生年，2009. 民勤荒漠区 42 种植物的物候型聚类分析［J］. 中国农学通报，25（10）：228-234.

朝鲁孟其其格，贾玉山，格根图，等，2009. 柠条与苜蓿混合制粒成型性研究［J］. 安徽农业科学，37（12）：5 504-5 505.

陈斌，2004. 干旱地区柠条造林技术要点［J］. 内蒙古林业（7）：34-35.

陈河龙，2005. 中间锦鸡儿开花结实习性及苗期耐盐性研究［D］. 兰州：甘肃农业大学.

陈红霞，杜章留，郭伟，等，2011. 施用生物炭对华北平原农田土壤容重，阳离子交换量和颗粒有机质含量的影响［J］. 应用生态学报，22（11）：2 930-2 934.

陈娟，2019. 荒漠草原土壤水分对降水的响应［D］. 银川：宁夏大学.

陈龙，张一冰，王佳佳，等，2012. 锦鸡儿属植物化学成分及药理作用研究进展［J］. 中国医药科学，2（18）：9-11.

陈龙，2014. 锦鸡儿活性成分研究［D］. 郑州：河南大学.

陈卫红，石晓旭，2017. 我国农林废弃物的应用与研究现状［J］. 现代农业科技（18）：148-149.
陈云明，1993. 黄土丘陵区柠条生物量调查研究［J］. 陕西林业科技（4）：23-26.
陈芸芸，2006. 退化草地恢复过程中不同种植密度人工柠条灌丛对植被的影响［J］. 漳州师范学院学报（自然科学版）（1）：88-92.
程彩芳，2015. 退化灌木林植被恢复后生态系统碳储量的变化［D］. 北京：中国林业科学研究院.
程积民，胡相明，等，2009. 黄土丘陵区柠条灌木林合理平茬期的研究［J］. 干旱区资源与环境，23（2）：196-200.
程积民，万惠娥，王静，等，2003. 半干旱区不同整地方式与灌草配置对土壤水分的影响［J］. 中国水土保持科学，1（3）：10-14.
程积民，万惠娥，王静，等，2005. 半干旱区柠条生长与土壤水分消耗过程研究［J］. 林业科学，2（41）：37-41.
程积民，1996. 宁南黄土丘陵区灌木林生产力的研究［J］. 水土保持研究，3（1）：129-136.
仇永鑫，朴惠顺，2011. 小叶锦鸡儿二氯甲烷萃取物的化学成分［J］. 延边大学医学党报，34（2）：113-114.
丛浦珠，1987. 质谱学在天然有机化学中的应用［M］. 北京：科学出版社.
崔静，陈云明，黄佳健，等，2012. 黄土丘陵半干旱区人工柠条林土壤固碳特征及其影响因素［J］. 中国生态农业学报，20（9）：1 197-1 203.
代金霞，王玉炯，郭晶静，等，2011. 荒漠植物柠条根瘤菌的抗逆性及其系统发育分析［J］. 干旱地区农业研究，29（4）：223-227.
戴海伦，金复鑫，张科利，2011. 国内外风蚀监测方法回顾与评述［J］. 地球科学进展，26（4）：401-408.
戴静，刘阳生，2013. 生物炭的性质及其在土壤环境中应用的研究进展［J］. 土壤通报，44（6）：54.
道仁达来，2008. 柠条的生物学特性与产业化途径的研究［J］. 内蒙古林业调查设计，31（3）：93-94.

邓雁如，汪涛，何永志，等，2008. 多刺锦鸡儿化学成分研究［J］. 中国中药杂志，33（7）：775-777.

丁汉福，刘克俭，1989. 黄土丘陵干旱区柠条根系的研究［J］. 宁夏农林科技（3）：19-22.

董晓宇，郭月峰，姚云峰，等，2019. 柠条锦鸡儿根长与游离氨基酸分布特征研究［J］. 中国农业科技导报，21（10）：66-73.

董玉娟，李富英，王秀美，2003. 梭梭、柠条抗逆性的比较分析［J］. 内蒙古民族大学学报（自然科学报），18（5）：425-428.

杜红霞，金志芳，张霞，等，2016. 草原区柠条植苗造林试验分析［J］. 内蒙古林业（5）：36-37.

杜伟，赵秉强，林治安，等，2012. 有机无机复混肥优化化肥养分利用的效应与机理研究Ⅰ. 有机物料与尿素复混对玉米产量及肥料养分吸收利用的影响［J］. 植物营养与肥料学报，18（3）：579-586.

段珍珍，王占林，贺康宁，等，2015. 光辐射强度对锦鸡儿苗木光合特性的影响［J］. 湖北农业科学，54（16）：3 970-3 985.

房士明，2007. 藏药昌都锦鸡儿化学成分的研究［D］. 天津：天津大学.

冯金科，2012. 柠条的林学特性及造林技术［J］. 现代农业科技（18）：173.

冯伟，杨文斌，2018. 我国固沙林密度与水分的关系研究进展［J］. 防护林科技（12）：56-59.

冯忠民，1989. 发展木本饲料前景广阔［J］. 植物学杂志（5）：4-5.

付聪明，燕霞，2009. 鄂尔多斯柠条饲料林适宜收获期的研究［J］. 内蒙古农业大学学报，30（3）：118-122.

高登义，1991. 柠条的栽培与利用［J］. 草与畜杂志（4）：23-24.

高岗，2009. 以水源涵养为目的低功能人工林更新技术研究［D］. 呼和浩特：内蒙古农业大学.

高海峰，郑兵兵，王蓟花，等，2011. 白皮锦鸡儿黄酮醇类化合物及其抗菌和抗氧化活性［J］. 天然产物研究与开发，23（5）：853-856，930.

高海英，何绪生，陈心想，等，2012. 生物炭及炭基硝酸铵肥料对土壤化学性质及作物产量的影响［J］. 农业环境科学学报，31（10）：1 948-1 955.
高海英，何绪生，耿增超，等，2011. 生物炭及炭基氮肥对土壤持水性能影响的研究［J］. 中国农学通报，27（24）：207-213.
高函，2010. 低覆盖度带状人工柠条林防风阻沙效应研究［D］. 北京：北京林业大学.
高建利，张小刚，2018. 对三北防护林体系工程灌木林发展的思考［J］. 林业资源管理（4）：1-5.
高琪，2017. 柠条等几种北方干旱地区沙生灌木饲用价值与饲用研究［D］. 呼和浩特：内蒙古农业大学.
高婷，2006. 宁夏荒漠草原土壤微生物多样性及其时空分布［D］. 武汉：华中农业大学.
高阳，金晶炜，程积民，等，2014. 宁夏回族自治区森林生态系统固碳现状［J］. 应用生态学报，25（3）：639-646.
高优娜，2006. 鄂尔多斯高原锦鸡儿属几个种的营养价值与饲用价值研究［D］. 呼和浩特：内蒙古农业大学.
格日乐，刘艳琦，阿如旱，等，2018. 3 种典型水土保持植物根系数量特征［J］. 中国水土保持科学，16（1）：89-95.
格日乐其其格，安慧君，德永军，等，2009. 不同盖度沙柳林和柠条沙柳混交林行间植物特征研究［J］. 内蒙古农业大学学报，30（3）：29-32.
弓剑，曹社会，2005. 柠条叶粉与苜蓿草粉瘤胃降解特性比较研究［J］. 饲料工业，26（11）：32-35.
弓剑，曹社会，2008. 柠条饲料的营养价值评定研究［J］. 饲料博览（1）：53-55.
弓剑，2004. 柠条叶粉对羊的饲用价值的研究［D］. 咸阳：西北农林科技大学.
公丕涛，杜建华，钟哲科，等，2015. 柠条裂解产品的化学成分和性质［J］. 干旱区资源与环境，29（1）：71-76.
公丕涛，2014. 柠条生物炭生产及其对半干旱地区土壤微生态环境的影响

［D］. 北京：中国林业科学研究院.
巩文，巩垠熙，奚存娃，等，2014. 甘肃省灌木林资源碳储量估算及预测［J］. 林业资源管理（3）：87-90.
顾新庆，王林，1998. 柠条防护林的防风固沙效益研究［J］. 河北林业科技（2）：8-9.
关林婧，马成仓，2014. 21世纪锦鸡儿属植物研究进展［J］. 草地学报，22（4）：697-705.
郭丽娜，2017. 昌都锦鸡儿黄酮类化学成分研究［D］. 天津：天津大学.
郭伟，陈红霞，张庆忠，等，2011. 华北高产农田施用生物质炭对耕层土壤总氮和碱解氮含量的影响［J］. 生态环境学报，20（3）：425-428.
郭小丽，高雪峰，牛瑞霞，2019. 毛乌素沙地柠条植苗造林试验研究［J］. 现代农业科技（14）：132-135.
郭兴龙，范荣，李占女，等，2008. 宁夏灵武市荒漠草原柠条和沙蒿死亡原因探析［J］. 现代农业科学，15（10）：52-58.
郭彦军，张德罡，2004. 高山灌木和牧草缩合单宁含量的季节性变化研究［J］. 四川草原（6）：3-5.
郭忠升，邵明安，2007. 人工柠条林地土壤水分补给和消耗动态变化规律［J］. 水土保持学报，4（21）：119-123.
郭忠升，2009. 半干旱区柠条林利用土壤水分深度和耗水量［J］. 水土保持学报，29（5）：69-72.
郭忠升，2009. 黄土高原半干旱区水土保持植被恢复限度——以人工柠条林为例［J］. 中国水土保持科学，7（4）：49-54.
国家林业局，2016. 2015年退耕还林工程生态效益监测国家报告［M］. 北京：中国林业出版社.
国家林业局，2018. 2016年退耕还林工程生态效益监测国家报告［M］. 北京：中国林业出版社.
韩刚，2009. 六种旱生灌木抗旱生理基础研究［D］. 咸阳：西北农林科技大学.

韩光明，2013. 生物炭对不同类型土壤理化性质和微生物多样性的影响［D］. 沈阳：沈阳农业大学.

韩磊，孙兆军，展秀丽，等，2015. 银川河东沙区柠条植株叶片蒸腾对干旱胁迫的响应［J］. 生态环境学报，24（5）：756-761.

韩蕊莲，晁中彝，1996. 柠条种子营养成分测定与分析［J］. 西北植物学报（6）：12-15.

韩天丰，程积民，万惠娥，2009. 人工柠条灌丛林下草地植物群落特征研究［J］. 草地学报，17（2）：245-249.

郝琴，乔智，陈俊祯，等，2015. 巴彦淖尔市区旱区柠条雨季播种造林技术［J］. 内蒙古林业（4）：26-27.

何会平，2019. 造林整地与植树造林技术方法［J］. 农业与技术，39（14）：87-88.

何莉莉，杨慧敏，钟哲科，等，2014. 生物炭对农田土壤细菌群落多样性影响的 PCR-DGGE 分析［J］. 生态学报，34（15）：4 288-4 294.

何凌仙子，2018. 青海共和盆地典型固沙植物根系特征及功能研究［D］. 北京：中国林业科学研究院.

何绪生，耿增超，佘雕，等，2011. 生物炭生产与农用的意义及国内外动态［J］. 农业工程学报，27（2）：1-7.

贺程，朴慧顺，2015. 小叶锦鸡儿化学成分及药理作用研究进展［J］. 延边大学医学学报，38（2）：151-153.

贺德，2007. 9GN-1. 2 型柠条平茬机的研制与试验［J］. 农业装备技术，33（3）：12-14.

贺泽帅，2019. 宁夏荒漠区柠条种实害虫——天敌空间变异的尺度效应分析［D］. 银川：宁夏大学.

洪光宇，吴建新，苏雅拉巴雅尔，等，2019. 毛乌素沙地退耕还林工程灌木林生态系统服务功能评价［J］. 内蒙古林业科技，45（4）：22-28.

胡会峰，王志恒，刘国华，等，2006. 中国主要灌丛植被碳储量［J］. 植物生态学报（4）：539-544.

胡文超，2013. 西北地区 18 种常见灌木光和特性和光合固碳潜力的比较研究［D］. 银川：宁夏大学.

胡艳英，王述洋，李睿，2011. 沙生灌木发电原材料含水率测定及对物流影响［J］. 太阳能学报，32（3）：370-373.

虎瑞，王新平，张亚峰，等，2015. 沙坡头地区固沙植被对土壤酶活性的影响［J］. 兰州大学学报（自然科学版），51（5）：676-682.

黄顶王，2006. 典型草原常见牧草春季萌动期可溶性糖及内源激素动态研究［J］. 应用生态学报，17（2）：210-214.

黄剑，张庆忠，杜章留，等，2012. 施用生物炭对农田生态系统影响的研究进展［J］中国农业气象，33（2）：232-239.

黄金田，2005. 沙生灌木资源与我区林业产业［J］. 林业实用技术（7）：13-15.

黄雷，2008. 中国开发林木生物质能源与其产业发展研究［D］. 北京：北京林业大学.

黄星，李菁，谭晓华，等，2001. 鬼箭锦鸡儿超临界 CO_2 萃取物化学成分的 GC-MS 分析［J］. 中药材，24（9）：650-651.

晁中彝，1988. 锦鸡儿属植物种子油的研究［J］. 西北林学院学报，3（1）：113-118.

季蒙，杨文斌，梁海荣，等，2006. 中间锦鸡儿嫩枝扦插初步研究［J］. 内蒙古林业科技（1）：05-8.

贾丽，曲式曾，2001. 豆科锦鸡儿属植物研究进展［J］. 植物研究，21（4）：515-518.

贾世山，周桂坤，1988. 中间锦鸡儿根异黄酮的分离鉴定［J］. 中药通报，13（12）：34-38.

贾向云，钱子刚，张延襄，等，1997. 云南锦鸡儿属药用植物物种多样性研究［J］. 云南中医学院学报，20（1）：8-12.

江淑英，边世军，2005. 内蒙古西部地区柠条造林技术问题初探［J］. 现代农业（11）：53-54.

姜丽娜，杨文斌，卢琦，等，2009. 低覆盖度柠条林不同配置对植被修复的影响［J］. 干旱区资源与环境，23（2）：180-185.

姜丽娜，杨文斌，卢琦，等，2013. 低覆盖度行带式固沙林对土壤及植被的修复效应［J］. 生态学报，33（10）：3 192-3 204.

姜丽娜，2011. 低覆盖度行带式固沙林促进带间土壤、植被修复效应的研究［D］. 呼和浩特：内蒙古农业大学.

蒋德明，张娜，阿拉木萨，等，2013. 我国固沙植物抗旱性及基于水量平衡的沙地造林合理密度研究［J］. 西北林学院学报，28（6）：75-83.

蒋齐、李生宝、潘占兵，等，2006. 人工柠条灌木林营造对退化沙地改良效果的评价［J］. 水土保持学报，20（4）：23-27.

蒋齐，2004. 宁夏干旱风沙区人工柠条林对退化沙地改良和植被恢复的作用［D］. 北京：中国农业大学.

金亮华，金光洙，朴惠顺，2007. 小叶锦锦鸡儿挥发油成分的研究［J］. 延边大学医学学报，30（1）：27-28.

井乐，2019. 宁夏天然草地土壤干燥化动态及对降水改变的响应研究［D］. 银川：宁夏大学.

景宏伟，丁宁，田寅，等，2008. 靖王高速路基南北边坡柠条种群生物量分配与生长的对比研究［J］. 公路工程（4）：169-172.

靖德兵，李培军，寇振武，等，2003. 木本饲用植物资源的开发及生产应用研究［J］. 草业学报，12（2）：7-13.

蓝芝丽，焦强，李斌，等，2016. 黄土丘陵沟壑区柠条育苗造林技术［J］. 现代农业科技（林业科学）（12）：185.

李昌珍，2017. 黄土丘陵区人工林土壤氮素积累、转化对土壤碳库的影响［D］. 咸阳：西北农林科技大学.

李芬，郑广芬，陈晓光，等，2015. 宁夏灌木碳储量及其价值估算初探［J］. 宁夏工程技术，13（2）：189-192.

李刚，赵祥，张宾宾，等，2014. 不同株高的柠条生物量分配格局及其估测模型构建［J］. 草地学报，22（4）：770-775.

李继红，雷廷宙，宋华民，等，2005. GC/MS 法分析生物质焦油的化学组成［J］. 河南科学，23（1）：41-43.

李建苗，2019. 西北干旱、半干旱地区柠条营造林技术与病虫害防治措施［J］. 农业开发与装备（10）：223-224.

李建文，2017. 柠条栽培技术管理［J］. 山西林业（1）：30-31.

李娇，2017. 毛乌素沙地榆林沙区典型固沙林地碳汇效应与机制研究［D］. 咸阳：西北农林科技大学.

李九月，2010. 荒漠地区主要灌木类植物酚类物质含量动态规律及生物学评价［D］. 呼和浩特：内蒙古农业大学.

李克昌，郭思加，2012. 宁夏主要饲用及有毒有害植物［M］. 银川：黄河出版传媒集团.

李力，刘娅，陆宇超，等，2011. 生物炭的环境效应及其应用的研究进展［J］. 环境化学，30（8）：1 411-1 421.

李丽英，2009. 对老化柠条采取平茬复壮综合利用柠条的几点建议［J］. 内蒙古农业科技（1）：101.

李璐，2014. 宁南山区 6 类退耕植被生态系统碳汇特征研究［D］. 西安：西安科技大学.

李琪，2017. 豆科 15 种植物叶片结构特征比较研究［D］. 呼和浩特：内蒙古农业大学.

李三平，王述洋，孙雪，等，2013. 生物质能流化热裂解技术研究现状［J］. 生物质化学工程，47（1）：54-60.

李生荣，2007. 柠条平茬更新的生物量调查及综合利用［J］. 新农村建设（4）：12-13.

李盛林，贾凤意，陈星明，2004. 山地丘陵区柠条播种造林技术［J］. 内蒙古林业（9）：9.

李世荣，黄继超，黄欣卫，等，2012. 生物炭对茶园土壤酸性和土壤元素有效性的调节作用［J］. 江苏农业科学，40（12），345-347.

李婷婷，2019. 荒漠草原柠条沙柳灌木林生长特征与土壤水分关系［D］. 银川：宁夏大学.
李卫，冯伟，杨文斌，等，2015. 低覆盖度行带式固沙林带间土壤水分动态研究［J］. 水土保持学报，29（2）：163-167.
李文亭，周重楚，师海波，1995. 锦鸡儿的研究概况［J］. 特产研究（4）：43-46.
李欣，郑广芬，陈晓光，等，2014. 宁夏灌木碳储量及其价值估算初探［J］. 宁夏工程技术，13（2）：189-192.
李新荣，张景光，李玉俊，等，1999. 我国北方荒漠化地区主要灌木种的物候学研究［J］. 自然资源学报，14（2）：128-134.
李新荣，周海燕，王新平，等，2016. 中国干旱沙区的生态重建与恢复：沙坡头站60年重要研究进展综述［J］. 中国沙漠，36（2）：247-264.
李耀林，2017. 黄土丘陵半干旱区多年生柠条林平茬效应研究［D］. 北京：中国科学院研究生院.
李怡，2008. 黄土高原地区几种灌木植物生理生态特性研究［D］. 兰州：甘肃农业大学.
李雨辰，桑卫国，马成仓，2019. 锦鸡儿属植物繁殖生物学和生态学研究进展［J］. 草业与畜牧（4）：1-5.
李振威，2013. 柠条材活性炭的制备及结构性能表征［D］. 呼和浩特：内蒙古农业大学.
李志，2016. 宁南山区柠条林地对土壤质量的影响［D］. 咸阳：西北农林科技大学.
李志刚，朱强，李健，2012. 宁夏4种灌木光合固碳能力的比较［J］. 草业科学，29（3）：352-357.
梁海斌，史建伟，李宗善，等，2018. 晋西北黄土丘陵区不同林龄柠条林地土壤干燥化效应［J］. 水土保持研究，25（2）：87-93.
梁海斌，2014. 晋西北黄土丘陵区不同林龄柠条林地土壤水分特征研究［D］. 太原：山西大学.
梁海荣，王晶莹，董慧龙，等，2010. 低覆盖度下两种行带式固沙林内风速流场和防风效果［J］．生态学报，30（3）：568-578．
梁海荣，姚冬梅，2016．低覆盖度治沙理论及其在不同气候区的应用［J］．内蒙古林业科技，42（4）：1-5．
梁胜发，茹豪，雍鹏，等，2016．晋西北黄土丘陵区柠条锦鸡儿根系分布特征［J］．东北林业大学学报，44（8）：25-28．
刘丙霞，任健，邵明安，等，2020．黄土高原北部人工灌草植被土壤干燥化过程研究［J］．生态学报，40（11）：1-9．
刘芬，魏江生，周梅，等，2016．基于 Landsat8 OLI 数据的山杏柠条灌木林碳储量遥感模型研究［J］．林业资源管理（1）：112-117．
刘国谦，刘呼庆，刘书燕，2004．应用酶制剂提高柠条草粉适口性和消化率［J］．内蒙古草业，16（2）：3-9．
刘家琼，1982．柠条和花棒叶的解剖学特征［J］．西北植物研究，2（2）：112-115．
刘嘉翔，2018．河北省 3 种野生花灌木的耗水特性及抗旱性研究［D］．保定：河北农业大学．
刘健，姚军康，吴德南，等，2015．不同平茬周期柠条的燃烧特性及热值［J］．农业工程学报，31（22）：261-266．
刘俊花，侯彩霞，2013．呼和浩特市林业产业化现状分析［J］．内蒙古林业调查设计，36（3）：100-103．
刘凯，2013．荒漠草原人工柠条林土壤水分动态及其对降水脉动的响应［D］．银川：宁夏大学．
刘龙，姚云峰，郭月峰，等，2017．农牧交错带柠条锦鸡儿根系与土壤水分空间关系研究［J］．中国农业科技导报，19（7）：101-107．
刘龙会，2012．柠条锦鸡儿生殖生物学研究［D］．天津：南开大学．
刘娜娜，赵世伟，王恒俊，2006．黄土丘陵沟壑区人工柠条林土壤水分物理性质变化研究［J］．水土保持通报，3（26）：15-17．
刘强，董宽虎，刘明祥，等，2005．刈割时期和加工方式对柠条锦鸡儿饲用价值的影响［J］．草地学报，13（2）：121-125．

刘任涛，柴永青，徐坤，等，2014. 荒漠草原区柠条固沙人工林地表草本植被季节变化特征［J］. 生态学报，34（2）：500-508.

刘世杰，窦森，2009. 黑碳对玉米生长和土壤养分吸收与淋失的影响［J］. 水土保持学报，23（1）：79-82.

刘思禹，2018. 不同留茬高度对柠条锦鸡儿生理生态特性影响的研究［D］. 呼和浩特：内蒙古农业大学.

刘涛，2013. 宁南山区不同退耕模式生态系统碳密度及其分配特征研究［D］. 咸阳：西北农林科技大学.

刘涛，2018. 宁南黄土丘陵26年生主要人工灌木林碳密度及其分配特征［J］. 安徽农业科学，46（4）：103-105.

刘玮琦，2008. 保护地土壤细菌和古菌群落多样性分析［D］. 北京：中国农业科学院.

刘馨，许帆，祁娟霞，等，2017. 柠条堆肥和改良剂对黄瓜连作土壤理化性质、酶活性和微生物数量的影响［J］. 河南农业科学，46（7）：49-56.

刘馨，2018. 柠条堆肥与枯草杆菌对设施黄瓜连作障碍土壤的修复作用及作物响应［D］. 银川：宁夏大学.

刘学东，2017. 荒漠草原不同群落类型土壤活性有机碳组分特征研究［D］. 银川：宁夏大学.

刘艳玲，侯先志，李大彪，2009. 添加聚乙二醇对绵羊柠条饲料采食量和蛋白代谢的影响研究［J］. 内蒙古农业大学学报（自然科学版）（2）：5-8.

刘颖，冯金朝，吴亚丽，等，2008. 内蒙古和林格尔地区柠条锦鸡儿生化成分分析［J］. 干旱区资源与环境，22（9）：159-162.

刘增文，李雅素，1997. 黄土丘陵区柠条林地养分状况及其循环规律［J］. 生态学杂志，16（6）：27-29.

刘振东，李贵春，杨晓梅，等，2012. 我国农业废弃物资源化利用现状与发展趋势分析［J］. 安徽农业科学，40（26）：13 068-13 070.

刘正光，张静，2017. 柠条燃烧特性及燃烧动力学研究［J］. 太阳能学报，38（9）：2 611-2 619.

六省区卫生局，1978. 藏药标准［M］. 西宁：青海人民出版社.
芦娟，柴春山，蔡国军，等，2011. 不同留茬高度处理对柠条更新能力的影响［J］. 防护林科技（4）：45-47.
吕豪豪，刘玉学，杨生茂，2015. 生物质炭化技术及其在农林废弃物资源化利用中的应用［J］. 浙江农业科学，56（1）：19-22.
吕文，王春峰，王国胜，2005. 林木生物质能源发展潜力研究［J］. 中国能源（27）：21-26.
罗登来，范云霞，赖志彬，等，2016. 化学活性制备柠条活性炭工艺研究［J］. 太阳能学报，37（9）：2 243-2 250.
罗惠娣，牛西午，毛杨毅，等，2005. 柠条的营养特点与利用方法研究［J］. 中国草食动物，25（5）：35-38.
罗惠娣，2005. 柠条的营养特点与利用方法研究［J］. 中国草食动物（5）：35-38.
罗于洋，王树森，金花，2009. 内蒙古西部干旱地区柠条开花结实特性及其果荚、种子发育研究［J］. 干旱区资源与环境，23（2）：169-173.
罗于洋，2005. 柠条种子害虫对柠条种子生产的影响及其综合治理研究［D］. 呼和浩特：内蒙古农业大学.
马德滋，2007. 宁夏植物志［M］. 第2版. 银川：宁夏出版社.
马海龙，2013. 陕北主要植被生态系统碳密度及其分配特征研究［D］. 咸阳：西北农林科技大学.
马红梅，陈明昌，张强，2005. 柠条生物形态对逆境的适应性机理［J］. 山西农业科学，33（3）：47-49.
马红燕，格日乐，赵杏花，等，2013. 2种水土保持灌木的根系数量特征研究［J］. 水土保持通报，33（2）：166-168.
马红英，吕小旭，计雅男，等，2020. 17种锦鸡儿属植物叶片解剖结构及抗旱性研究［J］. 水土保持研究，27（1）：340-352.
马虹，屠骊珠，1995. 中间锦鸡儿花柱细微结构的研究［J］. 内蒙古大学学报（自然科学版），26（3）：317-323.

马婧怡，2018. 晋西北不同土地利用方式土壤埋化性质和酶活性特征［D］. 太原：山西大学.

马普，陶梦，吕世海，等，2018. 库布齐沙地柠条叶生物量及营养估测模型［J］. 北京林业大学学报，40（8）：33-41.

马文海，2015. 浅谈柠条在宁夏六盘山区直播造林技术和管理措施［J］. 农技服务，32（10）：142.

马增旺，高云昌，王玉忠，等，2015. 沙化土地造林密度研究进展［J］. 河北林果研究，30（2）：136-141.

马增旺，1998. 柠条生长量与生物量调查研究［J］. 河北林业科技（4）：25-27.

孟根其其格，德永军，赵德旺，等，2009. 带状柠条人工林对带间植被特征的影响［J］. 内蒙古农业大学学报，30（3）：38-41.

孟根其其格，2010. 放牧对柠条人工林和林内植被生长的影响［D］. 呼和浩特：内蒙古农业大学.

苗志远，王鑫，等，2018. 3S 技术在林业资源调查上的应用研究［J］. 农业与技术，38（22）.

宁婷，2014. 半干旱黄土丘陵区人工柠条林合理初值密度研究［D］. 北京：中国科学院大学.

牛耕芜，冯利群，郭爱龙，1997. 沙柳制造刨花板工艺的研究［J］. 内蒙古林学院学报（自然科学版），19（4）：66-70.

牛宋芳，刘秉儒，王利娟，2017. 风沙区柠条沙堆土壤有机质及酶活特性研究［J］. 西北植物学报（7）：1 390-1 396.

牛宋芳，2018. 荒漠草原不同土壤类型人工柠条林根际微生物群落结构及多样特征研究［D］. 银川：宁夏大学.

牛西午，张强，杨治平，等，2003. 柠条人工林对晋西北土壤理化性质变化的影响研究［J］. 西北植物学报，23（4）：628-632.

牛西午，1988. 柠条的栽培与利用［M］. 太原：山西科学教育出版社.

牛西午，1998. 柠条生物学特性研究［J］. 华北农学报，13（4）：122-129.

牛西午，1999. 关于我国西北地区大力发展柠条林的建议［J］. 内蒙古畜牧科学（1）：20-24.

牛西午，1999. 中国锦鸡儿属植物资源研究——分布及分种描述［J］. 西北植物学报，19（5）：107-133.

牛西午，2003. 柠条研究［M］. 北京：科学出版社.

潘丽娜，2004. 生物质快速热裂解工艺及其影响因素［J］. 应用能源技术（2）：7-8.

庞琪伟，贾黎明，郑士光，2009. 国内柠条研究现状［J］. 河北林果研究，24（3）：280-283.

庞琪伟，2009. 晋西北黄土丘陵区柠条能源林适生立地、合理密度及生物量研究［D］. 北京：北京林业大学.

彭文栋，2016. 干旱半干旱地区柠条的合理密植与科学利用研究［J］. 农业技术与设备（16）：13-15.

朴惠顺，金光洙，2005. 锦鸡儿属植物研究进展［J］. 时珍国医国药，16（5）：430-432.

朴起亨，丁国栋，王炜炜，等，2008. 柠条林带不同行距的防护效果比较研究［J］. 水土保持研究，15（3）：207-210.

钱华，钟哲科，王衍彬，等，2006. 竹焦油化学组成 GC/MS 法分析［J］. 竹子研究汇刊，25（3）：24-27.

秦树高，2011. 柠条林草带状复合系统地下竞争关系研究［D］. 北京：北京林业大学.

邱靖，汤庚国，万劲，等，2014. 锦鸡儿属植物对干旱环境适应的特性及其对环境干旱的生态响应［J］. 江苏林业科技，41（2）：45-49.

邱述金，崔清亮，武志明，等，2019. 不同林龄柠条茎秆的拉剪强度试验与分析［J］. 山西农业大学学报（自然科学版），39（6）：107.

曲继松，张丽娟，冯海萍，等，2013. 生物质资源柠条在宁夏地区园艺基质栽培上的开发利用现状［J］. 北方园艺（23）：198-201.

任杨，闫宇，2009. 宁夏东部风沙区不同柠条带间距对植物及土壤水分的影响［J］. 农业技术与装备（6）：10-12.
任余艳，王志刚，张文娟，2014. 柠条作为青贮饲料的饲用价值研究［J］. 营养研究，35（17）：24-26.
任余艳，王志刚，张晓娟，等，2016. 饲用柠条平茬间隔期确定［J］. 饲料研究（3）：55-57.
荣秋霞，牛宇，牛西午，2005. 锦鸡儿属几种植物总量铜含量研究［J］. 华北农学报，20（3）：43-45.
邵玲玲，李毅，李禄军，等，2007. 柠条叶片光合速率日变化特征的研究［J］. 西北林学院学报，22（1）：12-14.
佘雕，吴发启，宋娟丽，等，2009. 柠条林地土壤酶活性特征研究［J］. 干旱地区农业研究［J］. 27（2）：239-243.
佘雕，2010. 黄土高原水土保持型灌木林地土壤质量特征及评价［D］. 咸阳：西北农林科技大学.
沈菊培，张丽梅，贺纪正，2011. 几种农田土壤中古菌，泉古菌和细菌的数量分布特征［J］. 应用生态学报，22（11）：2 996-3 002.
石嵩，2015. 兴安盟三种灌木林含碳率及碳密度研究［D］. 呼和浩特：内蒙古农业大学.
时新宁，柳金凤，彭丽，等，2011. 生物质醋液生产原料筛选及其转化技术研究［J］. 中国农学通报，27（23）：96-101.
舒娜，2006. 锦鸡儿化学成分、含量及其变化研究［D］. 上海：复旦大学.
舒维花，蒋齐，王占军，等，2012. 宁夏盐池沙地不同密度人工柠条林对土壤微生物的影响［J］. 宁夏大学学报（自然科学版），33（2）：205-209.
四川省食品药品监督管理局，2014. 四川省藏药材标准［M］. 成都：四川科学技术出版社.
宋彩荣，赵鹏，王宁，2006. 不同立地类型柠条的效益分析［J］. 上海畜牧兽医通讯（2）：36-37.
宋春财，胡浩权，朱盛维，等，2003. 生物质秸秆热重分析及几种动力学模型结果比较［J］. 燃料化学学报，31（4）：311-316.

宋菲菲，吴诗勇，吴幼青，等，2012. 玉米秸秆炭化焦油的化学组成及其燃料特性分析［J］. 石油学报，28（4）：631-635.

宋俊双，2005. 三种锦鸡儿属植物的遗传多样性研究［D］. 北京：首都师范大学.

宋萍，李小娟，贾岩岩，2011. 鬼箭锦鸡儿化学成分的研究［J］. 中成药，33（11）：1 934-1 936.

宋萍，杨新洲，于军，2009. 鬼箭锦鸡儿中紫檀烷类化合物抗真菌活性研究（英文）［J］. 中国现代应用药学，26（9）：691-694.

宋萍，杨赵立，于军，2010. 鬼箭锦鸡儿化学成分的研究［J］. 中成药，32（2）：305-306.

宋萍，杨赵立，赵明德，2009. 鬼箭锦鸡儿化学成分的研究［J］. 华西药学杂志，24（4）：381-382.

宋一凡，2019. 荒漠草原降水驱动下的水分—土壤—植被耦合与响应机制［D］. 北京：中国水利水电科学研究院.

宋永林，姚造华，袁锋明，等，2001. 氮磷钾化肥与不同有机物料配施对冬小麦生育性状及产量的影响［J］. 北京农业科学（5）：15-17.

孙德祥，1995. 半荒漠地区灌木饲料林营造技术研究［J］. 干旱区资源与环境，9（2）：74-79.

孙凤坤，2015. 柠条生物质的炭化活化及其性能研究［D］. 太谷：山西农业大学.

孙清华，蒋京宏，2007. 黑龙江省西部柠条的栽培技术及生态价值［J］. 林业科技情报，4（39）：3-44.

孙毅斌，2008. 柠条生物特性分析与产业化途径研究［J］. 当代农机（12）：63-65.

唐道峰，2007. 库布齐沙地主要灌木树种耗水特性研究［D］. 北京：北京林业大学.

陶利波，2018. 封育对荒漠草原生态植物系统群落及有机碳分布的影响［D］. 银川：宁夏大学.

陶维华，杨朝辉，白世军，2010. 柠条生物特性测定分析与机械加工利用技术［J］. 科研与技术（3）：63-65.

田桂香，山薇，杨珍，等，1996. 草灌乔结合建立人工灌木草地的技术与效益［J］. 中国草地（2）：11-16

田树飞，毛可桢，2007. 柠条对草食动物饲用价值的研究进展［J］. 安徽农业科学，35（25）：7 836-7 837.

田阳，2010. 盐池沙地防护林林木耗水特性及其结构配置研究［D］. 北京：北京林业大学.

王邦锡，黄久常，王辉，1996. 不同生长季节光照强度和温度对柠条叶片光合作用和呼吸作用的影响［J］. 中国沙漠，16（2）：145-148.

王保平，2014. 柠条青贮调制技术及柠条饲料在奶牛日粮中应用的研究［D］. 太谷：山西农业大学.

王北，李生宝，袁世杰，1992. 宁夏沙地主要饲料灌木营养分析［J］. 林业科学研究，5（12）：98-103.

王斌星，郭春华，何欢，等，2013. 柠条作为动物饲料利用的调研报告［J］. 畜牧与饲料科学，34（6）：31-34.

王泊，2009. 河北坝上地区柠条营养价值分析［J］. 河北林业科技（2）：3-4.

王博，2007. 基于水分动态的毛乌素沙地人工固沙植被稳定性评价——以宁夏盐池为例［D］. 北京：北京林业大学.

王承斌，1987. 内蒙古的木本饲用植物资源［J］. 中国草地（5）：1-5.

王聪，刘强，黄应祥，等，2006. 刈割时间与加工方法对柠条营养价值的影响［J］. 中国畜牧杂志（科学版），42（7）：54-56.

王丁，2007. 柠条饲料化开发利用试验研究［D］. 咸阳：西北农林科技大学.

王东清，温学飞，2019. 宁夏永宁县三沙源水库水质评价研究［J］. 宁夏农林科技，60（11）：42-44.

王峰，温学飞，张浩，2004. 柠条饲料化技术及应用［J］. 西北农业学报，2（13）：35-39.

王峰，左忠，张浩，等，2005. 柠条饲料加工相关问题的探讨 [J]. 草业科学，22 (6)：75-80.

王冠，赵立欣，孟海波，等，2014. 我国生物质热解特性及工艺研究进展 [J]. 节能技术，2 (32)：120-124.

王宏杰，2017. 柠条薪炭林不同密度的生态效应与造林技术 [J]. 现代农业科技 (20)：141-142.

王嘉维，2018. 毛乌素沙地东缘典型植物群落土壤酶活性分析 [D]. 太原：山西大学.

王建梅，2013. 榆林沙区柠条育苗及造林技术 [J]. 防护林科技 (10)：110-111.

王敬国，2011. 设施菜田退化土壤修复与资源高效利用 [M]. 北京：中国农业大学出版社.

王娟，2016. 半干旱区沙地小叶锦鸡儿和黄柳人工灌木林碳汇功能研究 [D]. 呼和浩特：内蒙古农业大学.

王君厚，周士威，路兆明，等，1998. 乌兰布和荒漠人工绿洲小气候效应研究 [J]. 干旱区研究，15 (1)：27-34.

王俊儒，丁利，2005. 锦鸡儿属 10 种植物茎叶有效成分的系统预试 [J]. 西北植物学报，25 (12)：2 549-2 552.

王骏章，段河，鲍生荣，2010. 不同带间距柠条人工林影响的研究 [J]. 内蒙古林业调查设计，33 (4)：30-32.

王磊，2019. 森林资源调查中 3S 技术的应用分析 [J]. 生态与环境工程 (2)：131-132.

王力，卫三平，吴发启，2009. 黄土丘陵沟壑区土壤水分环境及植被生长响应——以燕沟流域为例 [J]. 生态学报，29 (3)：1 543-1 553.

王丽丽，2015. 柠条生物学特性及在治沙造林中的应用 [J]. 现代农村科技 (9)：34.

王亮，李青丰，樊如月，等，2017. 小叶锦鸡儿的再生特性 [J]. 内蒙古科技与经济 (7)：57-60.

王林，2016. 柠条生物学特性及平茬复壮技术［J］. 现代农业科技（3）：199-202.

王鹏，李海梅，2011. 三种灌木的蒸腾耗水特性研究［J］. 园林花卉（2）：92-94.

王庆云，2011. 山西省柠条生物质固化成型燃料的研发展望［J］. 山西林业科技，40（2）：49-50.

王荣学，杨岚，裴丽霞，等，2005. 乌拉特山地丘陵区柠条播种技术初探［J］. 内蒙古林业（8）：22.

王生芳，何世玉，1998. 柠条人工林地土壤肥力的评价［J］. 青海农林科技（3）：29-31.

王淑琴，高秀芳，2005. 柠条对土壤风蚀水蚀的防护作用［J］. 现代农业（7）：47.

王曙光，2004. 锦鸡儿化学成分及质量标准研究［D］. 上海：复旦大学.

王涛，李建，宗世祥，2010. 中国西部地区柠条主要害虫及其控制策略［J］. 中国农学通报，26（5）：242-244.

王彤彤，2017. 柠条生物炭的制备与Al改性及吸附性能研究［D］. 咸阳：西北农林科技大学.

王伟峰，段玉玺，李少博，等，2018. 毛乌素沙地3种典型灌木生物量分配与土壤含水量特征［J］. 西部林业科学，47（3）：45-49.

王晓栋，2008. 10份豆科牧草种质材料耐盐性研究［D］. 呼和浩特：内蒙古农业大学.

王兴鹏，张维江，马轶，等，2005. 盐池沙地柠条的蒸腾速率与叶水势关系的初步研究［J］. 农业科学研究，26（2）：43-47.

王亚林，丁忆，胡艳，等，2019. 中国灌木生态系统的干旱化趋势及其对植被生长的影响［J］. 生态学报，39（6）：2 054-2 062.

王亚林，龚容，吴凤敏，等，2017. 2001—2013年中国灌木生态系统净初级生产力的时空变化特征及其对气候变化的响应［J］. 植物生态学报，41（9）：925-937.

王雁丽，杨如达，2004. 浅谈西部地区柠条资源的开发利用［J］. 中国西部科技（11）：71-73

王迎春，屠骊珠，1994. 狭叶锦鸡儿花柱的超微结构观察［J］. 植物学通报（S1）：45.

王永淼，吉骊，孙达峰，等，2015. 蒸汽爆破预处理对柠条组成结构及其酶解影响研究［J］. 广州化工，43（18）：36-38.

王玉魁，闫艳霞，安守芹，1999. 乌兰布和沙漠沙生灌木饲用营养成分的研究［J］. 中国沙漠，19（3）：280-284.

王玉兰，陈未名，李广义，1990. 藏药鬼箭锦鸡儿的化学成分［J］. 中草药，17（8）：12-15.

王玉平，杨刚，张学礼，等，2009. 退耕还林地柠条不同种植间距对土壤水分及牧草组成的影响［J］. 黑龙江畜牧兽医（12）：73-75.

王玉霞，2018. 兰州地区锦鸡儿属植物资源利用与柠条人工林发展及生态适应性评价［J］. 林业科技（9）：72-76.

王毓一，2019. 柠条造林技术［J］. 山西林业（3）：30-31.

王赞，2005. 柠条锦鸡儿遗传多样性研究［D］. 北京：中国农业大学.

王占军，蒋齐，刘华，等，2009. 基于干旱胁迫的沙地柠条生理生态响应［J］. 中国农学通报，25（23）：161-165.

王占军，蒋齐，潘占兵，等，2012. 宁夏干旱风沙区不同密度人工柠条林营建对土壤环境质量的影响［J］. 西北农业学报，21（12）：153-157.

王占军，李生宝，2006. 柠条不同种植密度对植物群落稳定性影响的研究［J］. 草业与畜牧，10：9-12.

王占林，郭晶山，陈进福，等，1990. 柠条人工林立地指数图的编绘与生长规律分析［J］. 青海农林科技（2）：43-47.

王政，郭冠男，王雪玲，等，2013. 地栽牡丹根系萌动前后营养物质变化研究［J］. 河南科学，31（12）：2 166-2 169.

王志会，夏新莉，尹伟伦，2006. 我国柠条抗旱性研究现状［J］. 河北林果研究，21（4）：388-391.

王志会，夏新莉，尹伟伦，2007. 不同种源的柠条锦鸡儿的生理特性与抗旱性［J］. 东北林业大学学报，35（9）：27-32.

韦美闹，龙步菊，2007. 北方农牧交错带柠条生物篱的防风效应分析：2007年年会生态气象业务建设与农业气象灾害预警分会场论文集［C］. 89-100.

魏江生，乌日古玛拉，周梅，等，2016. 基于灌木林碳储量估算的植被含碳率取值［J］. 草业科学，33（11）：2 202-2 208.

魏兴，赵吉，清华，等，2016. 库布齐沙漠灌木碳汇的计量方法研究——以柠条和沙柳为例［J］. 赤峰学院学报（自然科学版），32（18）：118-121.

魏彦昌，苗鸿，欧阳志云，等，2004. 黄土丘陵区四种人工灌木植被生态经济效益分析［J］. 干旱地区农业研究（4）：158-162.

温健，郭月峰，姚云峰，等，2017. 柠条锦鸡儿细根根长密度与土壤水肥垂直分布特征及相关性研究［J］. 北方园艺（6）：177-180.

温健，2018. 平茬措施对柠条锦鸡儿细跟生长及生理特征的影响［D］. 呼和浩特：内蒙古农业大学.

温学飞，李明，黎玉琼，2005. 柠条微贮处理及饲喂试验［J］. 中国草食动物，25（1）：56-59.

温学飞，马文智，郭永忠，等，2005. 用灰色关联法对柠条不同处理效果综合评价［J］. 草业科学，22（8）：28.

温学飞，马文智，李红兵，等，2006. 几种处理对柠条养分的影响及其在瘤胃内的降解［J］. 草业科学，23（2）：38-42.

温学飞，王峰，黎玉琼，等，2005. 柠条颗粒饲料开发利用技术研究［J］. 草业科学，22（3）：26-29.

温学飞，魏耀锋，吕海军，等，2005. 宁夏柠条资源可持续利用的探讨［J］. 西北农业学报，14（5）：177-181.

邬海涛，郝月成，李海萍，等，2015. 山旱区蓄水保墒柠条雨季播种造林技术［J］. 内蒙古林业调查设计，38（2）：67.

吴大利，孙玲萍，李国林，2012. 宁夏黄河东岸灵武荒漠化地区柠条直播造林技术［J］. 现代园艺（6）：44.
吴锴，张静，武翠卿，2014. 柠条固体燃料抗压强度及抗剪强度的研究［J］. 山西农业大学学报（自然科学版），34（1）：75-80.
吴林世，廖菊阳，刘艳，等，2016. 灌丛植被碳储量及计量方法研究进展［J］. 湖南林业科技，43（6）：93-100.
吴钦孝，丁汉福，等，1989. 黄土丘陵半干旱地区柠条根系的研究［J］. 水土保持通报，9（3）：45-49.
吴正舜，米铁，陈义峰，等，2010. 生物质气化过程中焦油形成机理的研究［J］. 太阳能学报，31（2）：233-235.
武海霞，常春，贾玉山，等，2010. 助膨化剂——碳酸氢钠在柠条膨化中适宜添加量研究［J］. 内蒙古草业，22（1）：36-40.
武海英，薛勇，游清红，等，2009. 用气相色谱——质谱法分析生物质焦油的裂解成分［J］. 石油与天然气化工，38（1）：72-75.
武秀娟，张彩虹，奥小平，等，2015. 晋西黄土丘陵区柠条生长规律研究［J］. 山西林业科技，44（4）：8-11.
西藏自治区食品药品监督管理局，2012. 西藏自治区藏药材标准［M］. 拉萨：西藏人民出版社.
晓同，2001. 禁止使用动物性饲料饲喂反刍动物［J］. 中国饲料（5）：5.
谢强，2006. 开发柠条资源是水土保持生态建设的重要途径［J］. 山西水利，10：27-28.
徐冉，2019. 干旱半干旱地区土壤水分对降水的响应及植物群落与气象因子的关系研究［D］. 呼和浩特：内蒙古农业大学.
徐荣，张玉发，潘占兵，等，2004. 不同柠条密度在退化草地恢复过程中对土壤水分的影响［J］. 22（1）：172-175.
徐荣，2004. 宁夏河东沙地不同密度柠条灌丛草地水分与群落特征的研究［D］. 北京：中国农业科学院.
徐世健，安黎哲，冯虎元，等，2000. 两种沙生植物抗旱生理指标的比较研究［J］. 西北植物学报，20（2）：224-228.

徐松，2015. 毛乌素沙地主要固沙林碳储量研究［D］. 咸阳：西北农林科技大学.

许德生，2009. 不同带间距柠条林根系和土壤水分特征及其植物多样性的研究［D］. 呼和浩特：内蒙古农业大学.

许凤，钟新春，孙润仓，2006. 沙柳与柠条混合原料碱性过氧化氢法分离纤维素特性研究［J］. 林产化学与工业，26（2）：19-23.

续珊珊，2015. 基于因子分析法的我国森林碳汇潜力评价［J］. 林业资源管理（2）：51-58，138.

薛富，2002. 柠条制浆造纸的探讨［J］. 内蒙古林业（6）：15.

薛建辉，王智，吕祥生，等，2002. 林木根系与土壤环境相互作用研究综述［J］. 南京林业大学报（自然科学版），26（3）：79-84.

薛树媛，2011. 灌木类植物单宁对绵羊瘤胃发酵影响及其对瘤胃微生物区系、免疫和生产指标的研究［J］. 呼和浩特：内蒙古农业大学.

闫丽娟，王海燕，李广，等，2019. 黄土丘陵区 4 种典型植被对土壤养分及酶活性的影响［J］. 水土保持通报，33（5）：190-204.

杨昌友，1990. 锦鸡儿属植物区系成分分析［J］. 植物研究，10（4）：93-99.

杨超，2020. 3S 技术在林业工作上的应用［J］. 农业技术推广（2）：63-64.

杨春宁，孙志蓉，朱南南，等，2015. 甘草和柠条光合特性比较研究［J］. 辽宁中医药大学学报，17（8）：42-45.

杨放，李心清，王兵，等，2012. 生物炭在农业增产和污染治理中的应用［J］. 地球与环境，40（1）：100-107.

杨国勋，建武，程科军，等，2007. 红花锦鸡儿地上部分抗 HIV 化学成分的研究［J］. 药学学报，42（2）：179-182.

杨昊天，李新荣，刘立超，等，2013. 荒漠草地 4 种灌木生物量分配特征［J］. 中国沙漠，33（5）：1 340-1 348.

杨洪晓，王学全，卢琦，等，2010. 行带式柠条锦鸡儿林在内蒙古四子王旗退耕还草工程中的应用［J］. 林业科学，46（11）：36-42.

杨吉华，李红云，李焕平，等，2007. 4 种灌木林地根系分布特征及其固持土壤效应的研究［J］. 水土保持学报，21（3）：49-51.

杨竞生，初称江措，1987. 迪庆藏药［M］. 昆明：云南民族出版社.

杨敬芝，李建北，张万隆，等，2003. 鬼箭锦鸡儿化学成分的研究［J］. 中草药，34（5）：405-406.

杨九艳，杨劼，杨明博，等，2005. 鄂尔多斯高原锦鸡儿属植物叶的解剖结构及其生态适应性［J］. 干旱区资源与环境，19（3）：175-179.

杨明秀，宋乃平，杨新国，2013. 人工柠条林枝、叶构件生物量的分配格局与估测模型［J］. 江苏农业科学，41（12）：331-333.

杨文斌，丁国栋，王晶莹，等，2006. 行带式柠条固沙林防风效果［J］. 生态学报，26（12）：4 106-4 112.

杨文斌，冯伟，李卫，2016. 低覆盖度治沙的原理与模式［J］. 防护林科技（4）：1-5.

杨文斌，任建民，贾翠萍，1997. 柠条抗旱的生理生态与土壤水分关系的研究［J］. 生态学报，17（3）：239-243.

杨文斌，任建民，杨茂仁，等，1995. 柠条锦鸡儿、沙柳蒸腾速率与水分关系分析［J］. 内蒙古林业科技（3）：1-6.

杨文斌，任建民，姚建成，1993. 沙柳人工林水分特性及其在固沙造林中的应用［J］. 内蒙古林业科技（2）：4-8.

杨文斌，王涛，冯伟，等，2017. 低覆盖度治沙理论及其在干旱区半干旱区的应用［J］. 干旱区资源与环境，31（1）：1-5.

杨文斌，1988. 柠条固沙林适宜的平茬年限和密度的研究［J］. 内蒙古林业科技（2）：21-25.

杨效民，牛西午，李军，等，2004. 柠条对牛的饲用价值研究［J］. 黄牛杂志（4）：33-35.

杨效民，牛西午，张喜中，等，2006. 柠条饲喂泌乳牛试验［J］. 中国牛业科学，32（5）：12-15.

杨新国，赵伟，陈林，等，2015. 荒漠草原人工柠条林土壤与植被的演变特征［J］. 生态环境学报，24（4）：590-594.

杨彦成，2018. 干旱半干旱地区柠条造林技术措施［J］. 江西农业（20）：79.

杨阳，刘秉儒，杨新国，等，2014. 荒漠草原中不同密度人工柠条灌丛土壤化学计量特征［J］. 水土保持通报，34（5）：67-73.

杨阳，刘秉儒，翟德苹，等，2014. 人工柠条锦鸡儿灌丛行间距对荒漠草原土壤有机碳含量空间分布的影响［J］. 水土保持学报，28（1）：141-146，151.

杨中锋，肖岸容，张旭，等，2008. 甘蒙锦鸡儿化学成分研究［J］. 中药材，31（6）：855-857.

杨自辉，俄自浩，2000. 干旱沙区46种木本植物的物候研究——以民勤沙生植物园栽培植物为例［J］. 西北植物学报，20（6）：1 102-1 109.

姚志勇，2017. 干旱半干旱过渡区柠条造林技术试验研究［J］. 甘肃林业科技，42（1）：09-11.

叶冬梅，德永军，赵翠平，等，2009. 带状柠条林灌草根系质量空间分布格局［J］. 内蒙古农业大学学报，30（1）：101-104.

益西拉姆，罗珍，达瓦，等，2019. 锦鸡儿属藏药研究概况［J］. 藏药研究（8）：15-19.

尹建华，包铁军，杨劼，2014. 黄土丘陵沟壑区中间锦鸡儿的生长特征［J］. 内蒙古大学学报（自然科学报），45（5）：526-533.

尹振海，丁杰，杨新兵，2019. 华北土石山区13种灌木树种蒸腾耗水特性比较［J］. 节水灌溉（2）：1-6.

尤燕，张宏涛，2011. 柠条林生物质产量测算报告［J］. 内蒙古林业调查设计，34（2）：125-126.

于明茜，2015. 锦鸡儿属植物典型地理替代分布种解剖结构特征和种子萌发特性研究［D］. 兰州：兰州大学.

于瑞鑫，王磊，蒋齐，等，2019. 不同平茬年限人工柠条林光合特性及土壤水分的响应变化［J］. 西北植物学报，39（3）：506-515.

于瑞鑫，王磊，杨新国，等，2019. 平茬柠条的土壤水分动态及生理特性［J］. 生态学报，39（19）：7 249-7 257.

于卓，孙祥，张艳青，等，1991. 柠条锦鸡儿幼苗抗热性的初步研究［J］. 内蒙古草业（4）：49-52.

余峰，潘占兵，蒋齐，等，2011. 三种灌木抢墒植苗临界土壤含水量的研究［J］. 北方园艺（3）：77-80.

袁湘月，王磊，李翀，2010. 灌木柠条削片质量影响因素的试验研究［J］. 林业机械与木工设备，38（6）：11-13.

曾伟生，白锦贤，宋连城，等，2014. 内蒙古柠条生物量建模［J］. 林业资源管理（6）：58-68.

曾伟生，白锦贤，宋连城，等，2015. 内蒙古柠条和山杏单株生物量模型研建［J］. 林业科学研究，28（3）：311-316.

詹鹏，陈介南，张林，等，2014. 生物质能源林碳汇计量研究进展［J］. 造林与经营（4）：22-24.

张彪，淮虎银，杜坤，2004. 藏药“作毛兴”原植物的资源学研究［J］. 中国野生植物资源，23（1）：12-17.

张承龙，2002. 农业废弃物资源化利用技术现状及其前景［J］. 中国资源综合利用，24（2）：22-23.

张娥娥，2017. 宁夏森林碳汇功能及其经济价值评价［D］. 银川：宁夏大学.

张恩厚，格根塔娜，1996. 内蒙古锦鸡儿属植物的数量分类学研究［J］. 中国草地（6）：25-30.

张飞，陈云明，王耀凤，等，2010. 黄土丘陵半干旱区柠条林对土壤物理性质及有机质的影响［J］. 水土保持研究，17（3）：105-109.

张桂兰，李辉，2009. 柠条纤维基轻质复合材料制备工艺及性能研究［J］. 内蒙古农业大学学报，30（3）：142-146.

张国庆，王科兵，2010. 小叶锦鸡儿种子中的生物碱及其细胞毒活性［J］. 药学实践杂志，28（2）：105-106，121.

张海娜，2011. 柠条锦鸡儿平茬后补偿生长的生理生态机制［D］. 兰州：甘肃农业大学.
张海升，高晓霞，1997. 柠条材的构造、纤维形态及化学成分的分析研究［J］. 内蒙古林学院学报（自然科学），19（1）：41–45.
张晗芝，黄云，刘钢，等，2010. 生物炭对玉米苗期生长，养分吸收及土壤化学性状的影响［J］. 生态环境学报，19（11）：2 713–2 717.
张宏世，郭永盛，杨宏伟，2014. 不同立地类型条件柠条播种造林苗期生长情况初步研究［J］. 内蒙古林业科技，40（4）：31–32.
张金如，1983. 巴彦高勒地区几种沙生植物抗热性的初步研究［J］. 林业科技通讯（8）：22–24.
张进虎，2008. 宁夏盐池沙地沙柳柠条抗旱生理及其土壤水分特性研究［D］. 北京：北京林业大学.
张静，2014. 柠条固体燃料成型机理与物性及燃烧特性研究［D］. 太谷：山西农业大学.
张凯，张宁，2018. 柠条在动物生产中的应用研究进展［J］. 添加剂世界（1）：29–31.
张莉，吴斌，丁国栋，等，2010. 毛乌素沙地沙柳与柠条根系分布特征对比［J］. 干旱区资源与环境，24（3）：159–161.
张明理，1998. 锦鸡儿属分析生物地理学的研究［J］. 云南植物研究，20（1）：1–11.
张宁，董佳佳，郝兴玉，等，2015. 生物质能源林收获技术研究现状及发展趋势［J］. 农业工程，5（2）：5–10.
张平，黄应祥，王珍喜，2004. 采用不同方法加工的柠条饲喂育肥羊效果的研究［J］. 中国畜牧兽医，31（11）：7–9.
张平，黄应祥，王珍喜，2004. 柠条当年生嫩枝叶与往年生老枝的饲喂对比［J］. 当代畜牧（11）：29–30.
张萍，宋丽华，2015. 宁夏干旱风沙区适生灌木光合固碳功能分析［J］. 南方农业，9（36）：65–67.
张清斌，陈玉芬，李捷，等，1996. 新疆野生木本饲用植物评价及其开发利用［J］. 草业科学，13（6）：1-4.
张维江，2004. 盐池沙地水分动态及区域荒漠化特征研究［D］. 北京：北京林业大学.
张文吉，2020. 3S 技术在第三次国土调查中的应用［J］. 华北自然资源（1）：76-78.
张文文，2015. 人工柠条林密度变化对土壤水分及其生长的影响［D］. 北京：中国科学院.
张芯毓，2018. 内蒙古温带灌木的植物功能性状研究［D］. 呼和浩特：内蒙古大学.
张兴亮，2004. 柠条的优良特性及生态效益［J］. 山西林业科技（4）：32-33.
张雄杰，梅灵，达赖，等，2010. 膨化加工改善柠条饲用营养价值的研究［J］. 畜牧与饲料科学，31（9）：39-40.
张雄杰，盛晋华，赵怀平，2010. 柠条饲用转化技术研究进展及内蒙古柠条饲料产业前景［J］. 畜牧与饲料科技，31（5）：21-23.
张雄杰，2010. 改性加工提高奶牛对柠条利用率的研究［J］. 中国科技成果杂志（9）：20-22.
张旭，马芳，韩晓玲，等，2009. 内蒙古柠条饲料加工利用现状及前景分析［J］. 农机化研究（2）：231-234.
张旭，王春光，韩晓玲，等，2009. 柠条可压缩性的影响因素分析［J］. 内蒙古农业大学学报，30（3）：123-127.
张学军，张芩，王树森，等，2020. 不同林龄平茬沙柳固碳量及其生长因子的关系研究［J］. 内蒙古林业调查设计，43（1）：68-83.
张学黎，1992. 广辟饲料来源，大力发展木本饲料林［J］. 适用技术市场（11）：3-5.
张一平，刘玉洪，马友鑫，等，2002. 热带森林不同生长时期的小气候特征［J］. 南京林业大学学报（自然科学版），26（1）：83-87.
张瑜，郑士光，贾黎明，等，2013. 晋西北低效柠条林老龄复壮技术及能源化利用［J］. 水土保持通报，20（2）：160-164.
张玉珍，2002. 柠条在生态环境建设中的作用及栽培技术［J］. 甘肃农业科技（8）：43-44
张芝萍，李得碌，杜娟，等，2016. 荒漠区18种锦鸡儿属植物物候特性研究［J］. 中国农学通报，32（22）：26-31.
张志刚，陈旭言，周玉燕，2017. 黄土高原丘陵沟壑区困难立地条件柠条造林试验［J］. 林业科技，42（3）：37-39.
张中启，2002. 柠条资源发展及利用的研究［J］. 呼和浩特科技（4）：18-19.
张自和，1994. 俄罗斯饲草饲料生产现状［J］. 国外畜牧学——草原与牧草（2）：36-38.
章中，段玉玺，乌仁高娃，1994. 白榆、柠条造林土壤水分临界值测定［J］. 内蒙古林业科技（3）：35-37.
赵国帅，2017. 无人机遥感在林业中的应用与需求分析［J］. 福建林业科技，44（1）：136-140.
赵吉麟，2019. 宁夏回族自治区森林立地类型划分及其生态功能重要性评价［D］. 北京：北京林业大学.
赵静，2013. 刺槐等树种主要化学成分与热值关系研究［D］. 北京：北京林业大学.
赵奎，2009. 盐池沙地两种主要造林树种耗水特性研究［D］. 北京：北京林业大学.
赵艳云，程积民，王延平，等，2005. 半干旱区环境因子对柠条灌木林结构的影响［J］. 水土保持通报，25（3）：10-14.
赵一之，1993. 中国锦鸡儿属的分类学研究［J］. 内蒙古大学学报（自然科学版），24（6）：631-653.
赵月丹，何兴东，丁新峰，等，2019. 平茬对内蒙古典型草原小叶锦鸡儿群落植物的影响［J］. 草地学报，27（4）：1 022-1 028.
郑朝晖，马春霞，马江林，等，2011. 四种灌木树种固碳能力和能量转化效率分析［J］. 湖北农业科学，50（22）：4 633－4 643.
郑琪琪，杜灵通，宫菲，等，2019. 基于 GF－1 遥感影像的宁夏盐池柠条人工林景观特征研究［J］. 西南林业大学学报（自然科学），39（1）：152－159.
郑琪琪，2019. 基于遥感技术的盐池荒漠草原柠条人工林景观分布与生物量估算［D］. 银川：宁夏大学.
郑士光，贾黎明，2010. 平茬对柠条林地根系数量和分布的影响［J］. 北京林业大学学报，32（3）：65－69.
郑士光，2009. 燃烧型柠条能源林老林复壮及平茬技术研究［D］. 北京：北京林业大学.
中国饲用植物编辑委员会，1989. 中国饲用植物志［M］. 北京：农业出版社.
中华人民共和国卫生部药典委员会，1995. 中华人民共和国卫生部药品标准藏药［M］. 北京：人民卫生出版社.
钟坚，1989. 广西木本饲料开发利用的调查报告［J］. 广西林业科技（3）：6－9.
周道玮，王爱霞，1994. 锦鸡儿属锦鸡儿组植物分类与分布的研究［J］. 东北师大学报（自然科学版）（4）：64－68.
周道玮，1996. 锦鸡儿属植物分布研究［J］. 植物研究，16（4）：428－435.
周芳萍，陈宝昌，周旭英，2000. 林业饲料资源的利用与开发［J］. 饲料研究（7）：17－21.
周海燕，李新荣，樊恒文，等，2005. 极端条件下几种锦鸡儿属灌木的生理特性［J］. 中国沙漠，25（2）：182－190.
周伶，2011. 晋、陕、宁、蒙锦鸡儿群落生态特征研究［D］. 太原：山西大学.
周世权，马恩伟，2003. 植物分类学［M］. 北京：中国林业出版社.
周玉珍，2008. 柠条对黄土丘陵区土壤物理性质和肥力的影响分析［J］. 太原理工大学学报，39（6）：620－622.
朱春云，赵越，刘霞，等，1996. 锦鸡儿等旱生物种抗旱生理的研究［J］. 干旱区研究，13（1）：59－63.
朱顺国，邢壮，2001. 玉米秸秆 NDF 与 ADF 含量变化规律的研究［J］. 中国奶牛，1：24-26.

朱元龙，王桑，林永刚，等，2011. 黄土高原丘陵区柠条根系生长发育特性研究［J］. 水土保持通报，31（2）：232-237.

左忠，王金莲，张玉萍，等，2006. 宁夏柠条资源利用现状及其饲料开发潜力调查——以盐池县为例［J］. 草业科学，23（3）：17-21.

Allen O N，Allen E K，1981. The leguminosae，a source book of characteristics，uses，and nodulation［M］. Madison：University of Wisconsin in Press.

Asai H，Samson B K，Stephan H M，et al.，2009. Biochar amendment techniques for upland rice production in Northern Laos：1. Soil physical properties，leaf SPAD and grain yield［J］. Field Crops Research，111（1）：81-84.

Cao C，2000. Ecological process of vegetation restoration in Caragana mirophylla sand-fixing area［J］. Chinese Journal of Applied Ecology，11：349-354.

Chan K Y，Van Zwieten L，Meszaros I，et al.，2008. Agronomic values of greenwaste biochar as a soil amendment［J］. Soil Research，45（8）：629-634.

Chen W，Wang E，Wang S，et al.，1995. Characteristics of *Rhizobium tianshanense* sp. nov.，a moderately and slowly growing rootnodule bacterium isolated from an arid saline environment in Xinjiang，People's Republic of China［J］. International Journal of Systematic Bacteriology，45（1）：153-159.

Dai J X，Liu X M，Wang Y J，2014. Diversity of endophytic bacteria in Caragana microphylla grown in the desert grassland of the Ningxia Hui autonomous region of China［J］. Genetics and Molecular Research，13（2）：2 349-2 358.

Elliot M A，1981. Chemistry of Coal Utilization［M］. 2nd ed. New York：Wiley Interscience.

Fang X W，Li J H，Xiong Y C，et al.，1984. Responses of Caragana korshinskii Kom. to shoot removal mechanisms underlying regrowth［J］. Ecological Research，23（5）：863-871.

Gao L F, Hu Z A, Wang H X, 2002. Genetic diversity of rhizobia isolated from Caragana intermedia in Maowusu sandland, north of China [J]. Letters in Applied Microbiology, 35 (4): 347-352.

Gorbunova N B, 2008. On systematics of the genus Caragana Lam [J]. New System of Vascular Plant (21): 92-101.

Gregory K F, Allen O N, 1953. Physiological variations and host plant specificities of rhizobia isolated from *Caragana arborescens* L. [J]. Canadian Journal of Botany, 31 (6): 730-738.

Guan S H, Chen W F, Wang E T, et al., 2008. Mesorhizobium caraganae sp. nov [J]. A Novel and Evolutionary Microbiology, 58 (11): 2 646-2 653.

Hossain M K, Strezov V, Yin Chan K, et al., 2010. Agronomic properties of wastewater sludge biochar and bioavailability of metals in production of cherry tomato [J]. Chemosphere, 78 (9): 1 167-1 171.

Hou B C, Wang E T, Li Y, et al., 2009. Rhizobial resource associated with epidemic legumes in Tibet [J]. Microbial Ecology, 57 (1): 69-81.

Ji Z J, Yan H, Cui Q G, et al., 2015. Genetic divergence and gene flow among Mesorhizobium strains nodulating the shrub legume Caragana [J]. Systematic and Applied Microbiology, 38 (3): 176-183.

Komarov V L, 1908. Generis Caragana monographia [J]. Acta HortiPetrop, 29 (2): 177-388.

Li M, Li Y, Chen W F, et al., 2012. Genetic diversity, community structure and distribution of rhizobia in the root nodules of *Caragana* spp. from arid and semi-arid alkaline deserts, in the north of China [J]. Systematic and Applied Microbiology, 35 (4): 239-245.

Lu Y L, Chen W F, Wang E T, et al., 2009. Genetic diversity and biogeography of rhizobia associated with Caragana species in three ecological regions of China [J]. Systematic and Applied Microbiology, 32 (5): 351-361.

Moukoumi J, Hynes R K, Dumonceaux T J, et al., 2013. Characterization and genus identification of rhizobial symbionts from Caragana arborescens in western Canada [J]. Canadian Journal of Microbiology, 59 (6): 399–406.

Nie G, Chen W M, Wei G H, 2014. Genetic diversity of rhizobia isolated from shrubby and herbaceous legumes in Shenmu arid area, Shaanxi, China [J]. Chinese Journal of Applied Ecology, 25 (6): 1 674–1 680.

Sanczir C H, 1979. The genus Caragana Lam. in study of flora and vegetation of Mongolia [J]. Ulan-Bator Cosizdat (1): 248–388.

Yan H, Xie J B, Ji Z J, et al., 2017. Evolutionarily Conserved nodE, nodO, T1SS, and Hydrogenase System in Rhizobia of Astragalus membranaceus and Caragana intermedia [J]. Frontiers in Microbiology, 8: 2 282.

Yan X R, Chen W F, Fu J F, et al., 2007. Mesorhizobium spp. are the main microsymbionts of *Caragana* spp. grown in Liaoning Province of China [J]. FEMS Microbiology Letters, 271 (2): 265–273.